潮汕食话

人文视角下的潮菜风物志

陈益群 著

民主与建设出版社

·北京·

图书在版编目（CIP）数据

潮汕食话 / 陈益群著 . -- 北京 : 民主与建设出
社 , 2022.11

ISBN 978-7-5139-3978-2

Ⅰ . ①潮… Ⅱ . ①陈… Ⅲ . ①饮食—文化—潮汕地区
Ⅳ . ① TS971.206.52

中国版本图书馆 CIP 数据核字（2022）第 174920 号

潮汕食话
CHAOSHAN SHI HUA

著　　者　陈益群
责任编辑　程　旭
书名题签　黄　挺
封面设计　即刻设计
版式设计　梁晓庆
出版发行　民主与建设出版社有限责任公司
电　　话　（010）59417747　59419778
社　　址　北京市海淀区西三环中路 10 号望海楼 E 座 7 层
邮　　编　100142
印　　刷　北京天恒嘉业印刷有限公司
版　　次　2022 年 11 月第 1 版
印　　次　2022 年 11 月第 1 次印刷
开　　本　880 毫米 ×1230 毫米　1/32
印　　张　13.25
字　　数　318 千字
书　　号　ISBN 978-7-5139-3978-2
定　　价　60.00 元

序

种瓜得豆的事

我写美食文章，完全是阴错阳差、种瓜得豆的事。

当年公众号初兴之时，传统媒体对于新媒体平台保持着天生的警惕。我个人则对新事物充满浓厚的兴趣，且依据对时局的判断，认为这些开放性的新平台必将消融传统媒体的根基。因此，传统媒体应该了解、学习、借鉴、利用这些新媒体平台。但没有实践，没有数据，就没有发言权。于是，我也开通了一个公众号，开始了各种"实验"来收集数据。

首先就是写什么的问题，最终选择了最方便入手的"玩食"，于是便有了一系列大大小小两百多篇美食文章。其实，对于食物每个人都有发言权，用感官去感受事物，冷暖甘苦自知，我的感受我做主，别人是代替不了的。既然是个人感受，那么大胆地表达也就没有什么对错，不怕别人有不同意见或挑骨头。这也是"安知鱼之乐不乐"的问题。

其次是怎么写的问题。当时正在策划一个"美食地图"的电视节目，是美食类的探店体验和饮食指南，可操作性强，但心想不能把为公家策划的方案搬到自己的公众号来，况且也没有那么多闲暇去"逛地图"，还得另辟蹊径。

　　潮菜名扬天下，是我最熟悉的土味儿，近些年又成为风靡高档餐厅的"潮味儿"。介绍潮菜的做法也是一个思路，但我毕竟不是厨师出身，怕公信力不够。

　　后来想想，美食其实是潮汕的一张对外文化名片，还是要重在食物的人文背景，况且我在这方面有一些优势。20世纪90年代，汕头有一帮青年人组了个现代诗歌协会，可是随着诗歌时代的没落，"诗和远方"让位给了现实的柴米油盐，诗歌协会来了一个180度的转弯，变身为"汕头美食学会"。本来带有自嘲的黑色幽默性质，而事实上却又是一件阴错阳差、种瓜得豆的事。正是这帮人后来在汕头美食文化的研究和推广上发挥了重要的作用，这是后话。而我有幸担任过美食学会的代理会长，随着餐饮界一些专业人士的加入，耳濡目染加上道听途说，跟着这帮酒肉朋友有了不少写作素材。借此也感谢当年那群意气风发的年轻人，这群人中有作家、诗人、画家、书法家、摄影家、新闻记者、文艺评论家、美食家、国际蓝带大厨和社会活动家。真是三教九流人才荟萃。值得纪念的还有那段没心没肺的岁月。

　　再者，写美食文章对我来说是一件愉悦的事，好像牛、羊、鹿吃草后的反刍，把储存在记忆中的事再细细回忆和品味，味蕾都会随之激活。而且借这个机会也让我去重新审视经历过的人和事，也包括审视自己。虽然先贤早就语重心长地告诫我们，要"日三省吾身"，但谁能真的做到？三省靠自觉，但自觉是靠不住的！总有千百个靠谱或没谱的理由可以为自己开脱。这回倒好，从每天发一篇文章开始，靠手机利用碎片化时间一小段一小段地写，每天得做几次时光轮回的"穿梭"和洗礼。

　　在写文章的时候，我总会把自己置身于某个场景中，以充分体验美味和氛围。就像把舌头伸到某年某月的某个场合里，这种体验让我有颇多收获。

虽然我不懂得画画，更不懂得赏画，但对古画刘松年的《斗茶图卷》印象深刻。画作表现的是集市买卖茶叶和民间斗茶的景象。几个茶贩的表情都特别生动，愉悦的心情全部展现在了脸上，或许只有茶逢知己的场合，才有如此肆意写意的生活面貌。这样的场合让人向往，恨不得将自己置身于千年前的南宋。

我理解的"场合"不仅指时间和空间，更重要的是人。都说人有磁场，没有人就没有场。江湖卖艺人常说："有钱的捧个钱场，没钱的捧个人场。"就饭局而言，人场比吃什么更重要，我的回忆也往往是从人而至菜的。而人最主要讲的是情，《内经》讲七情，包括"喜、怒、悲、思、忧、恐、惊"。除"喜"之外，其他皆为负面情志。按照古人的解释，"喜"为"心转情"，心能做主是为康乐；其他情绪则是"情转心"，失之康乐也。这就很好地解释了为什么有些饭局，纵使好酒好菜，却让人高兴不起来。说到底，和与什么人吃饭以及是否用心有莫大的关系。所以，与什么人吃饭，远比吃什么更重要！朋友的饭常能吃出超常的美味，应酬的局待到回忆已惘然。

一个地方的饮食，代表性菜肴的形成有其偶然性，更有其必然性，背后有其深厚的人文积淀。虽每个人口味有所不同，但对于不熟悉的饮食风格和菜肴却不可轻易予以臧否，否则容易被打脸。不是说捧场话、漂亮话就好。某食客聚餐晚到，对当地的一道特色菜赞赏有加，溢美之词溢出酒杯。可未承想，他眉飞色舞的吹捧却让主人的脸色铁青尴尬。他怎会料到，因为这道菜做得不正宗，主人刚刚训过厨师！

味觉记忆像根植在头脑中的树，越是久远，根系越发达、越牢固。叙利亚诗人阿多尼斯说："童年是一座小村庄，可是，你走不出它的边界，无论你远行到何方。"每个人都有家乡情结，家乡是最好的味道。

所以，写写家乡的味道，说说童年所在的这座"小村庄"是对自己心灵的一种抚慰，这些文章不求闳中肆外，但求真情实意。

我这一代人对于美食有特别的敏感，是因为这一代人挨过饿，对食物的要求起点低，所以对新旧食物都充满了好奇，而好奇是探索的原动力。探索可以有深有浅，品尝一道美食，感官感受的酸甜苦辣只是表面，而透过这些味道，去品至食材，至搭配，至来历，至习俗，至掌故，至风土人情……那就是文化了。

潮州民居

汕头富苑食肆

目　录

◎ 浓醇肉香

◎ 五彩粿品

◎ **百变主食**

◎ 细致调味

◎ 水果意趣

潮菜食俗和传承

"做桌"与"食桌"

　　"做桌"和"食桌"在潮汕民间是极为重要的事，谁家有什么喜事、大事，不能自己关起门来庆祝，要亲戚朋友们同乐（本文只说喜桌，不包括白事）。于是要"做桌"，也就是请大家吃饭。过去同村的多是同宗族的族人，要让族人都知道、共分享，像是"内部汇报演出"；后来请的人范围不断扩大，就不仅仅是宗族内的人，也包括朋友了，有些"公演"的味道！

　　为什么说"做桌"和"食桌"是大事？因为它不仅仅起到敦睦友谊的作用，同时关系到脸面。被请去"吃桌"的人有了面子，而"做桌"的人更是大有面子。没点能耐、没什么好事也就没资格做桌。潮汕人是爱面子的族群，有些地方甚至到了"死爱面子"的地步，所以有"无脸输过死"的俗语。

　　潮汕"做桌"与浓得化不开的宗族观念有关。对于潮汕人来说，共同进退的不只有"家"，还有"族"。宗族在历史的长河中休戚与共、同舟共济，不仅是因为血缘关系，也是"多难"成就的。潮汕地区历经各种劫难，人民生存不易，于是"团结就是力量"，族群特质源于生存环境。祠堂发挥着宗族对个人的约束和激励作用。"做桌"也是向宗族的一种"汇报"，向祖先的一种交代。所以"做桌"首选的地方就是宗族祠堂。

　　红事"做桌"的条件可包括：婚嫁、添丁（生男孩）、迁新居、

"出花园"、"请仔婿"（请女婿）、长辈生日、"来番客"（海外亲人回乡）。后来拓展到参军、升学、开业等内容，视不同家庭的经济情况而定。

作为潮汕地区的一种传统习俗，"做桌""吃桌"还有礼仪上的讲究。

就送礼而言，过去"吃桌"有的需要参加的人送彩礼，有些则不必。比如，添丁、迁新居是不用送礼的，而新婚则要送彩礼。不过近些年来，风俗有所改变，"做桌"的人基本上都不收彩礼，甚至反而会给客人送手信，以表示感谢。这个习俗与北方许多地区接到请帖如收到"罚款通知书"有着天壤之别。

客人"食桌"要像今天出席重大活动一样，着正装穿戴整齐。旧时男人要穿长衫、戴毡帽，女人更要精心打扮一番，要梳头、挽面、戴如意发夹。

既然叫"食桌"，吃什么更是关键所在，也强调仪式感。上菜次序是先冷盘后热菜，先主菜后副菜，先浓后淡，先荤后素，青菜或果盘放在最后。潮汕人的饭桌不能没有汤，平时会先上汤，但在"做桌"时常常不在最前或最后，而是在中间上的；有些地方讲究"甜头甜尾"的，则会在前、后各安排一道甜汤，取象征意义。菜的数量以十二道为基本标准，多则不限，一般取双数（但不会安排十四道菜，因"四"与"死"同音）。食桌从座位的安排到餐具的摆设，再到上菜的顺序各地不尽相同，但有一点相同的，就是这些仪式都是从前人传承下来的，一般在某个区域内不会轻易改变。

比如潮汕特有的"丁桌"（也有地方称为"丁酒"），就是前一年生了男孩的家庭要在正月十五元宵节摆宴席请客（有地方会提前到正月初四，因为正月初五大家要上班了，但总体上都会在正月十五前举行）。有的地方会在家里设宴，有的则要在家族祠堂里举行，以庆贺家族"出丁"。旧时宴会还有两种席式，一种叫"龙船席"，即用一排八仙桌连在一起，客人围坐两边，犹如划龙船时两边对应而坐；另一种叫"走马席"，就是摆上许多桌，无论认识不认识的人都可以进来吃，吃完就走，主人再重新摆上菜色，招待另一批客人的来临，接连不断。后一种更多的是显示这户人家有钱且慷慨。与办丁桌相对应的还有"吊灯"仪式："灯"与"丁"谐音，所以在做桌的同时，家人还会在祠堂的灯架上挂起一对大红灯挂，象征家族添丁了。

无独有偶，在河南省的一些农村地区，也有将"赴宴"叫作"吃桌"的。"吃桌"指赴大席而不是一般的宴会。所谓"大席"也有这等要求：酒菜丰富，讲究整桌整席；礼数周全，宴席上有很多规矩和套路；规模较大，少则十几桌，多则几十桌，须聘请专业厨子，俗称

元宵节宜"丁桌"[1]

---

[1] 本书插图除注明摄影师的，其余均由作者本人提供，或来源于千库网中出品方拥有商业版权的。——编者注

"动厨"。在河南民间，有两件事要办大席，一是结婚，二是庆生。所以，赴婚宴和吃喜面方可称为"吃桌"。这与潮汕民间的习俗相似，倒是有"南北呼应"的感觉，不知这是否与潮汕人为中原移民有关？

潮菜"黄埔军校"

说起汕头旧城的美食必须从汕头大厦开始，虽然这所修葺一新的建筑早已没有当年车水马龙的烟火气和莺歌燕舞的热闹劲了！

在岁月的长河中，喧闹终归会沉淀为平静，风尘也必有尘埃落定之时。

汕头大厦是1956年5月1日由永平酒楼修缮改名而来的，所以在讲述汕头大厦的历史时，人们习惯将其前身"永平酒楼"也包含其中。永平酒楼有新旧之说。早期的永平酒楼是指位于汕头大厦东边的那座四层建筑，建于1922年；现在的汕头大厦建于1933年，过去被称为"新永平酒楼"，有资料显示，早期可能为"永平酒店"，经营旅馆业，后发生火灾，重建时迁入了餐饮业，为了与原来的"酒店"区别开来，改称"新永平酒楼"。

现如今汕头埠饮食业的"江湖大佬"、东海酒家老板钟成泉先生曾经说过："汕头大厦就是现代潮菜的黄埔军校！"说起汕头的饮食业，说起现代潮菜，汕头大厦是绕不过去的重要节点。

汕头人可能受戏文影响，好编顺口溜，流传久远的便成了地方俗语。所以，潮汕话的方言俗语特别多，由于传播上会存在信息失真，有些方言俗语外地人若没有认真研究出处，有时还真不知道是什么意思。民国时期，汕头就流传着两则关于饮食娱乐业的顺口溜，生动形象："永平酒楼好布置，陶芳酒楼好鱼翅，中央酒楼好猫谊（意为"带情色内容的玩乐"），中原酒楼好空气"；"永平酒楼好架势，中央酒楼好猫谊，陶芳酒楼好鱼翅，陶陶戏院好看戏"。意思差不多，总结了20世纪二三十年代汕头埠餐饮娱乐业的特色与代表。毫无疑问，永平酒楼的影响力都排在第一位，而有意思的是，永平酒楼虽以"架势""布置"这样的气派著称，但价格却相对较为平民化，或许正是这种经营策略让它盛极一时。

建设于海边的老妈宫位于汕头大厦的东边，由此可推断汕头小公园片区原来是沿海滩涂，由于地基较软，少见高层建筑。有八层楼高的汕头大厦已经是鹤立鸡群，到改革开放前一直是汕头最高的建筑。而且内部装修极为高档，房间全是酸枝餐桌椅，当时的18个包厢以当年全国18个省份命名，也显得大气且眼界开阔。当然，酒楼仅有气派的外表是远远不够的，关键还是菜品，而当年汕头埠厨艺界公认的头号大厨就来自永平酒楼。这位名扬餐饮界的人物叫许香童，民间甚至有"天顶雷公，天下香童"之美誉，足见当年他的赫赫名声和江湖地位。他不仅开启了永平酒楼的繁盛时代，更开启了潮菜历史传承的一个新时代。在汕头市南粤潮菜餐饮服务技能培训学校的档案资料中，有一份《汕头开埠百年潮菜厨师历代表》，活跃于20世纪20至40年代的"第一代宗师"有14位，名列第一的就是许香童，而现在各个宾馆酒楼中的潮菜大厨们已经是第六、第七代了！

永平酒楼门前的街道原来叫"第一津街"，由于永平酒楼声名鹊起，扩建时便更名为"永平路"，永平酒楼当年的社会影响力由此可见一斑。汕头老市区当年的街道名字都取得很有特色，中心区域的

"四永一升平"是永安、永和、永泰、永兴街和升平路,和"永平路"一样都寄托了人们对国泰民安的祝愿和向往。

餐饮行业的兴衰是经济的晴雨表,只有经济活跃、人员流动才有餐饮业的繁荣。曾有人说,有钱有闲才有美食的创新发展。这话有一定道理,有社会需求,又有物质基础,这构成了充分必要条件。20世纪二三十年代,汕头正处经济繁荣期,不仅本地富商众多,周边的生意人也大量涌入,比如梅县、福建等地的客家人大量到汕头置办产业,其代表人物就是南生公司创办人李柏桓和万金油大王胡文虎、胡文豹兄弟。而货如轮转的港口贸易还带来了各地的客商,使汕头的餐饮娱乐业空前繁荣,甚至变成不夜城,潮菜发展也进入一个鼎盛时期。

我们常说,人创造环境,而环境也创人。没有舞台,再好的舞者也会被埋没;而有了舞台,就会有舞者翩翩起舞。20世纪30年代前后,汕头港货物吞吐量全国第三,经济的飞速发展聚集了货物也聚集了人气,属于大厨们的时代也悄然而至。当年的这些厨师大都是民间"做桌"的高手,他们别具才情和创造力,在全新的舞台上不断推陈出新,创造出很多脍炙人口的潮式名肴。1934年《汕头指南》记载:"本市酒楼、茶店、饭馆共30余家,在商场热闹时,一般富商、阔客通宵达旦,沉醉于酒海肉林中,故酒楼营业蒸蒸日上。"[1]

而永平酒楼也是大革命时期,中共领导的群众性革命活动和集会的主要场所。当时汕头市许多重要集会都在这里举行,如1925年11月7日第二次东征军部队进入汕头后,周恩来等东征军领导人曾在这里举行庆祝苏联十月革命胜利八周年纪念大会,各机关代表共五百多人参加,"洵极一时之盛";1926年2月1日,周恩来正式就任东江各属

[1] 谢雪影.汕头指南[M].广州:广州市社会局,1934.

行政委员，在这里举行汕头各界代表会议，就东征胜利后的形势任务和施政方针发表了讲话；同年，汕头总工会第一、二、三次工人代表会议以及1927年2月23日~26日举行的潮梅海陆丰农民运动暨劳动童子团第一次代表会议等均在这里举行……而解放后，"汕头大厦"也曾接待过贺龙、罗瑞卿等国家领导人。2005年8月，永平酒楼被汕头市人民政府列为第三批市级文物保护单位。

汕头大厦

汕头大厦特制粿印

难得的是，从永平酒楼到汕头大厦，这里一直保持着"潮菜标杆"的地位，也培养了一代代名厨，即使是在供给分配制的年代，也传承着潮菜的技艺。东海酒家老板钟成泉先生在《饮和食德》一书中回忆："这种格局一直持续至20世纪70年代末，但大厦的出品是值得一赞的，油泡双脆、脆肚花把、南乳扣肉、酸甜咕噜肉、脆炸大肠、干炸肝花、川椒鸡球、五柳松子鱼、炸八块鸡、豆酱焗鸡、炊石榴鸡、红焖鳝鱼、玉枕白菜、梅只焗猪脚、枸杞炖鸡脚翅、清醉茹汤……以上菜肴的出现足见汕头大厦的一斑。学厨时师傅教了很多菜，做法都是有共同性的，但汕头大厦的师傅们硬是做得与其他店不一样，他们的刀工切配整齐划一，主副料搭配合理，炒鼎火候掌控到位，芡汁、挂浆均匀，他们的摆盘必大器，热菜有温度、冷菜保卫生。味道的灵魂更是他们不容挑战的，汤清能见底，味甘纯入喉，酸甜求统一，焖炖宽大糊，泡炒求紧汁，扣品必整齐，煎炸定酥脆。这些功夫绝对是汕头大厦的技术见证。"[1]

随着城市的发展，改革开放后汕头设立特区，整座城市向东发展，老市区也在这个过程中逐渐冷清了下来。20世纪80年代，中外合资的鮀岛宾馆建成，汕头大厦的一部分厨师被调到鮀岛宾馆工作，汕头的"美食地图"也开启了百花齐放的崭新一页。"永平酒楼"和"汕头大厦"曾经创造的汕头埠饮食业的辉煌虽然已成为历史，但余香绵延至今。

[1] 钟成泉.饮和食德[M].香港：砚峰文化出版社，2021.

难忘海味

鱼儿当饭

只要是潮汕的酒楼饭店，一定会有鱼饭这道菜，而且一般还会有多种鱼类供选择。现在市场上多标注"达濠鱼饭""饶平鱼饭"等招牌，在交易时又时常强调"自己煮的"。其实，过去很长的一段时间里，市区的鱼饭绝大多数来自老市区西堤，这里有专业的生产门店，与鱼市近在咫尺。

周末聚会，点了一道鱼饭。因为是早就备好的凉菜，它是第一个上桌的。没想到，九岁大的熊孩子竟然在没请示大人的情况下，径直跑去找服务员，说人家货不对板，鱼饭只有鱼没有饭！弄得大人既尴尬又好笑。

外地人常常会为这个问题而困惑：

"没有米饭怎么叫饭？"

"北方管馒头、馍馍，不也叫饭？"

"你的意思能吃的都可以叫饭？"

"一个时期是这样！野菜、树叶都能当饭吃。"

"现在有何不同？"

"现在说：饭不能乱吃。吃饭超越了生存的基本要求，只为活着而吃的——那是饲料！哈哈！"

潮汕有两样东西是生活中不可或缺的，常见而又珍贵，所以被视为与粮食一样重要。一为茶叶，潮汕人称"茶米"；一为熟鱼，潮汕人称"鱼饭"。既为"米""饭",其在日常生活中的地位自然可想而知。

我在别的文章中曾经介绍过,粤语方言地区到处可见"潮州打冷"的招牌,广义上指潮州大排档的大众化经营模式或冷盘熟食;而狭义上就是特指"潮州鱼饭"。当然潮州鱼饭不只是鱼,准确地说是海鲜的冷盘。鱼、虾、蟹等海鲜做熟之后再冷吃或冻吃,海鲜原型原色依然完好如初,鲜味不失,最大限度地演绎了原汁原味的含义。

有人说,没有鱼饭的潮州菜是不完整的!

明末邑人林熙春的《宁俭约序》谈到潮州当时的饮食,有"水陆争奇"的感叹。他的《感时诗》也有"法酝必从吴浙至,珍馐每自海洋来"[1]的记述。潮汕人多地少,从海洋中获得食物是"靠海吃海",也是环境所迫。耕海生涯比陆上耕作更辛苦,也更危险,把鱼当饭吃并非"土豪"作风,实属无奈之举。

过去没有冰块,更没有冻库,远海捕鱼的渔民往往走远了就来不及回港,船上大量海鲜极易变质。在当时的条件下只有两个办法,一是撒盐保鲜,但盐也是有限的,所以只能少量;二是将鱼煮熟,延长保存时间。煮又分两种,一种是直接用海水蒸煮;另一种则是用淡水煮,再加点盐。将鱼煮熟后在其表面撒一层粗盐,这就是驰名海内外的"鱼饭"的来历。即使在夏天,也能保存好几天。以往渔民出海几日不归时,最主要的食物就是鱼饭,真的把鱼当成饭。耕海的渔民没有土地,要想吃米也不容易,需用鱼与农民交换,汕头有一种鱼就叫"换米",正是过去渔民常用于换取稻米的鱼类,因此得名。俗话说"巧妇难为无米之炊",渔民的海上生活就是"无米之炊"。

[1] "法酝"指的是合法的官家经营的酒。

　　鱼饭的诞生是无奈之举，却成就了一种鱼的做法，而且极能体现潮菜在烹制海鲜时追求原汁原味的食理。鱼饭鱼身坚挺，鱼肉坚实鲜美，因而大受市场欢迎。过去，鱼饭只是潮汕人餐桌上简单的家常菜，如今也成了高档潮菜馆的特色佳肴。它的酱碟佐料也颇多讲究，

巴浪鱼饭

各色鱼生、虾生

越来越丰富，随食客的喜欢而提供多种选择，我曾在一家餐馆看到一盘鱼饭配八个酱碟的空前盛况，有潮汕传统的豆酱、辣椒酱、鱼露、酱油，也有四川的麻辣豆瓣酱、湖南辣椒酱、西餐的沙拉酱和柠檬汁，可谓东西融合、海纳百川。这倒是给了鱼饭更多的味道想象空间。我是喜欢尝鲜的人，把各种味道全试过，还觉得意犹未尽。

在汕头的任何一家肉菜市场都能找到售卖鱼饭的摊档。最常见的是把鱼摆成菊花状或者并排摆放，容器则多为竹篓子。鱼饭的种类也有不少，常见的有巴浪、那哥、秋刀、乌鱼、黄墙、马鲛、鲷鱼、带鱼、三黎、鲋鱼等，有十几种可供选择，皆由盐水煮成，煮到鱼眼睛爆出即收火。按照潮汕人的分类习惯，鱼饭还包括虾蟹和贝类，常见的品种有冻红蟹、冻小龙虾、小鱿鱼、海鳗、薄壳米和红肉米等。

过去，做鱼饭的大多不是什么高档的鱼类，也多少有些"下里巴人"，是平民百姓日常的食物。不过，近些年鱼饭有了崭新的形象，犹如跻身上流社会，上了各种高档潮菜酒楼的餐桌，也显得"阳春白雪"起来。其中既有自身条件的优势，也有后天的努力。一方面，是由于一些高级鱼类的加入，如鳕鱼、黄花鱼、苏眉鱼、石斑鱼都被做成鱼饭。另一方面，是鱼饭这种追求食物本质的做法受到普遍的认同，甚至被上升到哲学的高度，什么"至味无味"之类的玄乎评价让它多了些神秘的光环和谈资，鱼饭自然也就身价倍增了。

其实，食物有时很简单，原本就鲜美的东西，何必画蛇添足！北方很多地方做鱼，不是煎炸就是红烧，其实是因为淡水鱼多带泥土味，不得已而为之；即使是海鱼，因运输的关系多不新鲜，也只能用重口味的香料来掩饰，也是不得已而为之！

对于某种食材的处理各地有不同，往往是客观条件下历史选择的积淀，并没有高低之分。是有没有条件，有什么样的条件：非不为也，实不能为也！

冬吃乌鱼

对于许多外地人来说，见识潮汕民间的祭祀活动会吓一跳。

首先是潮汕人的祭祀对象很多，甚至可以说繁杂。祭祀是对各类神明等崇拜对象的供奉礼仪，包括天神、地祇、人圣、祖先和鬼魅等。不同时间、不同地方有不同的祭祀活动。

其次是礼节尊古，至今依然坚守祖宗传下来的规矩，隆重严肃且仪式感强。也难怪凤凰卫视曾经在节目中报道，"潮汕地区是目前将中国文化传统和习俗保存得最好的地区"。近些年，由于经济发展，不少地区规模非但不见缩小反而日益庞大，有些活动还要连绵数日。

最后就是祭品实在可观，极为丰盛。祭礼开始之前，会摆开数十张祭席，席上琳琅满目，过去讲究全猪全羊五牲粿品祭拜，如今什么鱼翅、鲍鱼、燕窝、龙虾、洋酒等高档食品都上了祭台。

而在祭品中，有一种被蒸熟的鱼十分常见，就是乌鱼！乌鱼学名鲻（音"资"）鱼，又名乌支、九棍、乌头、乌鲻、脂鱼等。"鲻"源于"缁"，意思是黑色，据《本草纲目》载："鲻，色缁黑，故名。"乌鱼体形浑圆，从头至尾整个背部呈黑色，所以潮汕地区称"乌鱼"。

乌鱼一直是潮汕人拜神供品的鱼类首选，一来乌鱼传统上被视为鱼类的上品；二来个体适中，而且肉质坚实，蒸熟后搬来倒去不会变形、受损。

乌鱼

乌鱼身上还有一个特殊的器官"肶"，其实就是鱼的胃，潮汕话叫"术"。乌鱼术如拇指大小，形似陀螺，口感香脆。一条乌鱼只有一颗术，"术"在潮汕话里有"本领"的意思，评价一个人"有术"就是有本领、有智慧。由此，潮汕人把乌鱼的"术"视为智慧的启明星，成为成年仪式"出花园"的指定食物，寄意孩子吃了会更聪明、有能耐。吃桌的时候，乌鱼术则要给桌上地位最高的人吃，以示尊重，以前上饭店吃饭还讲究"乌鱼无术免还钱"——店家如果"贪污"乌鱼术，客人吃完饭是可以拍屁股走人不给钱的。

潮汕俗语有"寒乌热鲈"之说，强调秋风过后乌鱼就开始肥美了。鱼类嫩滑甘美往往是因为油脂，这时的乌鱼，掀开鱼皮可见背部黄澄澄的一层油脂，自然是最好吃的。除了做成鱼饭，潮汕人还习惯用乌鱼焖蒜，是一道寓意吉祥的家常菜，其中的乌鱼是祈求年年有余，蒜即"算"，寓意有钱算和有钱存储蓄。这道菜要用到潮菜特有的半煎煮技法，先将鱼用油煎过再加入蒜段略炒，然后加水煮熟。我个人印象最为深刻的是"乌鱼糜"，那时在鲃浦基层工作常常要加夜班，大冬天用牛田洋出产的乌鱼煮粥，实在是最美味的夜宵。一锅粥端上来，黄澄澄的一片鱼油上撒着青翠的葱花，与整棵的芫荽构成了一幅立体的山水画，视觉上就能给人震撼！

海滩上的赶海人

　　说到乌鱼，它身上还诞生出一种高级食材，台湾人称为"乌金"，其实就是乌鱼子。明朝李时珍说到鲻鱼时认为"粤人讹为子鱼"，接着又说"其子满腹，有黄脂味美。吴越人以为佳品，腌为鲞腊"。鲞腊，指腌制或风干的鱼肉食品。看来，至少明朝以前，广东就将乌鱼称为"子鱼"，如今看来"子鱼"之名取得甚妙！

　　乌鱼是洄游性鱼类，喜欢生活于浅海、内湾或河口水域，一般长到四年、体重二三公斤以上性腺才成熟。这时，它们便游向外海浅滩或岛屿周围产卵繁殖。每年冬至过后，中国大陆沿海的乌鱼会洄游南下产卵，经过台湾海峡，沿着海岸线南下到外海交配后折返。乌鱼贴近台湾沿岸时，其卵巢正值交配前最成熟阶段，所以乌鱼到处都有，但乌鱼子却盛产于台湾地区。乌鱼子，顾名思义就是用雌乌鱼的卵所研制的一种美食，因其口感独特，被日本人称为世界三大美食之一。如今台湾乌鱼子的制作方式是日本占领台湾地区时形成的，据了解，日本的皇室至今仍然将乌鱼子列为专供食品。

台湾渔民在乌鱼季时，捕得雄乌鱼就直接拿到市场上出售，雌乌鱼则剖出鱼卵，与鱼肉分开出售。有专门的加工厂会将乌鱼子进行清洗加工：清洁完毕的乌鱼子用木板压去水分，变成扁平的椭圆形，然后挂起来晾干。将乌鱼子切成薄片，在炭火上微炙，或用高度白酒点火烤熟，蘸以酱油，拌以姜葱，便为佐酒妙品。

这个鱼就是"那哥鱼"

潮汕有一种鱼，从大人到小孩都会熟知，因为民间有笑话流传，是潮汕人对自己普通话很"普通"的自嘲："这个鱼就是那哥鱼，那哥鱼就是这个鱼，那哥鱼拿来剁糜糜，揪做丸。"

所有的自嘲都是一种勇气，也是一种变相的自信。潮汕人这句俗语的自信，来自于早已成名的"那哥鱼"丸。潮汕著名的鱼丸最早用的原料就是那哥鱼，它肉质细嫩，而且在潮汕很常见也价格低廉。在配给制的年代，能买到的鱼种类非常有限，巴浪、那哥、剥皮鱼、带鱼最为常见，那哥鱼已经算不错的了。潮汕民谣唱道："粗皮那哥，有钱买无，无钱勿捏，捏久臭臊。"四十岁以上年龄的人都会有当年排队买那哥鱼的深刻记忆。

据有关水产专业资料，那哥鱼学名应为"多齿蛇鲻"（潮汕不少水产文献资料亦称"长条蛇鲻"，也有人认为是"长尾多齿蛇鲻"），又称为海乌、丁鱼、九棍、九仪。体圆筒形，头粗而圆，上下颌密生细小的犬牙。蛇鲻鱼是狗母鱼科中的一属，据说是因为头扁有鳞似蛇和形如鲻鱼而得名。蛇鲻的鱼鳞，摸起来似乎比其他鱼类都粗，因此有个"粗皮那哥"的别名。系海洋暖水性中下层鱼类，生活于近海的中下层水域，产量大，为我国南海的经济鱼类之一。主要栖息于沙泥底质的海区，采用守株待兔的捕食方式，通常在沙地上停滞不动，身上的花纹是很好的伪装。有时甚至会将整个身体埋入沙中而只露出眼睛，等候猎物游经时，迅速跃起吞食。

那哥鱼

潮汕人普遍喜欢那哥鱼肉质的鲜美，但那哥鱼身上骨刺很多，吃的时候要特别小心。或许正因为骨刺多，潮汕人才会想到一个懒惰的吃法——剁烂了做成鱼丸。

除了做鱼丸，另外的一种常见的做法就是做成鱼饭。待其冷却后，那哥鱼的肉质显得硬实而且洁白，可以像剥云糕一样来剥食。还有与冬菜或咸菜一起煮成热菜的，味道也鲜美，只是急性子的人慎吃，小心被鱼骨卡了喉咙。

其实潮汕人早就总结出了剔除那哥鱼骨的经验，只是自己在家操作还是不容易的。先把鱼去鳞，把鱼头和鱼尾切掉，将鱼肚里的内脏清除；鱼身放平在砧板上，然后用刀面在鱼身上拍打，使鱼肉松弛与鱼骨分离；拍打二三十下后把鱼身翻过来，试试能否把鱼身上的大骨拿下出来，若拿不下来，可继续拍打，当主骨架能轻松摘除时，鱼身上的小刺也差不多会跟着主骨架被连根拿掉。当然，拍打要有耐心，取出骨架时也要细心，不能操之过急，若强行摘取主骨架，则欲速而不达，许多的细骨会继续残留在鱼肉里。曾在一家酒店吃过所谓的"去骨酸菜那哥鱼"，因为骨头没取干净，害得一位朋友不小心被鱼骨卡了喉咙，自然是大煞用餐"风景"了！

市区大洋花园有一家海鲜店，做的是海鲜的火锅，其中最具特色的就是涮那哥鱼。便采用上面介绍的这种方法，先把那哥鱼的骨头清除干净，然后切成鱼片，整齐排放，吃起来蛮过瘾。

那哥鱼是潮汕地区重要的经济鱼类。1991年10月汕头水产局编印的《汕头水产志》第一章"海洋捕捞"记载：汕头海区鱼类，"底层和近底层鱼类有：长条蛇鲻（那哥或丁鱼）、大头狗母鱼（哥西）……"而1948年汕头艺文印务局出版的《潮州志》的"惠来渔船概况表"中神泉、靖海渔港的渔获统计也写道："红鱼、濑哥、乌贼、带鱼等占全数百分之六七十。"而在这两个港口的"远洋"捕捞子项和"潮阳港"的子项的主要渔获中都提到了"濑哥"。濑哥就是今天所说的"那哥"。可见在历史上，那哥鱼是潮汕很常见的鱼类品种。

"鲥"不我与

2008年3月1日《现代快报》的一则报道称，在南京的一个水产市场，居然出现了6条长江鲥鱼的身影，卖出每斤2200元的天价，但短短1个多小时后，就被抢购一空。6条鲥鱼每条2斤多，6条鱼卖了近3万元！随后，水产专家出来发声说，这些鱼不是真正的长江鲥鱼。因为，长江鲥鱼早在20世纪90年代就绝迹了，这些是引进的美国鲥鱼，价格应该在每斤500～800元。但这样的价格依然让人望鱼兴叹！

鲥鱼、刀鱼和河豚并称长江三鲜，三鲜中又以鲥鱼口味绝佳，有"鱼中之王"美称。专家说，鲥鱼每年四五月份进入长江产卵，到九十月份再回到海中，年年准时无误，故称鲥鱼。鲥鱼性猛，游击迅速，鱼鳞锋利，所以又称"混江龙"。鲥鱼又与黄河鲤鱼、太湖银鱼、松江鲈鱼并称中国历史上的"四大名鱼"。早在汉代就成为美味珍馐，东汉名士严光（字子陵）以难舍鲥鱼美味为由拒绝了光武帝刘秀的入仕之召。因其地有严子陵钓台，当地别称为"子陵鱼"。

鲥鱼历史上因许多文人称颂而名声大噪，苏轼赞曰："尚有桃花春气在，此中风味胜莼鲈。"连最不懂美食的王安石也曾说："鲥鱼出网蔽洲渚，荻笋肥甘胜牛乳。"从明代万历年间起，鲥鱼成为贡品，进入了紫禁皇城。至清代康熙年间，鲥鱼已被列为"满汉全席"中的重要菜肴。清光绪《潮阳县志》载"鲥鱼"："甘肥异常，腹下细骨如箭镞，味甘在皮鳞之交。"而说起鲥鱼，不少现代人反而记得张爱玲的感叹：人生有三大恨事，一恨鲥鱼多刺，二恨海棠无香，三恨红楼未完。其实多刺之叹并非始于张爱玲。北宋名士、音乐家彭渊材早有"平生五恨"："第一恨鲥鱼多骨，第二恨金橘太酸，第三恨莼菜性冷，第四恨海棠无香，第五恨曾子固（曾巩）不能诗。"张爱玲不过是模仿彭渊材罢了！

而如今，更应该感叹的是长江鲥鱼的灭绝，真是"鲥"不我与，当年的鲥鱼是吃不到了。现在能吃到的鲥鱼大多是从美国引进养殖的品种，还有一些是直接从缅甸等地进口的。

鲥鱼是洄游鱼类，每年春夏之交，鲥鱼从沿海进入长江，在沿江湖内产卵。长江下游段水面宽、水草多，是鲥鱼栖息繁衍的理想场所。宋朝梅尧臣所留名句"四月时鱼逴浪花，渔舟出没浪为家"就是描写当时渔家捕捞鲥鱼的景象。郑板桥诗曰："江南鲜笋趁鲥鱼，烂煮春风三月初。"鲥鱼三四月最为味美，鳞片当中含有很多的脂肪，因此做鲥鱼菜是不去鳞的。蒸熟之后鳞片熔化，油脂渗入肉中，味极滋润鲜美。鲥鱼的鳞片在端午节前后开始变硬，再用来做菜就要刮鳞了。但鲥鱼本身味道鲜美，做菜时以突出本味为主，所以做法比较单一，常用清蒸。潮汕的做法是用酸梅酱蒸，美味得让人停不下筷子。

作为一种洄游鱼类，鲥鱼并非长江特有，我国的其他江河水系也有。江南一带的许多物产出名，或许与当地经济文化发达，诞生出许多美食家，留下许多诗文记载有关。潮汕文献中对鲥鱼也有不少记载，清嘉庆《澄海县志》载："鲥鱼，体长色白，腹下有三角鳞，如甲肪在甲中，初夏时余月则无。"广东有鲥鱼，同时还有三黎、鳓鱼与鲥鱼在外表、味道上极为相似，有些书籍还为此有过争论。《揭阳县正续志》认为鲥鱼即三黎："鲥，土人名三黎鱼，盛于四月。"

清代学者屈大均也认为"三黧者，鲥也。是一物而以大小异"，意思是三黧是小鲥鱼。实际上鲥鱼和三黧、鳓鱼都同属于鲱科鱼类，是同宗兄弟，只是机缘巧合不同，于是命运际遇也不同。

鲥鱼还是特别娇贵的鱼种，出水即死，夏日稍久即变味。明朝开始因为名声在外而成为贡品。明朝开国在南京，就近能吃到新鲜的鲥鱼，于是把鲥鱼列为贡品，据说也正是这个时候鲥鱼身价暴涨。永乐皇帝迁都北京之后，朝廷依然指定鲥鱼为贡品，可是1500千米的路途，一路颠簸而至，难免面目全非。在当年明清的条件下，即使想尽办法，"驿马快传""冰篓护鱼""炎天冰雪护鱼船"等，可是从长江一带运到北京能是什么样的品质呢？获得2005年茅盾文学奖的作品《张居正》里有一段故事，可以借鉴一下：明朝当年专门设有鲥鱼厂，新任管事太监王清到南方吃到了新鲜的鲥鱼之后立即拍案而起，拉下脸骂人，说人家糊弄他，鲥鱼的味道不正。原来他在大内20年，吃的鲥鱼都带有腐味，那是鲥鱼变质后产生的臭味，而新鲜的鲥鱼却没有臭味，所以才闹了笑话！

这让我想起现实中类似的一事。在汕头中山公园韩江边上过去有卖鱼的小贩，其中魟鱼多在此交易，魟鱼学名蝠鲼，又被称为魔鬼鱼。由于当年缺乏保鲜技术，魟鱼很快就会变质带有潮汕人称的"海化味"，类似尿臭味。有的人闻之却步，也有人竟喜欢上了这种味道。曾有一次与同事老大姐的丈夫一起吃大排档，点魟鱼一份，上菜后，当过兵的急性子大哥尝了一口就把档主叫来了，骂人家的鱼不新鲜没味道……倒霉而被冤枉的档主！

"三黎"不来

冬天竟然在食堂吃到肥美的三黎鱼，这实在让我有些困惑，怀疑是人工养殖的美国品种。第一个困惑是季节问题，三黎生产于春夏，按有关的记载，鱼季最晚也就到农历的九月。怎么冬天还有？另外就是，食堂选购的鱼一定是价格低廉的，可见这些美味的三黎市场价格不高。

上篇说道，过去常常把"三黎"称为鲥鱼。例如，清光绪年《揭阳县正续志》载，"三黎"为鲥鱼的土名，实为一种。而清嘉庆版《澄海县志》则将"鲥鱼"和"三黎"的词条分开，认为"三黎，似鳊而小，味肥美，旧志载此作鲥误"。也就是说，三黎和鲥鱼不是同一种，但极易混淆，大概也只能从大小上来分辨。因为无论是外形还是味道，内在结构还是洄游时间，三黎和鲥鱼都是一样的，它们至少应该是至亲的关系。

鲥鱼的名字源于"进出有时"，故名鲥。而三黎的名字也跟它洄游的时间有关。它应该来自粤语地区，是"三来"的意思（粤语把"来"说作"黎"）。不过，对于"三来"的含义也有两个版本：广东人认为是鲥鱼每年春夏有三次鱼汛的到来；而广西的粤语地区则根据清同治版《苍梧县志》相关记载述认为，是每年农历三月洄游到广西沿海的意思。

不管怎么理解，这种原产于南太平洋的鱼类，每年春夏之交便成群结队地洄游到南方沿海，所以潮汕地区过去十分常见。夏天在海边缯网，过去收获最多的就是三黎，而且往往是成群结队的。缯网是潮汕地区常见的捕捞作业方式之一。1991年的《汕头水产志》载："缯网：有定式大车缯和流动式手缯网两种……于潮水涨落时，将缯网放下水中，稍待片刻，将网提起，有鱼则用手抄网捞起后，再将网放入水中，如此反复进行。"记得有一回与朋友一起到海边拗缯，一网就捞了一大桶三黎，不必开膛破肚，直接做成鱼饭现吃，那个美味没法说。三黎鱼是潮汕最价廉物美的鱼类，餐桌上往往是必不可少也吃不厌的，过了夏天往往让人怀念。

三黎

粤语有一句俗语称"三黎好食骨丝多"。意思是三黎鱼虽肉质鲜美，可惜骨刺多，吃得麻烦。三黎的吃法多种多样，蒸、煮、炸等皆宜。潮汕人最喜欢做成鱼饭，甘美异常，特别是一层皮下的油脂使肉质嫩滑甘香，非一般鱼类可及。另外，因为骨刺多，直接裹上面粉油炸也不错，我家常常这么做，适合急性子的人吃，可以连骨头一块嚼了。

近期偶然在网络上看到报道，说如今珠江口一带，三黎鱼因种种原因已难见踪影了。这个消息把我吓一跳，不免心生感慨。过去广东人说"春鳊秋鲤夏三黎""五月三黎煮苦瓜"，把三黎列入"立夏三鲜"之一。可没想到，继长江鲥鱼消亡后，这种最常见的三黎也要步鲥鱼的后尘吗？

或许这个担心真不是多余的，我查看资料时又发现了海南媒体的一篇报道："2001年，来自南海九江镇文昌村的报告说，三黎鱼已经基本绝迹，每公斤三黎鱼从20世纪80年代的80元上升为当时的800元。"

作为珠江支流的东江，沿岸的老百姓过去夏天通过捕捞三黎贴补家用，如今却早已不知三黎长什么样了。有当地的朋友在文章中写道："我最近一次听到三黎鱼的消息，是去年博罗的朋友联系了渔家，带我们到江上看打鱼，那渔家说他曾打过一条三黎鱼，给水产研究所的人收购去做研究了，听说还赚了几百块钱。我没有去核实此事的真伪，但心里始终是半信半疑的，因为我没有亲眼见过。只是有一点是肯定的，在东江上是不可能再有大队的三黎鱼出现的了。三黎鱼已经退出了东江这个江湖，而江湖上只流传着三黎鱼的传说。"

而与此同时，另一则报道也让我感慨，是关于顺德淡水的三黎已经人工饲养成功的消息。不过顺德食肆的水池中，欢快游动的已是银鳞细骨的美国种三黎了！

三黎鱼在海南、珠三角地区消失的原因是什么？过度捕捞还是水环境的恶化？大概只有鱼知道！

甘香鱼肠

汕头靠海，海鱼吃得多，淡水鱼吃得少。淡水鱼吃得最多的也就是草鱼，又称鲩鱼，在市区的肉菜市场一般都有"草鱼区"这样的销售专区。

草鱼是我国的四大家鱼之一，从南到北普遍都有养殖。唐代刘恂在《岭表录异》中就记载了广东养殖草鱼的情况："山田拣荒平处锄为町畦。伺春雨丘中聚水，即先买鲩鱼子，散于田内。一二年后，鱼儿长大，食草根并尽。既为熟田，又收鱼利；及种稻，且无稗草。乃养民之上术。"也就是说，当年养草鱼还有生态循环利用的好处！

潮汕人吃草鱼不似别处，整条做了吃。上市场就会发现，潮汕人把草鱼切开了按不同的部位来卖。鱼头归鱼头，鱼皮归鱼皮，肉归肉，鱼鳔、鱼肠、骨架另列。这是潮汕人在吃方面的精明之处，不同的部位有不同的做法，价钱也各不相同。潮汕民间流传不少关于鱼的部位的俗语，体现了潮汕人对烹调原料深入的研究和理解："草鱼头，鲤鱼喉"就是指草鱼最好吃的部位是头部，而鲤鱼最肥美的部位是喉部；"乌鱼鳃，唔甘分厝边（舍不得送给邻居）""卖田卖地，欲吃鲳鱼鼻（也有说'龙虾鼻'）"等，也都总结出了不同部位的价值。

潮汕有吃鱼生的传统，其中，潮州的鱼生吃的就是草鱼，至今风气依旧。选择的多为养于沙塘或江里野生的草鱼。早上先放在清水里养着；下午才宰杀，去鱼鳞、开膛，掏出内脏后将一层鱼皮剥去，然后沿脊骨取下左右两边肉，切成薄片置于竹屉上风干；至晚上食用时鱼肉弹性十足。佐料分为咸甜两种：咸的是豆酱拌小磨香油，另有辣椒丝选用；甜的则是三渗酱、梅膏酱，另备有一碟生萝卜丝或阳桃片。而在汕头，人们是不吃草鱼生的，更爱吃草鱼头火锅，大个的草鱼头切成几大块，先过油去腥，然后打火锅。火锅底的配料十分丰富，除了各种香料之外，关键是油炸过的鱿鱼丝，那是不可或缺的，与一把芫荽的结合实在妙极。

而无论是去吃鱼生的店还是鱼头火锅店，其实我惦记的却是鱼肠。

鱼肠在许多人眼里是"秽物"，因为处理起来比较麻烦，一些地方甚至直接丢弃。即使在汕头，草鱼肠在市场上也极为便宜，论条卖，1条一般也就2元而已。但对于一些人来说，它却是难得的美味。扬州人就有"宁丢爷和娘，不丢黑鱼肠"之说，已达到痴迷的程度。珠三角也喜欢吃鱼肠，在广州一些高级酒店，有一款名为"赛禾虫"的钵仔菜甚为流行，其实就是"鸡蛋焗鱼肠"：鱼肠在钵里经慢火烘焙，色泽金黄悦目，口感似"焗禾虫"。而在一次"羊城十大名店名厨名菜"评选中，广州一家食店的"铁板鱼肠焗蛋"被评为"最具地方特色菜式"。"焗"是珠三角一带过去烹制鱼肠最常见的方法，而现今珠江三角地区烹制鱼肠的方法据说有煎、炸、白焯等30多种。

鱼肠吃的是甘香，无论是涮火锅还是蒸煮，我十分同意香港美食家蔡澜的意见：肥油不能全刮掉！而且鱼肠要与鱼肝同吃才过瘾。在汕头，吃鱼头火锅的店家都有新鲜的鱼肠供应，但量不是太多，所以，一般我去吃都要先点上三四盘，晚了可能就没有了。而吃鱼生的店，鱼肠一般是蒸熟的，会拌上油炸的花生米、辣椒丝、姜丝、芫荽等配料，又是别样的味道。其实，自己在家也可以做，我在家尝试过鱼肠蒸蛋、鱼肠煎蛋、红焖鱼肠等做法，都得到较高的评价。

鱼肠米粉

我相信，不是所有的人都能接受鱼肠的特殊味道，但也正因为味道独特，它可以成为某些人的挚爱。世间凡是能让人痴迷的东西就绝对不是大众化的，曲高和寡也正是这个道理。

粿条面是汕头最常见的东西，街头随处可见，味道也没什么大的区别，不外乎添加些猪内脏、猪肉、牛肉、贝类海鲜等。但在汕头，恰恰就有一家与众不同，虽深居内巷偏僻之处，却引得食客纷纷慕名寻去，有点"酒香不怕巷子深"的风采。它的特色就是"鱼肠米粉"，利用鱼肠的肥美滋润米粉、粿条、面条，独树一帜。小摊档生意红火，经常要排队。

吸引人的美食往往不在于食材有多昂贵，在于是否出人意料地独特。

鱼香绕梁

鲸鱼不是鱼，鲍鱼不是鱼，而鱿鱼也不是鱼。我一直认为，鱿鱼是海产品中最具鲜花气质的品种，因为香味之浓。

鱿鱼属软体动物类，是乌贼的一种，叫"枪乌贼"。体圆锥形，体色苍白，有淡褐色斑，头大，前方生有触足10条，尾端的肉鳍呈三角形，常成群游弋于深约20米的海洋中。

有一段时间，人们不敢吃鱿鱼，怕它高胆固醇、高脂肪。我的观点一直是，什么都要吃，食物间总是相生相克的，不要忌口反而能平衡。没想到近些年，大家又说吃鱿鱼好了。一位朋友的父亲是有名的老中医，每天必吃鱿鱼以养生，成为典范。中医认为，鱿鱼有滋阴养胃、补虚润肤的功能。除了富含人体所需的蛋白质与氨基酸外，还是一种含有大量牛磺酸的低热量食品，可抑制血中的胆固醇含量，对于预防血管硬化、胆结石的形成和老年痴呆都有很好食疗效果。因此，对容易罹患心血管疾病的中老年人来说，鱿鱼是特别有益健康的食物。同时多食鱿鱼还能补充脑力、缓解疲劳、恢复视力、改善肝脏功能，等等。

潮汕最出名的鱿鱼来自南澳岛，叫"宅鱿"。并非因为它常"宅"居深水，而是因为主产地为南澳后宅镇。20世纪30年代，南澳鱿鱼干品大量出口东南亚，曾占汕头地区水产品出口总值的三分之一。所以，时至今日，宅鱿在东南亚依然拥有很高的知名度。

　　每年立夏入暑则是鱿汛，南澳渔民会到岛南的勒门、南澎列岛甚至到东南的台湾岛浅滩掇鱿。渔民掇鱿是技术活，鱿鱼有趋光性，当鱿鱼看到灯光而高度集中时，渔民用长竹制成的"鱿鱼靴"快速插入水中，便可把它捞上来。若是鱿鱼分散，则抛下"掇仔"捕捉。掇仔

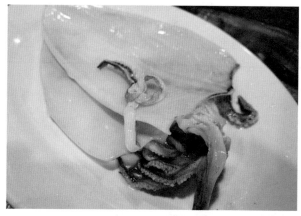

鱿鱼饭

是专用钓钩，当鱿鱼食饵上钩时，快速抽回将其钩上船，动作慢了就会脱钩跑掉。潮汕话中"掇"就是快速抽动的意思，"掇鱿"的关键就是动作要快，犹豫就抓不着鱿鱼了。

一到鱿汛，南澳岛的夜晚便可见一望无际的海面上渔光点点的壮观诗意场面。明代陈天资曾引《正字通》言："柔鱼，似乌贼无骨，生海中，里人重之。"可以旁证潮汕沿海渔民捕柔（鱿）鱼不会晚于明代。

传说，南澳这种以灯光引诱鱿鱼上钩的方式始于清咸丰年间。当时人们还不懂得什么趋光性，只是有一位抽鸦片的渔民每次出海总比别人钓得多。大家觉得奇怪，仔细观察，原来他为了抽烟，总在渔筏上点一盏玻璃罩小灯，结果收获总比别人丰富。于是大家纷纷效仿，直到后来用上了汽灯。鱿鱼虽"贼"但经不住灯光的诱惑，终究是"宅"不住，乖乖上钩。

《南澳县志》记载，到1949年，钓鱿排只剩300多只、船100多艘。解放后，实行以船带排，后又改为小机船。一艘20匹小马力船可带几只竹排，海上往返更安全，提高生产率。随着生产能力的提高，鱿鱼如今也不是什么金贵的食材，大家都能吃得起。

渔民捕获鱿鱼后，要去肚清洗后进行晾晒。渔民一般会用专用的"鱿仔刀"现场制作：剖腹、去墨囊、内脏，用海水洗涤，张晒于竹笪或澎石上。阳光越是充足，晒出来的鱿鱼越发鲜香，但也不能晒过头变成"死脯"，晾晒的干湿程度是加工技术的关键之一。晒过的鱿鱼味道远胜于新鲜的鱿鱼，那是一股浓郁、诱人而弥久不散的芳香。特别是用酒烤（过去多用火炭烤）的话，香味能飘过三条街。过去在北京读大学，最喜欢淋上二锅头点火来烤，其香虽不能招狼，却常把临近宿舍的吃货招来。

只要吃过新鲜的鱿鱼和晒干的鱿鱼，相比较之下，你就会知道阳光的味道。

鱿鱼的做法多种多样，既可烤，亦可打火锅、熬汤、爆炒。有一个源自港台的词汇让鱿鱼的地位多少受到影响，叫"炒鱿鱼"。人们从"炒鱿鱼"这道菜中得出灵感，鱿鱼片加热时会慢慢卷起来成为圆筒状，形同卷铺盖。于是，人们就用"炒鱿鱼"代替"卷铺盖"，表示被解雇和开除的意思。年终尾牙盛宴老板请吃饭，切忌点这道菜，若上此菜则大事不妙。

杜龙火锅

在潮汕人的眼中，鳗鱼是大补之物，这个认识与日本、韩国相似。20世纪80年代，潮汕地区引进养鳗技术，在全国开创了鳗鱼的养殖业，虽然产品大量出口，但潮汕人还是因此有了更多的口福。

养殖的鳗鱼为"乌耳鳗"，这是潮汕人熟悉的品种。有歌谣唱道："南海堤外是海滩，南海堤内乌耳鳗，乌耳肥美营养好，想食乌耳勿打嗝；南海堤外是海滩，南海堤内乌耳鳗，乌耳好食想困肚，想食乌耳学掠鳗。"可见，乌耳鳗曾经是最受欢迎的鳗鱼品种，但随着时间的推移和饮食习惯的变化，如今乌耳鳗却远没有"杜龙"受欢迎。

杜龙也写作"窦龙"，闽台称为"土龙"，属于蛇鳗，学名中华须鳗。它主要栖息于礁石堆或浅滩，亦经常出没于沙泥底或石砾堆。以鱼类为主食，亦捕食甲壳类，如蟹类、虾类等。杜龙生命力顽强，据说头掉了依然能爬行，它善于用尖圆的尾巴掘泥打洞。嘉庆《澄海县志》记杜龙："似鳗而长倍之，性悍健，能穿堤防，肉甚坚，必捣之，而后可烹，味与鳗类。"

其实，长期以来杜龙并不是受欢迎的鳗鱼品种。它肉质坚硬而且浑身骨刺，更重要的是，在那个缺少油水的年代，杜龙与油脂饱满的乌耳鳗相比简直就是"黑穷丑"。加上烹调手法不对，杜龙属于鳗鱼中的"次品"，一般只为码头工人所食用。当年在市区杏花桥上常见不法小贩以杜龙冒充乌耳鳗出售，谁买回家做个"酸梅蒸鳗鱼""红焖鳗鱼"什么的难免大呼上当，硬邦邦的鳗鱼肉是食之无味、弃之可惜。

虽然杜龙在很长时间里只能充当乌耳鳗的赝品，但它一直被看成是有效的壮阳食物之一。在闽南语系地区，以"龙"呼之，绝不是随便叫的，在生活水平较高的台湾地区，它一直属于高价的滋补品。杜龙传统的吃法是切段炖汤。普通的是炖黄豆，也有炖高级药材的，直炖到肉骨分离，去渣，喝汤。而对于当年物资缺乏的内地来说，这简直是不可理喻的浪费食物。

现在市场上出售的乌耳鳗绝大多数来自养殖场，养得更为肥胖，即使没有养殖业的卫生安全风波，人们也越发觉得它太过油腻。于是，同样美味的野生杜龙更受欢迎，在做法上也有了新的突破。记得20世纪90年代初，汕头一酒店推出的"杜龙粥"就很受食客欢迎。与原来炖汤的方式不同，据悉是先将切段的杜龙煮熟，然后用敲打的方式让它骨肉分离，肉也基本变成肉末，再用肉末煮粥，也的确鲜美。记得配料里下了不少胡椒，冬天吃很是爽口暖胃。

有人说，潮汕人饮食方面有两大"利器"：一是煮粥，二是火锅。诚然，在杜龙的处理上，火锅成为现在的主流，在汕头市区有不少杜龙火锅店长盛不衰，而且越开越多。

　　杜龙多骨刺，但一般情况下，水中动物往往骨刺越多，越是美味。所以有人也将杜龙类比鲥鱼，密密麻麻的细刺几乎多到令人无法下口的地步，但因美味而令人向往。于是如何处理这些骨刺成了关

杜龙

键。经过经验总结，现在人们掌握了宰杀、处理的方法。店家会先用干毛巾把杜龙身上的黏液擦干净，用利刃将杜龙剖开；用细致的刀工去除杜龙脊骨和主要的细骨，之后再将鳗皮朝下，用纵横交错的刀法将毛骨与肉都切碎。这个过程极考验刀工，要肉与毛骨切碎而鳗鱼皮保持完好，之后切成块状来打火锅。

杜龙肉片在沸汤中涮过，十几二十秒的时间也就熟了。原来微黄的鳗鱼肉变得雪白松软，潮汕人喜欢用它蘸酸梅酱，紧实细腻的肉质和爽脆的皮质相得益彰，味觉和视觉上的美感交融。语文老师若是此时来教什么是"通感"，我想是极易理解和掌握的。

凶猛的鲈鳗

在吃过的鳗鱼中，口感最佳的是一种生活在山间溪流中的"鲈鳗"。

那是一次意外的收获，到山区里吃到的野生鲈鳗。因为个头不小，于是来了个"两味"，部分切片打火锅，部分红烧。无论是火锅还是红烧，肉质爽脆清香，让我至今回味。

据小店的山民介绍，鲈鳗极难捕捉，要在溪边埋设刀片、撒上石灰才能抓得到。具体怎么抓，山民笑而不答。那笑容有些诡异，让我联想起武侠小说中放暗器、施毒之类的手段，总感觉有些不正大光明。其实，就"猫论"而言，能实现目的的手段都是本事，拳脚、兵刃、暗器、陷阱并没有什么区别，诸葛孔明七擒孟获大多不是正面较量，正好印证了《孙子兵法》的那句名言："兵者，诡道也。"

鲈鳗是一种生命力极强的鳗鱼品种。成年后的鲈鳗性情凶猛，体质好，力量强。它昼伏夜行，夜深人静之时，会悄悄登陆河滩觅食。食物以小鱼、小虾、水生昆虫为主，但亦有摄食蟹、蛙、蛇及河边之嫩笋，甚至连老鼠都吃，足见其生猛不亚于蛇。由于能长时间脱水在陆地活动，在深夜里迅速爬行，所以常常被人误当作蛇。

因为感兴趣，后来多方请教才知道，鲈鳗的学名为"花鳗鲡"。它体形似鳗鲡，体长，前部粗圆筒状，尾部侧扁。虽说一般在山间溪流看到鲈鳗，它平时生活在淡水里，但它是注定离不开大海的。它不仅来自大海，而且如果不出意外，最终会叶落归根，为了生儿育女，还要回归大海。

据资料，鲈鳗最大个体长达2.3米，重可达百斤。广东地区的人最初不知它为"花鳗鲡"，见它在淡水区生活，也不是蛇，便称之为"鳝王"。目前香港还有所谓的"鳝王宴"，其实就是吃鲈鳗。

鲈鳗的神奇之处在于它的生命旅程。生活在淡水中的鲈鳗，在性腺成熟之后会想办法洄游大海。那是一次没有回程的旅途，但作为一种使命，它义无反顾。中秋节过后，成年的鲈鳗开始漫漫征程，目标就是江河入海口，直至最后入海繁殖。而生育后，它自己就会失去生命。

自然界有不少这种为繁殖后代而付出生命代价的例子，常被人用于表现母爱的伟大。比如潮汕有俗语"田螺为仔死"，指的就是稻田里的田螺生仔后自己死去。每年春夏之交，稻田田螺怀孕，有"三月田螺一肚仔"的说法。田螺肚子里的仔渐渐长大，到了秋天分娩时，十多只螺仔从肚子向螺口吐出，许多螺母就这样死去，只留下了在田地里的螺壳。而著名的太湖银鱼更为悲壮。银鱼为了产仔要用锋利的石头划破肚子，所以新生命诞生之时，也是银鱼母亲尸横水面之日。

鲈鳗的卵会在海流中孵化。初孵出的小宝宝是白色薄软的叶状体，被海流带到陆地沿岸后，变成短的圆线条状的幼鳗，亦称"线鳗"。鲈鳗苗在海里生活一百多天以后，开始进入河口，溯流而上。它们会沿着父母祖辈的足迹，从海里逆流而上、一路跋涉来到山上的溪流中，进入淡水河湖定居生活。即使是海拔几百米的山区，也能见到它们的身影。鲈鳗擅长逆流而上寻找巢穴和食物，有资料记载，其觅食区在菲律宾可达海拔1523.9米的山溪。

鲈鳗在淡水溪流中到底要经过多少年性腺才成熟，才会回到大海里繁育，这点目前还没有确切的数据。对于鲈鳗的寿命，有人发现最长寿的可达到80多岁。目前对其年龄段的测算，主要是通过对其头部的耳石研究得出的。

鲈鳗

台湾民间认为鲈鳗可以滋补身体，因此价格相当高昂。据报告，鲈鳗的肉质含有丰富的蛋白质、维生素以及不饱和脂肪酸。鳗鱼所含有的维生素E是一种强力的抗氧化剂，能减缓老化，预防动脉硬化及高血压。同时鳗鱼肌肉含有大量的胶原蛋白，可以增加皮肤弹性及修补皱纹。台湾山区的海产店还引进一种与花鳗鲕很像的鳗鱼品种，叫作宽鳍鳗，常有不法经营者冒充野生鲈鳗推销给观光客，肉质有较大差异。其实在潮汕同样存在这种现象，有些酒店标榜的"野生鲈鳗"如果肉质不爽脆，基本上是赝品。

海中仪仗队

说到龙虾，不少内地的读者立即联想到的可能是生长在淡水中的"小龙虾"，这里要说的是海水龙虾。

据了解，全世界龙虾共有400多种。北美洲是龙虾分布最多的大陆，分布在北美洲的就有300多种。而中国人最熟悉的应该是澳洲的大龙虾，澳洲龙虾是龙虾中的上品，它外表威武，肉质鲜美。有专家给大洋洲产的龙虾归出六大特征：一是体大肥美，一般商品虾的龙虾仔体重100～200克，成虾在750克以上；二是生长快，产量高；三是营养丰富，肉质细嫩滑脆，味道鲜甜独特；四是适应性强，能忍耐恶劣天气环境；五是食性杂，既吃动物性饲料，也吃人工配合饲料和腐殖质，粗生易养；六是经济效益高，便于长途运输。所以，在中国市场常见鲜活的澳洲龙虾。

潮汕人对于龙虾并不陌生，因为历史上潮汕的海获中就有龙虾。而且许多老资格的食客一致认为，无论是外表还是肉质，本地的龙虾要胜过进口的龙虾。

本地出产的龙虾为中华锦绣龙虾。主要产于我国东海和南海，以广东南澳岛产量最多，夏秋季节为出产旺季。龙虾一般个头不大，常见的1斤多些。在江浙一带，不少地方把它称为"七彩龙虾"。由于色彩斑斓且在江浙一带少见，古时当地有记载把它称为"神虾"。《太平县志》有如此描述："宋天圣元年，渔者得于海中，长三尺余，前二钳可二寸许，末有红须尺余，首如数升器，若绘画状，双目，十二足，文如虎豹。大率五彩皆具，而状魁梧尤异。中使吴仲华绘其像以闻，诏名神虾。"

饶宗颐编纂的《潮州志》中记录了潮汕地区过去的"捕龙虾法"："捕龙虾南澳与惠来皆有。法用竹片条，长约四尺许，阔约寸许，缚成十字形，用网盖其上，使弯曲如碗状。由两个相合成椭圆形，下半部比上半部小，两半部中留一空隙距离约七八寸，缚饵于上半部活门之旁，置海中礁石间。龙虾见饵奔入，饵动而活门闭，两半部遂相合成圆形，虾乃不能复出。"

至于味道，清初大儒屈大均在《广东新语》中写道："其肉味甜，稍粗于常虾"，一针见血地点出了龙虾肉的特点和不足。改革开放之初，龙虾作为名贵的食材是婚礼寿宴等重大宴席所不可或缺的。但它更像是装点门面的标志，不在于好不好吃，而在于其外形的威武和价格所标志的档次。由此，民间有"一傻点龙虾"之说，吃饭点菜点龙虾名列"第一傻"。平常朋友间的聚会和家庭宴会是绝对不会点龙虾的，因为性价比远不如野生小沙虾。

龙虾的肉质相对于野生的海虾并没有优势，这和做法有关系。当年龙虾常见的做法是"沙律龙虾"，即把龙虾蒸熟了，取肉切片拌沙律酱。那会儿沙律酱刚引进内地市场，洋玩意被当成好东西，这样的龙虾当然没什么吃头！后来有了变化，弄出个什么"龙虾伊面"，更是"倒行逆施"，把面条铺在切块的龙虾底下蒸熟，龙虾的鲜美味道为面所吸取，龙虾肉变得硬实无味。有朋友说这是某酒楼大厨亲自传授的做法："伊面的味道不错啊！"我说："是啊，到哪去找这么高级的煮面配料？"龙虾在这道菜里已经委身成为面条的调料品，实在是买椟还珠的"高招"。

如今，龙虾已不像过去那么金贵。吃法也大为不同了，常见的有生蒸和刺身两种。生蒸要控制火候，不能太老；而最鲜美的当然是切薄片后生吃，这里还有个技巧，取龙虾肉时不能沾水，置于铺保鲜膜的冰盘之上，虾肉刺身才有弹性，入口软糯甘美。而龙虾头和外壳则用来熬粥，"龙虾糜"要下肉末和冬菜，是潮汕芳糜中的上品。

虽然龙虾与常见的海虾都叫虾，但属于不同的科。平常的海虾是游行虾，龙虾是爬行虾。它体型大，但行动相对缓慢。1934年，北美沿海捕捉到一只大龙虾，全身长1.22米，重达19公斤，触须有好几尺长，是迄今为止有记载的最大龙虾。

曾看过一个纪录片，龙虾在海底的迁徙十分壮观。它们会群体行动，扬起长长的触角，头尾相连排成整齐的队形前进，犹如一支训练有素、全副武装的仪仗队。有趣的是，英国人真的曾用"龙虾"来指称他们的部队，据说这一称谓可追溯到17世纪大内乱时期。称谓来自一支骑兵部队，因其军装是红色的，被称为"龙虾兵团"，后来便蔓延开来。而与此不同，法国大文豪雨果将龙虾称为"海中的红衣主教"却引发了争议，被不少人指责为对教皇不敬。

龙虾生活在温暖的海底，白天多潜伏在岩礁的缝隙里，夜出觅食，虽在海里生活却不善游泳。它的幼体形同树叶，漂浮在海上随波逐流，要经过多次脱皮才能变成龙虾，因此分布的范围极广。龙虾的"叶状幼体"有细长的附肢，与蜘蛛相似，所以龙虾的英文单词"lobster"正源于古英语的"蜘蛛"。

曾在佛山的"水产世界"见识过来自全世界各地的龙虾，最漂亮的无疑是中华锦绣龙虾。不过它的体型属于中等龙虾，难得见到体型庞大的。有报道称浙江渔民曾捕获过体长超过1米、重五六斤的中华锦绣龙虾，卖出60万元，真是天价了！本地有文字记载的资料中，捕获最大的中华锦绣龙虾身长0.72米、重3.8公斤，为1986年4月18日南澳后宅一吴姓渔民的机船在勒门列岛海域所获。

当然，锦绣龙虾是龙虾家族中最长寿的，寿命最长的可达100岁。可以想象，一米长的大龙虾该是怎样的孤独！不过，龙虾最漂亮是在煮熟以后，不管原来是青色还是褐色的，熟了就能"红"起来。为达到这身美丽的外表，龙虾要付出生命的代价。

情色冻蟹

除了腌制，螃蟹的烧制皆为热菜，要趁热吃味道才鲜美，唯独红蟹例外。汕头著名的"鱼饭"其实不止于鱼，"鱼"是海错的统称。鱼饭中的极品就不是鱼，而是螃蟹——冻红蟹。高级的潮州菜馆会摆一个鱼饭档供客人自己选择，这比生猛海鲜池更重要，虽然生猛海鲜池当年也是香港潮州菜馆的首创，但已然成为粤菜的标配，并非潮州菜特有的身份象征。冻红蟹一定会摆在鱼饭档最显眼的地方。红蟹与其他品种的螃蟹有所不同，皆为野生品，且几乎四季都有，以大为珍。所以一年中的大多数时间，都可以满足喜欢吃红蟹的人的愿望。

也不知是否为偶然发现的，红蟹冰冻过的肉质鲜美无比，实在比热的好吃多了，于是便跻身"鱼饭天团"，并成为团队领袖。

红蟹原来并不贵，因其肉质松软，含水量高，潮汕人说："食无肉！"远不如其他蟹类的肉质饱实，所以并不受青睐。但随着做法的改变，红蟹的身价也悄然地发生改变。这有点类似于龙蟹和鳗鱼中的杜龙，当初都不觉得珍贵，后来却在不知不觉中超越了它的同类，价格越来越高。总的来说需求决定了市场，需求决定了价格。

红蟹虽然肉与总重量的比例不算太高，可是经过冰冻后，肉质变得饱满。虽然会有些缩水，但口感变得紧实而且格外鲜美滑爽。

冻红蟹的制作属于"傻瓜"型的，再简单不过——将蟹蒸熟，再冷冻，整个过程不添加任何调味料。简单的方式倒是符合潮汕菜的烹饪理念。吃的时候，可以蘸少许陈醋或姜末泡的醋，以提升蟹肉的鲜甜度，也可以直接吃它的原味。

以冷冻的方法吃红蟹，能够保持肉质的原汁原味。蟹味本鲜，加上冰冻的风味和口感，是热蟹所无法比拟的。潮汕地区四季都有红蟹，据说以春天肉最多。其实红蟹肉质水分多，再肥也肥不到哪去，都差不了多少。潮汕出产的红蟹，背壳上都有一个明显的十字架印记，这个印记正是其有别于其他产地红蟹的独特标志。

在现代社会，关注就是力量，关注就是生产力，知名度能变成无形资产。所以，许多人拼了命要出名，即使是"臭名昭著"也在所不惜，甚至心甘情愿、心向往之。这也就是那么多明星会自我炒作或重金雇请专业公司炒作绯闻、丑闻的原因所在。关注度的提高需要平台和渠道，央视著名主持人白岩松曾经开玩笑说："让一只狗天天上央视，就能变成一只名狗。"潮汕菜中的"冻红蟹"之所以红起来，并不仅仅因为它熟肉冷冻后发生了质变，还因为一部电影而知名度大增，就是王家卫的《重庆森林》。在那部电影里有一个情节，一对激情男女准备了一份最撩人的晚餐，为接下来激动人心、不言而喻的情

冻红蟹

清蒸蟹

节做铺垫。那顿晚餐就是一只冻红蟹，而且只有一只冻红蟹！冻蟹也成了这个灯光幽暗的暧昧环境中的唯一"意象"，使得冻红蟹怎么都逃脱不了情色的意味，这与潮汕的俗语倒是一脉相承。潮汕俗语说：

"吃蟹夜夜会，吃虾耐一夜。"意思是吃虾蟹能激起人的情欲，只不过虾的作用只有一夜，而蟹能带来持久的效应。

我想大师级的王家卫导演是有预谋的，有什么食物能比鲜艳动人的红蟹更让人浮想联翩、想入非非呢！当然也有挑剔的美食家认为，当晚冻红蟹配红葡萄酒是失误，应该配白葡萄酒更搭。我想，在这种氛围中，喝什么酒重要吗？搭不搭只有剧中的主人公知道吧？

蟹在中医看来偏寒性，所以，潮汕人在烹制螃蟹时都要下姜，以中和其寒性。而红蟹蒸的时候不下姜，却在蘸料的醋里加上姜末。在长三角一带还有一种方法，就是采用陈年花雕酒来烹调螃蟹，不仅可以中和蟹肉的寒性，而且不掩盖其甘香。有一道叫"花雕蒸红蟹"的佳作，上桌时，花雕酒香与浓郁的蟹肉香纠缠在一起，也别有风味。蟹肉有浓厚的酒香却没有酒的苦涩味，红蟹的底部一般习惯性地垫着鸡蛋，鸡蛋吸取了螃蟹和花雕酒的味道，也变成奇特味道的"混蛋"；与潮菜喜欢在蒸螃蟹中放鸡蛋粉丝是一个道理，不让蒸出的浓郁香味浪费掉，吸其精华，充实自己。

薄壳杂谈·之一

潮汕的腌制小菜中，海产类占据重要位置，常常当作早餐白粥的物配[1]。正因如此，潮汕的杂咸才会显得如此丰富多彩。

用海产品腌制杂咸的传统由来已久。清乾隆《潮州府志·风俗》

---

[1] 潮汕叫法，指用来配饭或配酒的佐食，不仅包括杂咸、蔬菜类，也包括鱼、肉、海鲜类。——编者注

载："所食大半取于海族，故蚝生、鱼生、虾生之类，辄为至味。"清嘉庆《澄海县志》也记述："澄地多鱼，人善为脍，披云镂雪，洁白可爱，杂用醋蒜等物食之，谓之鱼生。可清膈消暑，尤以侵晓空心时为良。其余如蚝生、虾生，大率效此。俗语云：山居食山，水居食水，各从所嗜，不足怪也。"

海产品用来制作杂咸的以小鱼和贝壳类为主，主要有鱼仔、咸鱼、钱螺鲑、车白、牡蛎、薄壳、红肉米、腌虾姑、咸蟹等。这类杂咸较为鲜美可口，但有的保质期较短，有较强的时节性。海鲜腌制品或许是潮汕人晚餐和夜宵中最鲜活、最能挑动味觉的食物，所以，在被称为"打冷"的夜宵大排档里往往会成为主角，琳琅满目，勾人心魂。

其中反而腌制"咸薄壳"不常见。夏季为它的盛产期。在过去的岁月里，人们常挑选肥大且外壳完整的，洗净后拌上粗盐，装入陶瓷瓮罐中腌制，一般认为要腌制半月以上方可食用。食用时用冷开水清洗后置于小碟盘中，有人还喜欢用鱼露再泡浸一下，个人感觉腌制后的薄壳太咸，薄壳肉经盐卤后也变得干瘪，吃咸薄壳主要取其味。据说，咸薄壳能够"降火生津"，是过去物资缺乏的岁月的开胃菜。

薄壳还有一个名字叫"凤眼鲑"。传说明朝的正德皇帝微服私访，一路游山玩水来到东南沿海。这一天，不知怎的与随从人员失散、迷路了，可他贵为天子不便声张，再说他满口的北方官话，南方百姓未必听得懂。由于问不清路，兜兜转转还是找不到方向，娇生惯养的皇帝不一会儿就又饿又累，在一户人家屋前趴倒了。这户人家发现这个远方过路人如此可怜，便舀了一碗剩粥，就着几粒咸薄壳给他充饥。遭难皇帝这时候全没有了架子，也顾不得什么体面了，三两口把一碗粥喝得底朝天。

故事总是这样的，皇帝终究是丢不了的，后来返回京城，依然每天花天酒地、尝尽人世间珍馐。可是一段时间后，常常想念起当时在乡下喝的稀粥，特别是那几颗不知名的小东西，每每回味。于是钦命地方官员去找寻，地方官员不敢怠慢，赶紧送一罐咸薄壳往京城。宫里接应的人一看送来的东西，吓了一跳：此等俗物如何给至高无上的天子当御膳？万一弄错了触犯龙颜，谁能担当得了！相关的大臣和御厨们经过苦思，终于想出了一套精明的包装办法：一是换用精美的玉坛子和玉盘子来装盛咸薄壳；二是给它起个好名字，据其形如凤眼、美味如鲑的特点，命名为"凤眼鲑"。果然，当这道不同于以往宫廷食物风格和口味的凤眼鲑再次送到正德皇帝面前时，他吃得津津有味，称赞不绝。后来，"凤眼鲑"这个名字和它本身，也确确实实成了雅俗共赏之物。

薄壳腌制的时间要比别的海鲜长得多。过去人们常常是夏天腌制冬天吃，像是在冬日里怀念夏天的味道！

薄壳杂谈·之二

夏天一到，一种潮汕人引以为自豪的美食就开始上市。初夏，大家会说"还太瘦"，但已有些按捺不住，纷纷买回家尝鲜，它可以代表"大海夏季的味道"，它就是薄壳，一种贝类海产品，因壳薄故名，学名寻氏肌蛤。

薄壳分布于东至福建东南部、西至广东省汕尾市陆丰县之间的海域内，所以，别处的人不识薄壳是正常不过的事。即使在省内，原来广州、深圳等珠三角地区也没有薄壳，近两年才在一些市场出现，也是由于潮汕人迁入后催生的需求，都是专门从潮汕当天运过去的。

人工养殖薄壳是潮汕人的首创，也成为一些沿海地区海水养殖的重要品种之一。作为一种价廉味美的大众化海味，薄壳深受潮汕人的喜爱。清嘉庆《澄海县志》中已经有了薄壳场的记载："薄壳，聚房生海泥中，百十相黏，形似凤眼，壳青色而薄，一名凤眼蚬，夏月出佳，至秋味渐瘠。邑亦有薄壳场，其业与蚶场类。"潮汕薄壳产地不少，饶平、澄海盐鸿、黄冈大澳、达濠广澳都是主产地，不过普遍认为饶平和盐鸿薄壳为最佳。

因为薄壳的独特性，2009年我还参与策划了潮汕第一届薄壳美食节。曾组织潮汕三市的市民到饶平参观几万亩的薄壳场，登船了解渔民如何潜入水中用木柄弯刀收割薄壳，再到澄海盐鸿参观薄壳米的加工生产、用薄壳制作的全薄壳宴。当时，汕头电视台和潮州电视台都制作了专题报道，我们顶着烈日在海上详细记录采获的全过程，第一次为潮汕的市民展示养殖、收获薄壳的艰辛。

虽然是本地人熟悉的食物，但大多数人并不清楚它的生产。节目播出后产生了极大的影响，不仅使市面上的薄壳热销，还发挥了普及教育的作用。汕头有学校以此为题材，让学生们写作文，主题自然是"谁知盘中餐，粒粒皆辛苦"。

薄壳的季节性很强，农历七八月为上市旺季。民间有"八月薄壳"的说法，这时薄壳性腺开始成熟并产卵繁殖，壳大肉厚，肉质十分鲜美。生殖腺成熟时雌性呈橙黄色，雄性呈乳白色。

每年霜降节气前后，薄壳首次产卵，称降栽；小寒节气后产第二批卵，称寒栽。这两批卵皆在冷风冻流中产下，因先天不足，长势欠佳，春暖后陆续采起作为对虾和鸭的饲料，进入夏天才择优上市。而立春后产第三批卵，称春栽，最优良。放养后于端午节前从浅滩采起，放入水深、流畅、海生物多的海域，大暑节气后便可陆续采割上市，这才是最肥美的。

薄壳的采摘十分辛苦。它依附在海底的岩石或者养殖者专门做的"薄壳埕"上生长，有时海边的岩石上的野生薄壳，用螺丝刀都很难撬下来。养殖场采摘薄壳时需要人工潜入水中用刀割出。渔民在不用潜水装备的情况下裸身潜入冰冷的海水中作业，憋气倒爬执着前端带有小铲子的网袋，将薄壳连土割入网袋，再由船上的人协助拉上水面，把薄壳倒入绑在船舷的大竹箩里，通过"洗薄壳"将泥土洗去。下海的渔民须在水中长时间作业，不仅水性要好，肺活量一般也十分惊人。

薄壳不仅味道鲜美，而且有较高的营养价值，在烹调制作上也显示出了"天生丽质"。所谓"淡妆浓抹总相宜"，得有足够的资本，如今有多少明星能以素颜见人？薄壳就有这样的资本，即使完全没有烹调经验的人，只要把它煮熟就能品尝它的美味。

薄壳在家庭中最常见的做法就是炒。用旺火，油爆香蒜头后，将薄壳倒进锅中翻炒，再添上必不可少的金不换叶子和盐或鱼露，待到薄壳在锅里"开口笑"（外壳打开）时就可以起锅了。金不换与薄壳是绝配。金不换珠三角地区称"九层塔"，为唇形科植物罗勒的一年生草本植物，其花呈多层塔状，故称"九层塔"。它来自庞大罗勒家族，由于叶、茎与花均有浓烈的八角茴香味，也叫兰香罗勒，广泛分布于亚洲、欧洲、非洲及美洲的热带地区。种植十分简单，折上一段插入土中便能成活，潮汕人家一般都会在阳台的花盆里种植，随时取用。当然，潮汕的菜市场，只要是买薄壳都会搭配赠送，让人不必为零碎的配料操心。

腌薄壳

炒薄壳有人还会加进辣椒、沙茶等配料，根据个人的喜好而定。我个人对于一些食店勾芡的做法不大赞成，会弱化薄壳本身的鲜美，纯属画蛇添足。

薄壳的另外一种著名的产品是"薄壳米"。薄壳味道鲜美、诱人馋涎，但个小肉少，还有一层外壳，难以让急性子的人吃得痛快。人类进步的最大动力来自于偷懒！于是将外壳去除、留下薄壳肉的加工生产技艺应运而生，"薄壳米"就是指纯薄壳肉。

加工薄壳米是一门古老的手艺。明清时期，潮汕地区的劳动人民就掌握了脱壳取肉的技艺。"煮沸"和"捞米"是两道需要通过经验积累才能掌握的重要工序。水煮沸后将薄壳倒入锅里，用特制大竹笼搅拌，薄壳受热均匀的同时让肉壳分离，肉会上浮而壳下沉。煮薄壳的炉火是一边旺火、一边弱火，让大锅的水温有差异，俗称"阴阳火"。薄壳在旺火一边入水，在弱火一边把浮起来的薄壳肉捞上来，再经盐水分离杂质。据了解每100斤鲜薄壳，可加工出10公斤左右的薄壳米。

薄壳米可即食，也可进一步烹调出很多特色佳肴，如葱炒薄壳米、薄壳米炒饭、薄壳米烙、薄壳米秋瓜爽、薄壳米卷、薄壳米竹笋煲等。

近些年，随着汕头美食知名度的传播，薄壳的美味也为更多食客所知晓。薄壳米通过冷链空运到北京、上海等大城市，成为高档酒楼的"奇货"，而本地的薄壳米价格年年见涨，每市斤已突破百元大关。曾见过北京某著名高级餐厅的一道意境菜，几颗薄壳米散落在一摊绿色的蔬菜泥中，菜泥在硕大的瓷盘中绘成远山近水，几颗薄壳米犹如几只野鸭深陷沼泽之中，这道菜的价格吓人一跳——这哪里卖的是菜，明明卖的是画！

特产这东西往往是某个地方的寻常之物，但换了地方就变成稀罕物，身价也就不寻常了。

腌钱螺鲑

因为写了"凤眼鲑"，有网友发来信息，希望我介绍一下"钱螺鲑"。正好，这也是我喜欢的一种杂咸，它让我立即就联想到小外甥，这小子奇怪得很，从小就酷爱吃生腌水产品，特别是钱螺鲑，经常把大人吓着，怕吃了对孩子发育有影响。孩子正读大学，现在长到1.86米了。

潮汕话的"鲑"，不是指大马哈鱼属的鲑鱼，也跟三文鱼没什么关系，而是特指盐腌制的小海鲜及捣成的酱，比如虾鲑、尔鲑（小鱿鱼）、钱螺鲑、凤眼鲑、蚝鲑等。

在腌制鲑的过程中，海鲜渗出的水分和盐混合在一起，会变成一种黏稠的酱汁，从而产生一种独特的味道，但并非人人都喜欢这种味道。鲑的腌制也要讲究方法，比如用小鱿鱼腌制"厚尔鲑"时，不能将盐一次加足了，那会使尔鲑吃起来咸而无味，而且咬不动，用土话来说就是"腌死了""咸死咬"。腌尔鲑要像腌咸鱼，盐分次加，要让尔鲑曝晒并发酵，这样才能产生一种独特的腐败香味。

潮汕各种"鲑"中味道最特别的是钱螺鲑。钱螺生长在海边的滩涂，椭圆螺状，长1厘米左右，壳薄而脆。它的学名为泥螺，古称吐铁。据明万历《温州府志》记载："吐铁一名泥螺，俗名泥蛳，岁时衔以沙，沙黑似铁，至桃花时铁始吐尽。"来自明朝宫廷的《食物本草》也写道："吐铁，生海中，螺属也。"明朝《海味索隐》载："泥螺出南田（岛）者佳，梅雨收制。一作吐铁，冬吐衔沙，沙黑如铁，至桃花时铁尽吐，粒大脂丰无茎，乃佳，为桃花泥螺……八九月不复食泥，吐白脂，晶莹涂上，其所产称桂花泥螺，略逊。"

泥螺肉可入药，《本草纲目》载"有明目、生津功效"。醉泥螺味极鲜香脆美，古人曾有诗赞曰："次第春糟土冰储，舟移万瓮入姑胥。安期写罢神仙箓，酒墨都成蝌蚪书。"现在温州一带称为"泥糍"；因盛产于麦熟季节，闽南称"麦螺蛤"；因贝壳为黄色和黄褐色，在江、浙、沪一带又称"黄泥螺"。但据宁波的朋友介绍，当地每年产两次泥螺：农历三月出产一次，正是古书上称的"桃花泥螺"；而农历九月近中秋时还会再出产一次，称为"桂花泥螺"。而实际上"桂花泥螺"比"桃花泥螺"味道更鲜美。

潮汕地区的钱螺鲑正是用泥螺腌制的。潮汕盛产泥螺的时节是在农历三四月份，据说起雾时，钱螺就特别多。

钱螺买回家后用清水养大半天，让螺吐出泥沙，小心洗净控干，用盐腌两天就可以吃了，腌制时加炒黄豆味道会更香。钱螺壳薄如蝉翼，一碰就破。因此，嗛钱螺要有技巧，力道轻嗛不出螺肉，太用力则会把螺壳嗛碎，很是考验人。江浙一带的黄泥螺个头比潮汕的大，也多腌制食用，但会加入用糖和酒，个人也很喜欢。

以前，海边的渔民腌好钱螺后会挑到城里走街串巷叫卖。那是用粗盐腌过的，喜欢的人买来后会进行二次加工，用清水洗过后再加入鱼露、辣椒、蒜蓉、芹菜、炒黄豆等配料，放置几天后再食用。

现在，肉菜市场上的咸菜摊档一般都有出售，有的还做成罐装的，一罐罐地卖。味道都调配好了，不必再自己加工，不像以前的那么咸。个人认为，喜欢重口味的食客可以拿它下饭，甚至当酒料也无妨。

钱螺鲑　　　　　　　　　　　花螺

潮汕杂咸的品种特别丰富，可能是潮汕人喜欢吃白糜的缘故。"鲑"大多用来就白糜，是极为煞嘴的一种小菜。潮剧《南荆钗记》讲的是南宋的故事，剧中就有这样的台词："卖鲑说鲑香，卖花说花红，卖货着听买货人。"似乎说南宋就已经有"鲑"了，不过这是戏文，不能当史料佐证。

但滑溜甘甜的钱螺鲑的确是配粥的佳品，几颗钱螺鲑，一碗白粥很快就稀里哗啦地吃完了，还意犹未尽！至于泥螺为什么在潮汕称"钱螺"，它跟"钱"有什么关系就有待专家考证了。

"蚝"情不减

对于蚝这种东西，许多像我这样年龄的人少年时代都记忆深刻，因为语文课文里有一篇莫泊桑的文章《我的叔叔于勒》。从那时起，知道有一种算得上奢华的美食叫牡蛎，也就是蚝。

记得当时的语文老师讲得绘声绘色，听得大家泛起口水，心向往之。《我的叔叔于勒》里描述："突然他望见了有两个男搭客正邀请两个时髦的女搭客吃牡蛎。一个衣裳褴褛的老水手，用小刀一下撬开了它的壳子交给男搭客们，他们跟着又交给那两个女搭客。她们用一阵优雅的姿态吃起来，一面用一块精美的手帕托起了牡蛎，一面又向前伸着嘴巴免得在裙袍上留下痕迹。随后她们用一个很迅速的小动作喝了牡蛎的汁子，就把壳子扔到了海面去。我父亲无疑地受到那种在一艘开动的海船上吃牡蛎的高雅行为的引诱了。他认为那是好派头，又文雅，又高尚……"

吃生蚝吃出了"文雅""高尚"来，这多么令人向往！可是，到后来才明白，吃蚝是需要年龄积累才能真正懂得其中滋味的。

汕头濒临南海，自然出产蚝。小时候第一次吃蚝，是大失所望，几乎是强忍着咽下去的；可如今爱到不忍释手，往往得提醒自己不能再吃了，蚝的美味竟然成了难以自控的诱惑。

蚝的品种不少，其中以法国的贝隆生蚝最为著名。其海水味较重，却是重口味美食家们的最爱。另外，亚洲以原产于日本熊本县的熊本蚝为最佳，个小而肥美。但是后来被捕得快绝种了，20世纪20年代传到美国，便在美国西海岸开始繁殖。汕头的餐馆则常见产自澳洲的大蚝。当然，现在物流发达，从法国到上海通关再到汕头也不过一天时间。见过专门倒腾法国生蚝的有钱人，一班人在餐桌上边吃边等从机场航班上送来的生蚝，这些生蚝最高贵的生存方式就是"在路上"，永远在路上！即使那天航班被取消了，大概也不会察觉。

潮汕地区也盛产蚝，饶平汫洲蚝、澄海盐鸿蚝、揭阳钱岗蚝、牛田洋蚝、达濠蚝、南澳蚝……知名的产蚝地不少，但品种和质量算不上上乘。于是诞生了汕头著名的小吃——蚝烙，食材决定制作方式乃饮食的正道。用来煎蚝烙的蚝不宜太大，传统的做法是把薯粉水均匀地倒进煎锅，半熟时放上蚝仔；再将鸭蛋浆均匀地淋上，将外表煎得金黄即可装盘；点缀以芫荽叶，配上撒了胡椒粉的鱼露酱碟，就是一盘美味。如今市面上更多的做法是将蚝仔与薯粉先拌好，为的是省事。还有加入各种贝类和米粉丝的，号称创新，却让一些行内人痛心疾首，声称要弄个"行业标准"出来。其实作为局外人，我挺反感动不动就搞什么标准，生活的本身就该丰富多彩——您要是能把人的口感都统一了，再来统一产品的标准吧。

就个人喜好而言，我更喜欢生蚝。无论是进口的，还是本地产的生蚝都爱。汕头人有一阵子喜欢吃蛇，有一家蛇店偏偏生蚝腌得好，人家吃蛇，我吃腌蚝。记得有一回不知不觉中一人吃了四小碗，吓得朋友直呼："二锅头赶紧喝二两，杀菌！"

如今市场上的蚝都是养殖的，个头肥大，但记忆中总不如只有小指尖大小的野生蚝仔鲜美。味道这东西一旦极致了就会明显地产生分野，有的人嗜之如命，有的人避之不及。野生蚝仔就是这样，鲜到发腥的程度，不少外地人恐怕难以接受。野生的蚝仔并不多见，它长在潮水冲刷的岩石缝隙里，采集相当困难且危险，本地人原来习惯将这种自然生长于水中的美味叫"水生"。野生蚝仔用鱼露、胡椒粉、芫荽、芹菜拌一下就可以解馋了，而用于做蚝仔粥、蚝仔饭甚至有点奢侈了！

《本草纲目》记载："牡蛎肉，煮食，治虚损，调中，解丹毒，妇人血气……炙食甚美，令人细肌。"中医认为牡蛎肉具有很好的食疗价值，是一味非常好的滋阴、补血，以及激发性欲的食物，特别适用于虚劳、虚损和气血不足的人。

进口的蚝，质量好，直接蘸辣椒油、柠檬汁或芥末酱油食用；本地产的，用鱼露或盐，再加大蒜、辣椒丝腌制后一样美味。唯一例外的，是汕尾人称"蚝爷"的陈汉宗先生做的"秘制金蚝"。蚝爷陈汉宗立志做"中国蚝文化的推广者"，他在汕尾红树湾建立蚝场和加工厂，加工生产"蚝豉"——一种经过翻晒腌制的蚝产品。一系列操作让蚝产生了本质性的改变，一如鲜鲍与干鲍，已难以进行横向的比较。但凭着这一独特的成果，他不仅在深圳成功开办了以蚝为主题的系列餐厅，而且获得了极高的知名度和美誉度。

其实潮汕人喜欢生吃是有传统的。《清稗类钞》曾记述说："粤人又好啖生物，不求火候之深也。"说明古代南粤各地都有生吃海产的传统习惯。《海阳县志》记载："粤人嗜鱼生，以鲈、以鲩、以鳓白、以青鳞、以雪鲮，不一其类……然常食皆以鲩为上。取出泼剌，盈尺以外者去其皮、洗其血鲤，剑之为片，红肌白理，薄如蝉翼。沃以醋酱，和以椒芷，复切萝卜为丝，羊桃为片，糁而食之……此外又有蚝生、虾生，亦珍味。"时至今日，潮州依然有吃草鱼生的习惯，有些小摊档经营了数十年生意兴隆，吃法依然循旧。其实，吃鱼生在珠三角地区更为盛行，但由于水质污染，淡水鱼生吃的风险性极高。

如今我都担心，近海养殖的蚝哪天都生吃不得了，所以，趁现在有机会多吃点，谁让它价廉物美！

寒家珍馐

央视第二季《舌尖上的中国》第二集介绍了汕头的"蚝烙"，这让汕头人很高兴，因为它第一季曾介绍过"峡山熏鸭""紫菜""糖葱薄饼"等本地美食，让这些食物名声大噪。在如今信息发达的时代，能通过更高的信息发布平台来推广地方的物产，当然是好事一桩。

小小的蚝烙，无论过去还是现在都是老城的代表性小食。如今老城的街头巷尾都能看到"蚝烙"的招牌，有点"无蚝烙不汕头小食"的味道。各家做法大同小异，各人的推荐也就见仁见智了。其实关于蚝烙有很多话题，它的发展史能带给人们很多的思考。

首先，蚝烙并非汕头所特有。在清代末年，潮汕各城镇制作蚝烙的小食摊已经十分普遍，无论汕头、潮州还是揭阳都有知名的蚝烙店。汕头最出名的是安平路漳潮会馆（俗称"老会馆"）左旁，几家卖蚝烙的小吃店因制作精良形成聚集效应，打出"老会馆蚝烙"的名头，后来才有"西天巷蚝烙"声名鹊起。潮州府城则有开元寺古井西北的泰裕盛老店，专选饶平洪洲出产的珠蚝，采用优质雪粉，一时名噪潮州府城。另外，在抗日战争前，潮州市太平二目井脚和宫仔巷头，分别有外号"人龟"和"赔树"的两个蚝烙摊。据说他们每待有客上前，才专门点火制作，也曾闻名遐迩。现在落户汕头的"榕香蚝烙"则源于揭阳榕城，20世纪30年代就在榕城进贤门摆摊煎蚝烙，也颇有知名度，后来为了更大的发展迁到了汕头。可见，人的迁徙带动了食物制作工艺的流传。

其次，潮汕地区著名的"西天巷蚝烙"并非某一家的品牌，而是集体创造的效应，犹如今天的潮州官塘牛肉、金鸿路海鲜、盐鸿薄壳等。据资料，西天巷蚝烙从1930年前后开始经营，几家蚝烙摊相继在此设点。为了招揽生意，他们不断创新，努力提高烹制技艺。通过持续了很长一段时间的技艺竞赛，共同打造出享誉海内外的"西天巷蚝烙"品牌。竞争并不一定是你死我活，它可以促进共同的发展。而要培养这种不断审视自我，比服务、比质量、比创新的良性竞争意识并不容易，他们的商业信念和诚信意识似乎比当今的生意人要高出不少。

当时《舌尖上的中国》摄制组到汕头踩点，大家推荐的是传统的西天巷蚝烙，可制作组那一集的主题却是"创新"，于是最终选择了本来不主流的澄海"银屏蚝烙"。为此，对于在蚝烙中加入车白、花蛤、豆腐鱼的做法也引发了本地饮食界人士的争议，但创新意识我是赞成的，传统并不是一成不变，就看合不合味、是否被消费者接受和欢迎。

蚝烙的用材基本一致，但在做法上有些差异。《潮汕民俗大观》里介绍："1.先将鲜蚝仔用清水漂洗干净，用雪粉水调匀，并将葱头切成细粒放入，同时加入味精、鱼露搅匀待用。2.用旺火烧热平鼎后，加入少许猪油，将蚝仔、粉水混和成浆状，用匙再调和后下鼎，再把鸭蛋去壳打散淋在上面，加入猪油煎，并配入辣椒酱调味。边煎边用铁勺把蚝烙切断分块，再翻面，四周加入猪油继续煎烙，至上下两面酥脆呈金黄色，盛入盘，并伴上芫荽叶即可。"这里有个顺序和火候的问题，就我个人而言，不喜欢这种做法，选择蚝仔不错，但蚝做得太熟就不好吃了，而且会有渣。

蚝烙

个人更倾向于先煎粉底，待熟透后再倒上蚝仔，打上鸭蛋盖住蚝仔，成型了反转过来把鸭蛋煎熟，即可装碟。蚝仔要下得多，粉底和鸭蛋有些焦脆，里头的蚝仔虽外层有些烫嘴，内里却是温热为最佳。蘸上撒满胡椒粉的鱼露，那才过瘾。其中还有两个关键环节，一是煎蚝烙的油要用猪油，潮汕的蚝烙原来有个名字叫"厚膡蚝烙"，厚

胜、猛火是制作的关键；二是上桌时芫荽叶的点缀少不了，"芫荽叠
盘头"不仅仅是点缀，刚煎好的蚝烙外层温度很高，芫荽叶可以吸取
热量而使蚝烙降温，同时受热后芫荽的香味会迅速弥漫开来，成为激
发舌尖味蕾的催化剂。潮汕文教界老前辈杨方笙先生是四川人，曾担
任过金山中学校长、汕头教育学院院长，后来对潮汕饮食文化有专门
的研究，他曾作《蚝烙》一首："鼎摊蚝烙复煎油，翠绿芫荽撒上
头。何必鲍龙才是味，寒家得此方珍馐。"

此外，作为台湾美食代表之一的蚵仔煎与潮汕的蚝烙是一母同胞
的兄弟。蚵仔煎是将韭菜切段，与洗净的蚵仔拌在一起，加入稀释番
薯粉作为黏合剂，入油锅煎至金黄而成。据民间传说，它的由来与郑
成功收复台湾有关。荷兰军大败，郑成功的部队一路挺进，荷军在退
守的情况下实施坚壁清野，把粮食藏匿起来。郑军就地取材，将台湾
特产蚵仔、番薯粉加水和一和煎成饼吃，不想竟成就了一种美食。当
然，传说往往寄托的是人们的一种感情，所以台湾的物产不少都与郑
成功拉上关系。

茹毛饮血

不管你爱吃不爱吃，潮汕人是从小就吃血蚶的。或者换句话说，
许多潮汕人是从小的时候被迫吃血蚶开始，而最终喜欢上血蚶的。过
去祭祀先人要用蚶，过年更是不可或缺的象征性食物，它寓意"发
财""有钱可数"。

贝壳是人类最原始的货币。它流通时间长而且使用的范围很广，

世界上许多民族都曾用过贝壳充当货币。明朝郑和下西洋,据随行的巩珍所著《西洋番国志》记载,船队到达印度洋的溜山国(今马尔代夫)时,当地的商业贸易虽然用银圆交易,但通行的外币依然是贝壳。它们是暹罗(今泰国)、榜葛剌国(今孟加拉)等国市面上流通的货币。而当时我国的云南部分地区也还以贝壳作为流通的货币。潮汕人称蚶的外壳为"蚶壳钱",不知与此是否有关系。潮汕一些地区的人们还会将"蚶壳钱"穿起来挂在门上,以祈求招财进宝。也有人认为,"钱"的寓意是由于蚶壳相磨所发的声音与铜钱碰撞极似。

据了解,福建的厦门、漳州、泉州等地都有吃蚶和以蚶祭祀先人的风尚。海南人也视血蚶为吉祥物,有大年初一吃血蚶的习俗,他们把蚶壳当作两扇"门",蚶肉视为"元宝",大年初一吃蚶寓意"开门见宝"。从闽南到海南岛的沿海地区,除珠三角外,都属于闽南语系。可见这一习俗应该是随人口的南迁而传承过来的。

血蚶学名叫"泥蚶"。它生长在中国沿海及东南亚近陆的浅海泥沙中,闽粤很早就有了人工种养,养殖场称为"蚶田"。清屈大均的《广东新语》载:"惠潮多蚶田……味甘性温益人。蚶从甘,不用调和,自然甜美,愈大愈嫩。《志》称,岭南炙之,名'天脔'是也……冬月时,渔者以足取之,谓之'踢蟥'。"清李调元的《南越笔记》载有大致相同的一段文字。

从史料记载中可知,蚶只有到了冬月才是最肥美的时候,而这个时候在冰冷刺骨的水中捕捞蚶也是一件考验人意志力的工作,美味往往都来之不易。

蚶之所以称为血蚶,关键在于吃的时候要采取"茹毛饮血"的吃法,要带着鲜红的血水才好吃。而且不需要什么蘸料,不管是用醋、用香油、酱油还是潮汕惯用的三渗酱,其实都在一定程度上破坏了蚶肉的鲜美。

血蚶

　　潮汕人一般认为，本地蚶以濠江的赤沙蚶和饶平的珠蚶最佳。由于潮汕的消费量大，所以本地市场上的蚶不少来自外地。今年过年前，我从汕头水产市场了解到，应市的蚶普遍价格高企而质量欠佳，特别是那些看起来又大又好看的蚶反而不如小个的好吃，而且由于气温偏高和运输的关系，新鲜度不够，甚至出现死蚶。蚶吃的就是鲜美，一盘蚶如果出现一只死蚶，犹如一颗老鼠屎坏了一锅粥，整盘都受影响。

　　烫蚶一定要把握好火候，烫得太熟，蚶壳裂开则全盘皆废；如果烫得不够，则蚶壳难以剥开，蚶肉会粘住蚶壳难以整个吸食，而且略带有腥味。当然，前不久在朋友那里意外地获得几只蚶钳，着实好用，外观像钳子，轻轻一按就把蚶从连接处分开，非常方便实用。潮汕有一种"卤蚶"，其实也需要先烫过才用酱油、大蒜、辣椒等腌制，只是先剥开了，省得吃的时候剥蚶太麻烦！

　　这样吃蚶其实很难分清是熟的，还是生的。个人认为基本上是生的，烫蚶其实只是为了能掰开蚶壳而已。在汕尾的一些饭店点过蚶，当地的做法是把蚶用开水煮开了再上桌，蚶肉全变成金黄色的，血水流失，味道全无而且肉质变得坚韧，真是暴殄天物，味如嚼蜡，从此去汕尾再也不敢点蚶了！

　　质量好的血蚶体内有汁似血，蚶肉呈鲜红色而且脆甜，民间则因此而视它为大补之物，认为对女人则补血，男人则补肾。不过血蚶的确有食疗的作用，《本草经疏》载，蚶味甘、气温，利五脏、健胃，"起阳，益血色"，还"消血块，化痰积"。为此，江浙一带据说曾有"血蚶酒"的吃法，认为最为滋补：将血蚶放进滚热的黄酒里，烫开了先吃蚶；由于烫得时间长，血蚶的血水都流到酒里，最后再将黄酒一饮而尽。

　　在国人的传统观念中，黄酒一直是滋补之物。《本草纲目》中说，黄酒是最理想的药引子，许多中药都会用黄酒泡制以增强药效。20世纪90年代，黄酒在潮汕还不多见，我请北方的朋友喝黄酒，他们教我一种喝法，就是往温烫的黄酒中加入生鸡蛋然后一口喝干，说是大补，我觉得味道太腥而未敢尝试。"血蚶酒"的这种吃法感觉上我也难以接受，倒不如先吃血蚶再喝黄酒，大不了站起来跳一跳，让它们自己在肠胃里作"水乳交融"，还少了黄酒泡蚶可能带来的泥沙味！

　　除了蚶肉有食疗作用，蚶壳也和鲍鱼壳一样有药用功能。中药中有一味叫"瓦楞子"，就是蚶科的贝壳。中医记载，瓦楞子有"消痰化瘀、软坚散结、制酸止痛"的功效作用。另外，用蚶壳作为装饰物的历史悠久，北京山顶洞人遗址就发现了蚶壳作为装饰物的存在。蚶壳最可怕的利用在于它外壳的坚硬粗糙被女人们发现了。有一个"恶妻治夫"的古代故事，恶妻就是把两个蚶壳放在地上，让丈夫跪在蚶壳上求饶，蚶壳上天然的纹路与膝盖骨亲密接触，想想都让人不寒而栗！后世传播开来的所谓罚男人"跪搓衣板""跪键盘""跪榴梿壳"大概就是这一"流毒"的传承创新吧！俗话说，得罪什么人，千万别得罪女人！女人狠起来男人真是望尘莫及。

当然，蚶壳还是建筑材料，可以煅灰。不过既是烧成了灰，就别想着认得出来，与其他贝壳也就没什么区别了！

剑胆琴心

"吃货"过去是实实在在的贬义词，意思与"饭桶"相当，如今却摇身一变成为时尚先锋。过去，只会吃是典型的败家子，如今却成为热爱生活的代言人。

央视也顺应潮流弄了一个吃货的比赛，比敢吃和会做吃的。虽然都自称"吃货"，但水准还是有高低的。其中与见识的关系密切，见识少了，吃货的水准自然高不到哪儿去。比赛中有一个环节要拿出自认为最可怕的食物来考验别的选手，有一位上海的选手居然拿来了生海胆，并自称是"不敢闻"的可怕食物。结果，哈哈，在场不少嘉宾和选手吃得津津有味！此所谓"少见多怪"也。

在汕头，海胆也是常见的海产品之一。海胆是海洋里一种古老的生物，与海星、海参是近亲。据科学考证，它在地球上已有上亿年的生存史。由于沧海桑田，在我国的西藏高原曾发现过海胆的化石。它们在世界各大海洋中都生存过，以印度洋和太平洋的活动最为活跃。

海胆的外表挺吓人，其英文名"Sea urchin"是海中淘气鬼的意思，又被称为"海刺猬"。它的体形呈圆球状，像一个个带刺的紫色仙人球，故有"海中刺客"的雅号。在传统的饮食习惯中，一直有"东贵西贱"的差异性。在西方，不知是因为丑陋的外表还是伤人的利刺，海胆长期被视为低档的食材，甚至因为妨碍捕龙虾的渔夫作业，将其骂作"害虫"；它的胆黄被称作"女巫的蛋"，成为被诅咒的食物。一些有暴力倾向的渔夫还常拿它们出气，抓到海胆后故意将它们砸碎再扔回海里，只有穷人才会食用它。正所谓"西方不亮东方亮"，在东方的日本，海胆简直就是足以"亮瞎眼"的顶级食物。日本人给海胆黄起了个好听的名字——"云丹"，意为红色的云彩，真的是捧上天了！在日本，海胆与海参卵（揆子）和乌鱼子（乌金）并称"三大珍味"。

海胆的身体由一个球形或盘形的胆壳包围，生物学家称为"硬壳"。包裹在硬壳里的海胆黄不但味道鲜美，营养价值也很高。其实海胆黄

海胆

海胆蒸蛋

是海胆的生殖腺，也称"海胆卵""海胆膏"。不管别人怎么称呼，我觉得海胆最突出的特点是"坚硬的外壳下包裹了一颗柔软的心"，可谓"剑胆琴心"的生动写照！中国人叫它海胆，"胆"者，不怕凶暴危险的精神、勇气。这小小的海胆，在古人的眼里一定是带着江湖侠客的气息，多少柔情和豪情都藏在这坚硬多刺的外壳之下。

我国食用海胆的历史也特别悠久，海胆不仅是上等的海鲜美味，还是一种贵重的中药材。明朝万历年间成书的《本草原始》就记载海胆的药用功能，有"治心痛"的功效，近代中医药认为"海胆性味咸平，有软坚、散结、化痰、消肿的功用"。海胆的外壳、刺、卵黄等可治疗胃及十二指肠溃疡、中耳炎等，同时，海胆壳还可制成工艺品。

海胆的吃法真的差异性很大。东北大连的海胆饺子很出名，以海胆黄和猪肉、韭菜为馅。我吃过不少韭菜的，味道甘美。可能是北方人怕腥鲜的味道，所以喜欢吃熟的。烤海胆是北方最流行的烹饪方法，海胆里加入乳酪，感觉是西餐的创意。当然，大连也有腌海胆，既可作小菜，也可当蘸酱，但不是太普及。

在南方的海南、珠三角、闽南一带，最常见的做法是"蛋蒸海胆"。先用锯把海胆壳顶端锯开一个切口，然后从切口中注入适量蛋浆，与壳内的海胆卵拌匀，然后蒸熟，甘饴可口，味道鲜美，广东人给起了一个雅称——"芙蓉海胆"。

但这样的吃法对于真正的吃货来说是不过瘾的，生吃才过瘾。电影《非诚勿扰》中就有一段吃海胆的戏，葛优陪着失意的舒淇来到了北海道，在一家料理店吃海胆鱼子饭，葛优吃了一大口，立即赞道："腥，通透，刺激。"那是初次品尝的感受，在老食客看来，海胆还需细细品尝，才能感受其鲜美、润滑、细腻和含蓄的甘甜，最好再蘸点芥末酱油。

当然，最好的海胆来自日本的北海道，其"马粪海胆"被视为极品。由于当地海域温度低，水质清澈，孕育出的海胆肉质饱满，味道鲜甜浓郁。海胆的品种多达数百种，常见可食用的除了马粪胆外，还有黄胆、紫胆。这三种在我国以大连旅顺口出品的为最佳。大连海域水深、清、冷，水越冷，海胆生长就越缓慢，发育完全后口感就越甜美。海胆极易受生长环境影响，水质一旦被污染，海胆就会发臭。所以，能否出产优质的海胆也是海域水质的晴雨表。

汕头的南澳岛也出产海胆，南澳除了海胆蒸蛋外，还常做海胆炒饭。炒熟的海胆与米饭拌在一起，再配上翠绿的小葱、芹菜粒，色泽鲜亮，诱人食欲。

海胆直接鲜活的锯开了现吃，当然是最佳的选择。而把海胆黄取出来，整齐地码在小木格里，急冻后就可以运输到其他的地方。解冻到一半来吃是另外一种风味，犹如海鲜雪糕，多吃几片也不会觉得腻。

　　潮汕人喜爱生吃，对于吃海胆根本谈不上有没胆吃的问题。有人利用微博卖南澳海胆，竟然做得风生水起，可送货上门。据说要提前好些时日预订才买得到，在这个信息化的商品社会，只有真正的好东西才会供不应求。

咸鱼要翻身

　　说到咸鱼，世界各地都有，且历史悠久。只是各地用于腌制的鱼类有所不同，方法并无太大区别。

　　20世纪以前，因没有低温保鲜技术，鱼很容易腐烂，世界各地沿海的渔民都不约而同地想到用盐来保鲜的方法。咸鱼就是以盐腌渍后晒干的鱼，古代称为鲊、鲍鱼。"鲊"为"鮺"异体字，《说文解字》中释为"藏鱼也"，又称渍鱼、鲍鱼，有成语"鲍鱼之肆"，非指今名贵海产的"鲍鱼"。

　　咸鱼的世界史与人类文明的发展史密切相关，甚至可以说，咸鱼参与并改变了世界的发展史。欧洲中世纪时，巴斯克人、维京人开辟大西洋与北冰洋交界处的格陵兰岛和纽芬兰渔场，这里是寒暖洋流交汇的地方，盛产优质鳕鱼。后来，新英格兰发现了北美新的渔场，他们捕获的鱼就通过腌制做成了咸鱼干。这些咸鱼让世界的秩序都发生了深刻改变，美国著名的城市波士顿便是因捕鱼、晒制咸鱼发展起来的。

　　这些可以长期保存的食物为航海提供了条件，后来成为水手、水兵主要的食物。船只可以跑到更远的地方惹是生非了，有人因此而发财，有人却遭遇了灭顶之灾。咸鱼干还成为国际贸易的硬通货，17世纪中叶，新英格兰的商船满载着腌咸鱼来到西非，在那里用咸鱼可以换取奴隶，再将奴隶运到西印度群岛，由此形成咸鱼干、奴隶、糖蜜之间的贸易关系。而且在美洲的殖民地，最主要的食物之一就是鱼干，只是殖民者与奴隶们吃到的腌鱼干在质量上有极大的差距。时至今日，在西非依然保存着腌咸鱼和鱼干的市场，在南美和加勒比海地区还保存着一道特色菜肴——腌鳕鱼饭，由腌鳕鱼加上一些咸猪肉、黄油和白米一起煮成。

在广东话中"咸鱼"也有死人的意思，粤语中有一个词"咸鱼翻身"原本是从"咸鱼返生"变化过来的。一般形容人时，带有贬义和讽刺色彩。咸鱼本不能"翻身"，所以"咸鱼翻身"有起死回生、否极泰来的意思。

有海获的地方大概就会有咸鱼。潮汕的咸鱼历史上很出名，大量销往内陆地区。1930年春天，中国工农红军从井冈山上退到赣南，被免去主要领导职务的毛泽东在这个时候做了一个著名的《寻乌调查》，这与后来掀起的实地调查之风和提出的"没有调查就没有发言权"密切相关。其中就提到了潮汕的咸鱼："咸鱼，第一大门。桂花鱼、青鳞子、海乌头、海鲈、剥皮鱼、石头鱼、金瓜子、黄鱼、金线鱼、圆鲫子、大眼鲢、拿尾子（身大尾小）、鞋底鱼（即'并背罗食使'，只有一侧有眼睛，要两鱼并走才能觅食，故普通指人互相倚靠做事谓之'并背罗食使'，就是拿了这种鱼做比喻的）、角鱼子（头上有两个角），都是咸鱼类，一概从潮汕来。"

潮汕咸鱼分为霉香和实肉两种。其中"霉香"是独特的做法，就是在加盐腌制前故意让鱼放置几天，经轻度发酵使肉质松化，产生霉味腐味再进行腌制，可谓剑走偏锋。但口味偏重，如今市场上少见。

而近些年，市场上最常见并且远销全国各地，甚至在东南亚也大受欢迎的却是另外一种制作方式——油浸咸鱼。它的好处在于方便，过去的咸鱼干处理起来费时费力，油浸咸鱼罐头即开即吃，在一个凡事都讲求效率的时代，便捷是攻城拔寨、所向披靡的密码。

做油浸咸鱼，首先要选好鱼的种类。一般认为较高档、体积较大的石斑鱼类最佳，常见的还有带鱼、鲩鱼、油甘鱼、马友（伍笋）、马鲛、海鳗等。这些大鱼肉质厚实，又有韧性，鱼刺也比较少，最适合用来做油浸咸鱼。

鱼杀后要切成大片，虽然不是件难事但也有一番讲究，就是要从下面往上顺势片，这样切出来的鱼肉片才好看。然后鱼肉片还得切成块，需切大一些，以保证鱼肉的原有风味。以盐腌制时，通常还会下南姜末去腥，调味后腌制12小时左右，待咸度入味再拿出来油炸。濠江的渔民教我一个办法，粗盐腌制后还要过水清洗，放置在竹筛上翻晒一天，让外表结实，再过油炸。这样不仅鱼块成型，而且经油浸后不会变得松软，成鱼更香。

炸鱼是制作油浸咸鱼的关键环节。要先用大火，不停地给咸鱼翻身以免粘锅，并受热均匀；待鱼的表面变色就收小火，炸至表面呈均匀的金黄色，就可以捞起来。充分放凉之后，便可以装罐，一般商家最后将炸咸鱼的熟油淋进罐中，没过鱼块；而讲究质量的商家会采用新鲜的植物油，同样烘至翻滚，冷切后浸入。这里要特别强调，不能用没有烧过的生油，因为熟油不仅可以保持咸鱼原有的味道，而且经过高温杀菌，熟油的浸泡可隔断鱼肉与空气接触，由此延长保鲜时间。

油炸咸带鱼

油浸咸鱼

市场上，潮汕几家大的杂咸生产企业出品的油浸咸鱼为了控制成本，不少采用一些小杂鱼或带鱼，算不得上品，但依然广受欢迎。我的一位朋友家里做了几十年的海鲜生意，他推荐说，做油浸咸鱼首选大尾的斗鲳鱼，而且盐渍后还要用石头压，把肉质压实。我没办法用石头压，只是按惯常的做法试了试，味道口感果然没的说！

杂得有理

　　饮食这玩意儿有时讲究原味、纯味，有时却需要杂味、串味。理论上都对，但多少还是给人"打哪指哪"之感。

　　中国菜最成功的杂味当数佛跳墙。佛跳墙是福建一道集山珍海味之大全的传统名菜，誉满中外，被各地烹饪界列为福建菜谱的首席菜，至今已有百余年的历史。如此美味佳肴，何以叫"佛跳墙"？民间流传和学者研究出了多种典故，有说是富贵人家故意为之的结果，但我总是倾向于美食往往是偶然所得的，所以对那个关于乞丐的故事印象深刻。说的是一群乞丐每天提着陶钵瓦罐四处讨饭，把讨来的各种残羹剩菜倒在一起烧煮，各种食材的集合产生了化学反应，于是香味四溢。隔壁庙里的和尚闻了，禁不住香味引诱，跳墙而出，大快朵颐，破了荤腥戒。有诗为证："坛启荤香飘四邻，佛闻弃禅跳墙来。"当然，就食材而言，要饭是不可能要来什么山珍海味的，但这种手法产生的效果却是看得见的。

　　佛跳墙菜的原料据说包括海参、鲍鱼、鱼翅、干贝、鱼唇、花胶、蛏子、火腿、猪肚、羊肘、蹄尖、蹄筋、鸡脯、鸭脯、鸡肫、鸭肫、冬菇、冬笋，等等。把这些个好东西放在一起煮，首创者当年一定需要十足的土豪作风。

　　还是东北人实在，直接把这种做法叫"乱炖"，体现了"杂得有理"的自信，也成为名菜。它是东北地区比较普遍的家常炖菜之一，将豆角、猪肉、排骨、土豆、西红柿、茄子、青椒、番茄、木耳等，有些还先炒熟了，放在一个锅里一起炖。它也是东北人过年时最爱吃的年菜之一。外头冰天雪地，屋里是飘香的暖融，最能代表东北人家庭温馨的味道。再加上不醉不算喝好的豪迈性格，一锅冒着热气的乱炖宴，让幸福感油然而生。

对于吃海鲜的潮汕，虽无这样的气魄，但个人认为，汕头著名的"杂鱼鼎"其实就体现了其中的要义。潮汕人一般会把平底的锅叫"锅"，圆底的锅叫"鼎"；把做饭的叫"锅"，做菜的叫"鼎"。杂鱼鼎就是将各种时鲜的小鱼虾放在一起煮熟的一道简单的海鲜菜式。先把大把的葱、芹菜和姜片铺在锅里，然后把鱼虾等码齐，盖上锅盖。几分钟后，等锅里的水干了，杂鱼鼎就上桌了。不少外地人都喜欢大鱼，可本地人上市场却宁愿选择小鱼，因为鱼小肉嫩，做杂鱼鼎最好。

"杂鱼"必须是海鱼，而且品种要多，这样才能使不同的鱼的味道进行排列组合，产生味道上的交融共鸣。最常见的有沙尖、三黎、

海鲜杂鱼鼎

乌尖、油带、鹦哥、剥皮、巴浪、沙毛、油筷、黄墙、粉鲳、龙舌、小鱿鱼、小黄花等，而且还要加进几只小沙虾或小螃蟹，甚至贝壳类，使鱼鼎的鲜味更为突出。

据了解，杂鱼鼎的出现，与当年"敲罟"的捕捞方式有关。敲罟是明嘉靖年间由潮汕饶平渔民发明的一种利用声学原理的传统捕渔法。一般是中间两艘大渔船张好网，再用二三十条小船在大船前围成半圆圈，小船上的人敲打绑在船沿上的竹杠，通过水下声波让石首鱼头骨中的两枚耳石产生共振，将水中的鱼驱赶震昏，再由大船上的渔网捞起。1956年后，此法在福建、浙江等地推广。敲罟作业是一种大小鱼通杀的灭绝性捕捞方式，因残害鱼类资源于1964年被国务院明令禁止。过去"罟鱼"会捕获许多小鱼，渔民在船上挑出来煮熟当饭吃，因而有了杂鱼鼎这种传统做法。

杂鱼鼎解决了食客面对大排档中琳琅满目各色鱼类时的茫然和犹豫。不知怎么点？不知吃什么？随着心情，看什么新鲜、看什么感兴趣就点，点他五六种又何妨？一个杂鱼鼎，什么鱼都能品尝到！

鲜味之精

对于生活在海边的人来说，海带是最常见的海藻了。海带不仅味美而且营养丰富，向来是备受推崇的健康食品。

海带能做汤，也能做菜。肉末炒海带，只要一些葱段相佐，再点上些许红辣椒，便是一种简约的美。而个人最喜欢的还是凉拌海带丝和海带结，似乎吃不腻。

若是我说，海带其实是舶来品，不知有多少人相信？事实上，海带真的是引进的外来品种。虽然我国很早就有关于海带的文献记载，但那时的海带都是进口产品。早在1500多年前，我国就从朝鲜进口海带，近几百年则是从日本进口的。

海带属于亚寒带藻类，是北太平洋特有的种类，自然分布于朝鲜北部沿海、日本本州北部和北海道，以及苏联的南部沿海。我国海域原不生产海带，1927年才从日本引进，在大连养殖并自然繁殖；1946年从大连移植烟台，也获得成功；1950~1951年又从烟台进一步南移至青岛；20世纪50年代末，随着海带人工养殖南移到江苏、浙江、福建等地获得成功，逐渐形成规模。

韩剧中经常会出现海带汤的身影，那是他们的特产，不奇怪；但吃得哇哇叫就让人困惑，吃个海带汤怎么就要一副幸福得要死的样子？当然，让人联想到韩国的物资供应问题。但此外，海带汤的确有超乎一般食物的鲜味，它正是味精最早的起源。

味精是日本东京帝国大学池田菊苗教授发明的。1908年盛夏的一天，池田品尝妻子做的海带黄瓜汤时感觉味道特别鲜美，这种鲜味挑起了池田教授的求知欲望。他在实验室仔细研究了海带的成分，终于发现其中含有一种叫作谷氨酸钠的物质，并成功地提取出来。池田把它定名为"味之素"，商业化生产后的广告语是"家有味之素，白水变鸡汁"。一时间，购买"味之素"的人差点挤破了店铺的大门。

日本的"味之素"传进中国后，我国的化学工程师吴蕴初经过一年多的时间，又独立发明出一种生产谷氨酸钠的方法。因最香的香水叫香精，最甜的糖称糖精，最妖艳的女人叫妖精，最精明的人叫人精……于是把这种最鲜的味道称作"味精"。1926~1927年吴蕴初还将味精的配方、生产技术等向英、美、法等化学工业发达国家申请专利，并获批准。这也是中国的化学产品第一次在国外申请专利。

海带亦称"江白菜"，被视为海里长的蔬菜。海带藻体扁平呈带状，长可达7米。在海底，巨大的海带随海水摇曳，像一片布匹，难怪古时也叫"昆布"。"昆"在古语的本义中有"同"的意思，也就是说"同布一样"。当然，也有专家认为，昆布与日常所说海带有所区别，虽然都属于海带科，但品种不同；但事实上，日本也将海带称为"昆布"，所以个人认为不必太考究。

海带具有一定的药用价值，因为海带中含有大量的碘。碘是甲状腺合成的主要物质，人体缺碘会患"粗脖子病"。所以，海带是甲状腺机能低下者的最佳食品。当然，也有医学工作者认为，沿海的高碘地区要尽量少食用海带，以预防碘过量疾病的发生。这些年，关于加碘盐的问题有较大的争议。沿海地区由于大量食用海产品，加碘盐是否会造成碘过量一直就有不同的看法，毕竟过量摄入碘可能导致甲状腺癌症。所以，对于需求而言，往往过犹不及，适量为佳。

海带中还含有大量的甘露醇，甘露醇具有利尿消肿的作用，可防治肾功能衰竭、老年性水肿、药物中毒等。甘露醇与碘、钾、烟酸等协同作用，对防治动脉硬化、高血压、慢性气管炎、慢性肝炎等疾病有较好的效果。中医认为，海带性味咸寒，具有软坚散结、消炎平喘、通行利水、祛脂降压等功效，并对防治矽肺病有较好的作用。海带胶质能促使体内的放射性物质随同大便排出体外，从而减少放射性物质在人体内的积聚，减少放射性疾病的发生。

海带含有的另外一种成分"褐藻酸钠"近年来也被高度重视。这种成分可使糖尿病患者的胰岛素敏感性提高，从而使血糖下降。所以，海带是治疗糖尿病的一种有效药用食品。近年来研究还发现，海藻类食物对防治大肠癌、乳腺癌有较好作用。在欧美等西方国家，还给海带封了个"女性美丽保护神"的称号，就是因为它具有保护乳房、消除乳腺增生隐患的功效。

市场上的海带以"新鲜""盐渍""干货"等几种形态出现。许多人挑选海带时往往受"绿色食品"的误导，以为海带颜色越"绿"越好，当然也就有不法商贩投其所好，使用化学品为海带添色。其实正常的海带是深褐色，经腌制或晒干后还是保持褐色，只有加热后才呈自然墨绿色或深绿色。购买海带时以宽厚、无枯黄叶者为上品，清洗海带时若发现水有异色，最好不要食用。

海带的食用方法有多种，可做凉拌菜，也可做成汤或炒。海带是脂溶性的，最好与脂肪类（如猪肉、骨头等）一起烹调，更有利于人体的吸收。

浓醇肉香

"粽"论猪头

早就知道《左传》有"肉食者鄙，未能远谋"的名言，可是依然抵挡不了肉的诱惑，特别是腊肉。

不过，古时的"食肉者"指的是有权有势的人，今天则大不同，他们多退化为"食草动物"，倒是平常老百姓吃肉吃得多。

腊味作为中国的传统食品之一，深受老百姓的喜爱。美食电视纪录片《舌尖上的中国》就对中国民间腊肉的做法有大篇幅的介绍，据说上电视的地方的腊肉都脱销了，可见腊肉美味的吸引力和影响力。相传在上古夏朝时，人们于农历十二月合祭众神叫作腊，因而十二月

猪头粽

叫腊月。腊肉，就是在冬天将肉类以盐渍经风干或熏干制成而得名。早在周朝的《周礼》《周易》中已有关于"肉甫"和"腊味"的记载，甚至朝廷还有专管纳贡肉脯的机构和官吏，可见吃肉对于朝廷而言是多么重要的事！而在民间，肉类就更为金贵了。学生给老师交学费，不是交钱而是送腊肉，据说这是孔子定的拜师礼，要送"束修"，指的是"十条腊肉"，后来也泛指干粮、学费、礼物，等等。可见在当年物资缺乏的年代，腊肉还是硬通货，能当钱使，其在社会生活中的地位不言而喻。

潮汕的肉制品中，腊肉并不出名，唯有猪头粽为独特做法。

记得2011年端午的时候，《羊城晚报》登载一篇《东西南北，齐齐说"粽"》的文章，把"汕头猪头粽"列为与"中山芦苇兜粽""肇庆裹蒸粽"齐名的广东省内特色粽子。其实，猪头粽并非传统意义上的粽子，有句评语道："你第一眼看见猪头粽，无论是形状还是包装，都会让你大吃一惊！"

潮汕猪头粽据说始创于澄海区莲下镇，有超过百年的历史。它以猪头肉、腿肉为主料，制作方法十分讲究。取猪头皮和瘦肉剁碎后，佐以八角、丁香、肉桂、胡椒等20多种香料和中药材，再用鱼露、酱油、白酒等调料卤制；按照"先旺后文，若旺若文，文旺结合"之火候，下锅烤制；烤好后用腐皮包住，放进长方形的模具压制，撤去木模，即为成品。切开后呈赤棕色间灰白点，表面油润有光泽，肉质不松也不黏，既韧又脆。入口不咸不淡，甘饴香醇，是潮汕人冷盘菜中常见的一种美味。

关于猪头粽的来历民间亦有传说。相传，潮汕人当年吃猪肉时，都把猪头扔掉，只吃猪身。猪头的冤魂不服气，就告到阎罗王处，阎王把潮汕人告到玉皇大帝那儿。玉帝要求乡里人在七七四十九天内，用猪头肉做一道天下美味。聪明的潮汕人于是想尽办法，既要让人吃不出是猪头又要美味。终于，一道用猪头剁碎、晒干，加上绝密的香料，经过七七四十九道工序，制成美味的猪头粽交了差！

传说终究归传说，潮汕民间大多保留了中原传统的习俗，说把猪头丢弃是没有道理的。潮汕人一直将猪头作为祭祀首选，"六畜猪为首"，猪头乃首中之首，用来祭祀，表示郑重其事。后来人们祭祀讲究"三牲五谷"：大三牲指羊头、猪头和牛头；而五谷则是粮食作物的统称，包括了大豆、芝麻、粟米、小麦和稻谷，象征着五谷丰登。

说到猪头粽就自然说到澄海，说到澄海就不能不说"老雷"猪头粽。

"老雷"猪头粽出自莲下槐泽，在清末时期，这里的商业集市进入全盛时期。槐泽人王香桂利用这一有利条件，开始尝试用猪肉制作猪头粽。他对猪头粽的选料和制作非常考究，一定要精挑鲜猪肉，选前腿内肉和肥肉炒熟；再加入佐料，放进木制模具压制；经过一夜之后取出，用竹壳包装起来。想来正是当时用竹壳包装，才有了"粽子"之名。王香桂十分重视质量，对于病死猪肉一律不用，每天制作的数量不求多，也不雇用工人，只求自己过日子。他还在商铺门顶立了一尊雷公木像，手持斧头，斧头的利刃朝内，发誓如果自己用死猪肉将"天打雷劈"——被雷公劈死，这在潮汕的传统中是最毒的毒誓了。为了告诫子孙，他还把铺号命名为"深记号"，要子子孙孙深深记得。这反映了潮汕人以诚为本的经商观念，在各种肉制品频频出现质量问题的今天，王香桂的自觉足以让后人肃然起敬！而那尊雷公像也成为其品牌的标志，人们记住了"老雷"，反而不知"深记号"了。

外地客人将猪头粽带回家，打电话来问我："怎么不成型，都化了？"

"怎么可能？"

"老婆拿到微波炉里加热，一会儿就化了。"

"切开就好，不用加热。"

"不用消毒杀菌吗？"

"你就相信潮汕人好了，质量靠得住。"

我自己都说不清，为什么会在猪头粽的质量问题上表现得如此自信！

肉欲猪脚

就饮食习惯而言，喜欢吃肉可以算得上是我的一大恶习。两顿饭不吃肉，立即感觉饿得心发慌。

而最能满足"肉欲"的，我首选猪脚。潮汕人称"猪脚"显得有些直白老土，与粤语的"猪手"没什么差别，北方话称之为"元蹄""肘子"就显得文雅些。

年轻时有段时间特别喜欢吃卤猪脚，而且是自己做。下了班，到市场上买一只回家，先用开水焯过去掉血水，用清水洗净后直接用高压锅来煮，下些老抽、姜蒜、花椒、八角、桂皮之类的配料，等高压锅煮开了调小火再煮15~20分钟即可。中间刚好可以洗个澡，清清爽爽地把衣服放进洗衣机，从冰箱里拎出两罐啤酒，就是一顿美妙的晚餐。那时一人一顿就能干掉一个猪蹄，心里还美滋滋地想着：生活的美好也不过如此，比起"猪肉炖粉条"不知强了多少倍！想起来感觉年轻真好，无所顾忌。不像现在，即使自己放纵一下，也会有别人在旁边不断地提醒你：不要老吃肉，小心高血脂！

在中国各地，猪脚的做法其实没有大的区别，无论"卤""焖""炖""烧"味道都差不太多，这是由猪脚本身的质地所决定的。中国人喜欢吃猪脚，各地都有一些知名的猪脚品牌。

在贵州贵阳，就有"状元蹄"的品牌。相传清朝年间，贵阳市花溪区青岩镇一名书生常读书至深夜。一天晚上饥饿难耐，遂上夜市食摊，点上两盘卤猪脚，食后对其味赞不绝口。摊主见书生赞许便上前道："贺喜少爷。"书生问："何来之喜？"摊主不失时机道："少爷吃了这猪脚，定能金榜题名，'蹄'与'题'同音，好兆头啊。"书生听后大笑，不以为然。不日上京赴考，果真金榜题名，高中状元。书生回家祭祖时，重礼相谢摊主。此后，这里的卤猪脚便被誉为"状元蹄"流传至今。在台湾，甚至有"猪脚节"，有全台湾的猪脚比赛。台湾屏东县万峦乡还有"猪脚一条街"，成为地方的美食旅游的品牌。2010年，该地曾举办以"猪脚＋啤酒＋音乐"为主题的台湾猪脚节。珠三角地区喜欢"白云猪手"，在做法上有其特点，煮后要泡冰水冷却，还要超过6小时的腌制，变得酸爽脆口，风味独特，可作餐前开胃小菜。

而在潮汕，最著名的当数"隆江猪脚"。隆江镇自古是惠来县的一个重要滨海小港。这里水陆交通方便，是一个商贸集散地。以前的各种农副产品都要靠人力搬运，挑夫贩卒们常常得在天未亮时就挑着东西上路。为了能耐饥困和增加体力，他们往往会选择早上吃干饭配卤猪脚。久而久之，人们便喜欢早上吃猪脚饭，而卤猪脚也成为这里的品牌菜。表面上，隆江猪脚似乎无特别之处，其实特别在选材上，会选用相对肥硕的后腿。用火去毛再清洗，然后整只放入砂锅，锅底一般会放一层竹屉以防止猪脚粘锅，加入少许清水，调入生抽和适量老抽，投入装有八角、豆豉、草果、桂皮、陈皮、香叶等的香料包；大火煮开后转入小火慢炖，隔一段时间后翻动，使猪脚受热均匀和调料入味，直到烂熟，捞起冷却。

经过长时间的卤煮和冷却，隆江猪脚的特点是肥而不腻、入口香爽。我最喜欢的是带皮的白肉部分，点上香醋，满嘴油香。那是一种充实的满足，什么"血脂太高"之类的担忧都会被抛诸脑后。

隆江猪脚一般在市场上会分段出售，一只猪脚分为四段：第一段叫"头圈"，就是最为肥硕的部分；第二段称"回轮"；第三段称"四角"；最后一段脚蹄子称"蹄尾"。据说市场上最受欢迎的是四角和蹄尾，因为胶质丰富又不太油腻。我个人最喜欢的是那段白花花的"大腿"，立场不坚定就容易受诱惑，脂肪太多那就吃完再喝山楂水、柠檬水吧！

目前，潮汕地区最红的潮菜大排档当数"富苑"，平时吃饭都要排队叫号。它有一道菜叫"四点金"，其实就是卤猪脚的"四角"，做得极好。有一位外地朋友吃过一回后，念叨了好几年，竟把到汕头再吃一次当作一个念想。殊不知"富苑"当年正是以制作"隆江猪脚"起家的，这是它的看家菜。

隆江猪脚为什么会嫩滑香糯？其秘密在于"胶原蛋白"。首先选材上挑后腿，要的就是足够多的脂肪层，而且是整只拿来卤制，不像一些地方的猪蹄只保留了前两节，这与当年消费者皆为体力劳动者有关。而能将猪脚中的胶原蛋白卤出来才能体现一个师傅的高超技巧，猪脚卤得好要有弹性又有黏性，这样才有上佳的口感。

其实许多高档食材除了"物以稀为贵"外，其口感上的秘密也多是靠丰富的胶原蛋白。比如鱼翅，主要成分就是胶原蛋白；焗鲍鱼，让鲍鱼汁黏稠靠的是胶原蛋白；高级深海鱼类的鱼皮，其胶质美味的口感来自胶原蛋白；再高级的鱼胶，其主要成分也是胶原蛋白。所以，有时候会很阿Q地认为，吃到肚子里，你吃鱼翅、海参、鲍鱼和我吃猪脚本质上并没有什么区别！清代咸丰年间王士雄所撰的著名营养学专著《随息居饮食谱》里说猪脚的好处："填肾精而健腰脚，滋胃液以滑皮肤。长肌肉，可愈漏疡；助血脉，能充乳汁。较肉尤补，煮化易凝。"王士雄为中医世家，他不仅博览群书，而且一生中经历多次温热、霍乱、疫病流行，积累了丰富的临床经验。在理论上和临床上对温病的认识均十分深刻，是享有盛名的温热学派著名医家之一，所以他的论述历来颇具权威性。

其实，不只中国人喜欢吃猪脚，德国人也喜欢。"德国猪脚"是德国人的传统美食之一，甚至成为一道享誉世界的名菜。德国猪脚通常也会选用脂肪较厚的猪后腿，南德和北德的做法不同，人们简单概括为"南烤北煮"。经腌制后水煮或火烤，并佐以德国酸菜、土豆泥和德国黑啤，那就是一顿德式大餐。

幸福感有时就是那么简单，非常地感性。在一个肚子咕咕叫的傍晚，卸下一天的忙碌和疲惫，在一个路边的小食店，点一份隆江猪脚饭和一份咸菜猪肚汤，安静而闲适，让人吃得踏实。

猪肠胀糯米

猪肠因肥美丰腴，一直以来颇受国人的喜爱。清宫的膳食档案中载有乾隆四十九年举办除夕筵宴所用的物料数额，其中猪肚2个，大小猪肠各3根。另据张履祥《补农书》记载，清初江南桐乡一带雇工荤日的伙食标准是"荤食鲞肉，每斤食八人；猪肠，每斤食五人"。而在鲁菜中，肥肠可是主要的食材之一。

潮汕地区有两个关于猪肠的做法很出名：一个是卤猪肠，一个是猪肠煮咸菜，都以取猪肠头的厚实肥美部分为佳。"猪肠煮咸菜"用潮汕特有的咸菜和腌咸梅子来调味，当真别具风味。

而另一种潮汕传统小吃"猪肠胀糯米"，在使用猪肠方面可谓另辟蹊径。首先让人惊奇的是猪肠衣的使用，"胀"在潮汕话里有"填、灌"的意思，小食顾名思义主要原料为猪肠和糯米。一般取猪大肠中段制作，这让我猜想是否因为猪肠头先被切下来做菜，留下的肠子不能浪费，于是将其定位为辅助材料，才有了这一小食的诞生。

猪肠要用食盐、纯碱或淀粉反复搓洗至无异味；将糯米先浸软，与猪肉、香菇、虾、莲子等辅料拌匀，调入食盐、味精、胡椒粉等；然后把馅料填装入洗好的猪肠中，两端用纱线扎紧；放入开水锅里煮约1小时，捞出斜切成小片，蘸甜酱或橘油食用。这种风味小食的绝妙之处正在于猪肠的应用，作为包装物既密闭不使馅料外泄，同时又增添了猪肠的风味，相得益彰，生成了新的味道。

潮汕的"猪肠胀糯米"这道小食应起源于汕头。汕头为早期对外通商口岸，猪肠衣的应用可能是从国外学习借鉴而来。猪肠衣就是猪肠经过加工后的一层透明薄膜，因其构成系纵横交错的网状，所以纵向拉力、横向拉力均较强，中国古代甚至用它做弓箭的弦。猪肠衣开始被人们利用主要是灌制香肠，德国、法国、英国和意大利都认为香肠是由他们发明的，猪肠衣也是他们的首创，并为此争论不休。显然都是热爱香肠，并以自己国家的香肠为骄傲的。

但是，据香港《东方日报》1985年发表的《香肠史话》一文中考证，世界上制造第一根香肠的是古代美索不达米亚的达尔曼人。美索不达米亚是古希腊对两河流域的称谓，"两河"指的是幼发拉底河和底格里斯河。在两河之间的美索不达米亚平原上产生和发展的古文明称为两河文明或美索不达米亚文明，它大体位于现今的伊拉克，其存在时间为公元前6000年至公元前2世纪，是人类最早的文明。大约在5000年前，达尔曼人把肉剁碎，灌进猪肠，发现这样吃味道很好，于是该做法便延续下来，并逐渐传遍了欧洲。

猪肠胀糯米的做法借鉴了香肠制作方式。做法虽然比较简单，但要把握好三个方面：一是加入馅料的水须恰到好处，若是太多，猪肠里的糯米不能成型；若是太少，糯米、花生米等不易煮熟，吃起来会有颗粒感。二是灌入肠衣的馅料不宜太满，八九成就可以，以免煮熟的糯米和花生米膨胀，胀破肠衣。三是灌制好的猪肠胀糯米放入锅中煮熟，要掌握好火候：煮得太熟，糯米和花生米会烂透；煮得半生不熟，糯米和花生米又不会透心，均会影响其色泽和口感，又不利于切

猪肠胀糯米

片装盘。传统潮州菜有一道"龙穿虎肚"，用的也是猪肠衣，将鳗鱼肉调味后灌入肠衣里，借鉴的是灌腊肠的手法。这是一道颇有难度的手工菜，如今已很少酒楼会做或愿意做。

猪肠胀糯米要切片蘸调料吃，最好是趁热吃，因为糯米冷却后就硬了，不好吃。当然也有切片后煎烙了再吃的，也是不错的选择。就馅料来说，我更喜欢加入腊肉的肠，腊味使肠子的味道更丰富。在浙江衢州有一种叫"龙游猪肠"的小吃，也是在猪肠内灌入糯米粉或糯米，然后在大锅里煮熟，用小三轮车推到街上叫卖。做法与潮汕的猪肠胀糯米相似，但配料较为单调。

猪肠胀糯米还有可爱的外观，肉嘟嘟的样子招人喜爱。潮汕俗语就常以"猪肠胀糯米"来形容一个人衣着太紧，显得肥胖。

咸菜猪肚汤

作为一个嘴馋的人，不知你有没有这样的经历，突然想起某种食物并迫不及待、想方设法地寻来，从而安慰、满足味蕾牵动下的一时冲动。

我就有过这样的经历，那是入冬的时候，在寒风下突然想起了胡椒咸菜猪肚汤。

咸菜是潮汕的特产。上等的潮汕咸菜颜色金黄，生吃爽脆清香，咸中微酸，酸中带甜。而作为一种配料，它与鱼、肉的配搭往往能产生美妙的味道升华。用来蒸、煮鱼时不用放生姜，既能去腥还能提鲜，在咸与酸的糅合中让鱼、肉变得更为鲜美。

而用它来煮猪肚实在是再好不过的搭配。当然，潮汕的咸菜猪肚汤还少不了另外一种配料——胡椒。潮汕人做猪肚汤都要下胡椒，而且认为白胡椒比黑胡椒好，一般还要选择产自海南的胡椒。其实黑、白胡椒并非品种不同，而是因采摘时间不同形成的：在胡椒粒未成熟前摘下，发酵后晒干，就成黑胡椒；而等胡椒完全熟透，去皮肉晒干，则成白胡椒。使用时，黑椒多为粗磨，白胡椒则有粗磨和细面两种。白胡椒猪肚汤的辛香与咸菜的酸味结合能散寒、开胃，增进食欲。

胡椒咸菜猪肚汤爽口开胃，一人吃上两碗往往都意犹未尽，因为有市场的需求，在汕头便有不少专门经营猪肚汤的店铺，名气还不小。比如金新南路、红领巾路都有小食店以此出名，进门点了猪肚汤，店家甚至会自豪、自信地告知你："我们的猪肚汤要比别人贵！"以示其优越性，背后的意思不外乎原料有保证，做得比别人好。

胡椒咸菜猪肚汤自己在家中制作也不难。先处理猪肚，用盐和淀粉反复揉搓，用清水冲洗干净；将白胡椒塞进猪肚里，水煮沸后放入猪肚，大火煮开后转中小火煲2小时，或用高压锅煮半小时；取出猪肚切片，放回汤中，同时加入咸菜片，再煮10分钟，试味后下盐调味即成。

当然，新鲜猪肚的处理还是比较麻烦的。我偷懒的做法是直接上市场或街面上的"乡下猪肚店"购买熟猪肚，回家清洗一番，用拍碎的胡椒，有时随手买条猪小肠，一起放进高压锅压15～20分钟；再放进咸菜翻煮，可适当调入咸菜汁，续煮5分钟即可，也同样美味。

汕头市面上有不少打着"乡下猪肚"招牌的猪肚火锅专营店，"乡下猪肚"指采用本地宰杀猪只的新鲜猪肚，不是用进口的"冻霜猪肚"。现在市场上有大批的猪内脏进口，但潮汕人并不喜欢这些经过长时间冰冻的肉类，有些保存得不好的冰冻猪肚往往表层还会发黑，潮汕人精明，发现了是不会买的。潮汕人普遍认为"冻霜猪肚"新鲜度不足，不够鲜美，虽价格便宜但并不受欢迎。

其实，从食疗的角度来讲，散寒、健胃、祛湿的胡椒咸菜猪肚汤在春夏之交食用更好，只是竟然在冬夜才想起。

过桥腰子

不知是什么幺蛾子作怪，这两天总想起腰子。连续三个早上，每天六七点就要到市场上去买猪腰子。

卖肉的两位大姐是南澳人，手脚麻利。来得早就能看见她们"庖丁解猪"般的将一头猪筋骨切割、骨肉分离，分解成不同的部位。看着她们手上两把明晃晃的尖刀上下飞舞，不禁心惊胆战：这女人就是得罪不起！

大姐好记性，因为我连续两天都是买的猪腰子，而且都是摊前的第一个客人。所以当我第三天出现时，没等我开口，她们就抢问道，要一个猪腰子还是两个呀？脸上还露出了神秘的微笑。前两天跟她们聊过天，她们在感叹生活的不易，也不让子女接班。我说谁的生活都不容易，现在的社会啊，累是正常的！或许也正是因为我这句话，让我买猪腰子给了她们充分想象的理由。中国人说"以形补形"，哪怕我知道她们坏笑背后的意思，也哑口无言，总不能自己跳出来说：我不是肾虚，是心虚；我不是肾亏，是怕自己吃亏！

突然想吃猪腰子，其实是因为想念起原汕头美食学会会长林自然兄的"过桥腰子"。这道菜也不知是不是自然兄的独创，但我只见过他一人这么做，当初名字也是他起的。一大盆滚烫的高汤端上桌，然后再来一盘切好的猪腰片。他的猪腰片与众不同，别人都切成细薄片，他是切大片，一个猪腰切成六到八片。先烫个半熟，再用高汤快速地氽一下就可以入口了，用汕头本地的辣椒酱作蘸料，腰子爽脆而甘香。

他舍得下本钱，高汤料足味重，烫过腰子后就不要了。这一大盆寻常人家求之不得的高汤犹如一双水晶鞋，愣是将本来颜值不高的腰子由"灰姑娘"弄出了公主范。这道菜有几个秘诀：一是腰子要一早六七点就上市场买，刚杀的猪，腰子还是温热的；二是要立即切开将骚筋去掉，然后泡在流动的水里，骚味尽除；三是切大片口感更佳（"大"与"细"反映出自然兄在饮食上的美学追求：有的东西，他特别追求"大"，比如大鱼大肉，要大气，甚至是豪气、霸气，用时髦的话说要"有气场"，镇得住场面；而"细"则体现在精致上，比如一道笋丝汤就要把竹笋用手工切得细如发丝）。当年他在尝试这道"过桥腰子"的时候我是见证人，他神秘兮兮地把菜端上来时，脸上洋溢着一种得意满足的笑容，这种笑通常在两种情况下出现：一种是发明或者做成了一道非常得意的菜肴；另外一种就是以所谓的俄国文学为幌子旁敲侧击地谈女人。

自然兄之所以用过桥米线的方法做腰子，与他在云南工作生活过一段时间有关。当年，中国男子足球队在云南的海埂基地进行训练，而自然兄正是米卢时代中国男子足球队的大厨。中国男足能首次打进世界杯，自然兄功不可没，潮菜功不可没！中国男足长期以"脚软"著称，兴许正是因为吃了潮菜，脚终于硬起来，挺进了世界杯。而他也由此将"卡路里""胶原蛋白""维生素含量""氨基酸""亚硝酸盐"等概念带进了潮菜系。

自然兄对云南菜十分熟悉，也学习了不少云南菜的做法。包括他特别喜欢菌类，黑松露、松茸、牛肝菌等都是他常用的食材。他的"大林苑"还曾经将汕头少见的"鸡枞油"作为小菜，这在潮菜馆里是绝无仅有的。善于融会贯通、善于学习是自然兄做菜最大的特点。他没有条条框框，做菜的挥洒自如犹如武术中的迷踪拳，随意而行，形随意动！他特别善于将不同派别、不同套路的"功夫"融汇到一起，从而自成一脉。《笑傲江湖》里，风清扬点拨令狐冲武功时指出，武功的最高境界是"无招"：学招时要活学，使招时要活使；倘若拘泥不化，便练熟了几千万手绝招，遇上了真正的高手，终究还会被破得干干净净。自然兄成为一代大师或许正源于他没有师承，却处处皆可为师！

说到会学习，放眼世界各地的食物，不得不提到日本。日本最具代表性的食物，并非如无知小姑娘在朋友圈晒的生鱼片，茹毛饮血咱老祖宗都这么吃。他们的文化总结，代表性食物是豆腐和威士忌！我们发现，豆腐来自中国、威士忌源于苏格兰，而如今这世界上却是日本做得最好。日本人的才能就是善于借鉴别人的东西，然后不断地加以改良，让它臻于完美。自然兄也具备这种信手拈来、为我所用的才能，这是一种热情与才情的有机融合。

记得有一次，自然兄突然打电话来吐槽："现在汕头的小吃，做得都不像样了！"我就知道他肯定要搞事。果然，不久后他去了揭西采风，回来后在"大林苑"推出几样小吃，其中一样是虾枣。虾枣本是惠来一带海边的特产，他怎么跑到揭西的山区去采风？这是典型的指东打西，看似南辕北辙，其实他在揭西学习的是卷章的做法，以此改进他的虾枣。他并不追求什么尊古法制、百年传统，他要做的是在原汁原味的基础上，不断地适应现代人新的口味追求。这个虾枣至今还是"大林苑"的招牌菜。

揭西卷章

惠来虾枣

　　能把不同的事物有机地联系到一起，找出它们的内在联系和共同规律，这往大了说叫哲学。自然兄就很善于把喜欢的东西"混为一谈"，常常将他对美食、音乐、爱情、人性等的理解一概而论，让美酒、美食、美女相得益彰。他觉得事物的本质之间是有机联系的，常挂在口头的一句话是："我做的不是菜，是爱！"

　　对于喜欢的东西，爱上了就要投入，稍一分神就可能玩砸了。自然兄也遭遇过做菜失误的窘境。有美女跟他学做一个简单的家常菜"秋瓜烙"，他竟然烧糊了。他也曾经蒸鱼没蒸熟、炒菜下了两次盐，就是因为心思没在菜上。

　　自然兄对于喜欢的东西的投入是令人钦佩的。有时他会像孩子一样，不顾一切地去做一件事情，包括对情感的追求。大林苑里有一道名菜"老菜脯蒸肉"，这个菜的时日久了，他就尝试着改变，曾借鉴了碗蒸肉的做法，用老菜脯、用冬菜、用咸蛋黄来试，结果都被我们否定了，但他还是一直念念不忘。对于喜欢的人也是这样，在外人看来，明知不可为而为之的事情不值得，但他会孩子气地偏要一根筋"坚持到底，让别人死心塌地忘记"。我曾经开玩笑说，你就像打开别人家里的冰箱。他说，什么意思？我说，那冰箱里的东西，都不是你的菜。他居然说，既然是朋友家的东西，那就有吃到的可能！

　　王国维先生总结了人生的三个境界："昨夜西风凋碧树，独上高楼，望尽天涯路""衣带渐宽终不悔，为伊消得人憔悴""众里寻他千百度，蓦然回首，那人却在灯火阑珊处"，代表了"悬思、苦索、顿悟"的三重境界。林自然兄英年早逝，"蓦然回首"之时，我们看到的是一个一直执着于潮菜创新、一个"衣带渐宽终不悔，为伊消得人憔悴"的自然兄。

　　回首功名一梦中！刚好看到一部美国电影《绝命追凶》，里面有一句台词说："人生最大的痛苦，不是死亡，而是后悔！"我觉得，自然兄这一辈子未到"蓦然回首"的年纪，或许倒是他的福分，因为他的人生来不及遗憾，也就没有了耿耿于怀的后悔。

睹物思人，每次看到猪腰子就会想起自然兄那腼腆的笑容和炉灶前略显肥硕却干练敏捷的身影。但我们恐怕再也吃不到，那道可以传世的"过桥腰子"了。

大鼎猪血

"出花园"是潮汕人的一种成人礼，潮汕俗语有"十五成丁、十六成人"之说。无论男女，到了虚岁十五这一年，父母和外公外婆就要为其举办成年的仪式。出花园一般是在每年农历的三、五、七月，尤以七月初七居多。出花园这一天孩子要穿外公婆缝的新衣，脚着外公婆送的红木屐，显得潇洒成熟。

其中少不了食俗，各地虽有不同，但有两样基本上是一致的，就是吃公鸡头和猪内脏。既是隆重的仪式，吃什么当然也有讲究和寓意。

吃鸡头据说源于明嘉靖年间潮州状元林大钦的传说。一天，林大钦放课回家，见有老者抱着一只公鸡蹲在地上，旁边还有一对红联纸，一张写着"雄鸡头上髻"。这老者想来是个文化人，在此摆下小擂台，求下联。对得上可得这只公鸡，对不上者仅赔他一页对联纸。林大钦站了一阵，对曰："牝羊额下须。"果然绝妙！老者信守诺言，将公鸡送予林大钦。回到家里，他父亲将公鸡宰了，并把煮熟的鸡头奖励林大钦，以示独占鳌头之意。后来，林大钦果然得中状元，名扬天下。潮人以为这是个好兆头，在孩子出花园时就给吃鸡头，寄望孩子长大后能出人头地、兴旺发达。

另外，就是早上要煮一锅包括猪肚、肠、肝、肾、心、肺等在内的猪内脏汤给孩子吃，寓意出花园者成人了，成人必须更新内脏，抛弃肮脏的旧物，换上成人"肠肚"和"心肝"。这就是潮汕的一种独特的早餐——"猪血汤"。

猪内脏，也叫"猪下水"，内地许多地方原本不吃，但潮汕人去到哪里就把那个地方的猪内脏吃贵了。母亲军校大学毕业后曾在广西柳州服役，当时当地人基本不吃猪内脏，而在她看来都是好东西，回家探亲时会腌上盐长途跋涉带回来。三四天的路程，又要照看刚出生不久的我，还携带着两桶自己几乎拎不动的腌猪肉、猪下水，母亲的能量真的非常人所及！在潮汕人的"示范带动"下，后来当地人也吃猪内脏，价格就慢慢攀升起来。

潮汕人对于猪内脏，简单的处理法，就是一锅炖成猪杂汤；另一种则需要对猪血等经过细致处理一下，称为"猪血汤"。"猪血汤"是个统称，有的不止于猪血，有的甚至不以猪血为主食材。

"大鼎猪血"汤是非常传统的小吃，但随着杀猪的工业化，现在要吃到一碗好的猪血汤也不太容易了。杀猪放出的血要用装了盐的大木桶来盛，再加水稀释，待其凝固便可切块烹煮。煮猪血一般要用一口生铁大锅（潮汕人称"大鼎"，与古语相同），煮开后滤去血水和血沫，再煮第二次。煮好的块状猪血弹性极好，口感松脆柔滑。而作为早餐的猪血汤不只有豆腐块状的猪血，以猪骨汤为汤底，可加入猪肠、猪小肠、猪心、猪腰、猪肺、猪肚、猪肝等内脏，再配上一把西洋菜或珍珠花菜、枸杞菜，这才是一碗内容丰富、让味蕾按捺不住为之起舞的猪血汤。

潮汕人讲究食疗，素有"猪血食洗"的说法，就是说猪血有解毒清肠的"除尘"效果。据医书记载，猪血味甘、苦，性温，确有解毒清肠、补血美容的功效。猪血中的血浆蛋白被人体内的胃酸分解后，产生一种解毒、清肠的物质，能与侵入人体内的粉尘、有害金属微粒发生化合反应，便于毒素排出体外。而且猪血含铁量较高，易被人体吸收利用，并富含锌、铜、钙、铬等多种微量元素，脂肪的含量极少，属于低热量、低脂肪、高蛋白食品，具有较高的食用和保健价值。

猪血汤被赋予食疗价值后，根据客人的健康需求，蔬菜的搭配上也有讲究。潮汕人都知道，活血化瘀消肿要益母草猪血汤，凉血去湿要珍珠花菜猪血汤，清肺利喉那就来一碗西洋菜猪血汤。以猪血汤为早餐，味道丰富又有养生作用，不管是否真的能起到疗效，至少对于食客是一种从味觉到心理的按摩，自然是再舒服不过了。美好的一天

海鲜猪血珍珠花菜汤

就从一碗猪血汤开始，美好的心情从猪血汤氤氲的热气中升腾。

原来我家住宅小区后门有一家著名的猪血汤档口，名字直接就叫"大鼎猪血"。在我的印象中，每到周末，档主都忙不过来。客人一多，点碗猪血汤都要吆喝，摊主倒显出一副爱理不理的样子，极具卖方市场的模样。档口显然是有些年月了，从餐具到服务方式都是老式的。客人多的时候，经常会下错料或把猪血汤端错桌子，你若是提出异议，往往反而被唠叨一番，显得是你错了，好像不是你没交代清楚就是坐错了位置，就差要跟档主赔不是了！后来，那家猪血汤档口不见了，不至于又一家传统小吃店关门大吉了吧？我宁愿它是迁到更适合做生意的地方去了，但在饮食业竞争看服务的今天，也衷心希望店主能适应时代。

想起一句歌词："让我们的笑容，充满着青春的骄傲，让我们期待明天会更好！"心中有爱，青春不老，事业不老！

深井烧鹅

内地有不少烧鹅店都打着"香港深井裕记"的名号，其实大多是扯大旗壮声威而已，但可见香港深井烧鹅的影响力。

到香港自然要到当地探访。深井地处香港新界荃湾的乡郊，钓鱼湾海畔。深井村与潮汕人渊源很深。二战后美国人收购这里的香港啤酒厂，更名为生力啤酒厂；1948年，上海企业家李国伟亦在深井创办九龙纱厂。这两座工厂的员工大部分为潮汕人，于是该地成为潮汕人集中居住的地区。

至今，这里还保存着许多潮汕传统民俗文化。盂兰胜会和天地父母庙就是潮汕文化在香港扎根的代表。香港潮汕人的盂兰胜会讲究程序和仪式，以巡游请神启幕。仪式中有僧尼在诵经坛超度亡魂，还会上演潮剧或潮州木偶戏，既让先人灵魂接受功德，又可娱乐街坊，活动内容与潮汕本地的游神赛会相似。仪式最后会派发平安米，早年是救济贫民，为先人积福；现时已演化为替长者讨吉利、祈健康。2011年6月，"盂兰胜会"列入第三批国家级非物质文化遗产名录。在潮汕人心中，万事万物都是由"天地父母"化育而来。"天"就是"天公"，与民间信仰的玉皇大帝联系起来，把正月初九定为天公诞；至于土地，则像母亲哺育婴儿一样，给人类带来食物和生命所需，称为"地母"。后来，拜祭"天地父母"的含义亦有所扩展，成为表达敬老感恩的方式。香港唯一的天地父母庙就在深井，每年农历正月初九的"天地父母诞"已成为深井潮汕人的重要节庆日。

香港深井的烧鹅源于"裕记烧鹅"，门面简单、桌椅简陋，但人气很旺。虽不是周末，我们比预定的时间提前到还得在外面等候。但烧鹅的确美味，我们八个人干掉了两只，还配有别的菜。刚上菜就听店里的扩音器通知伙计："下一批烧鹅出炉要40分钟后。"除了烤制的方法外，现烤现吃也是保证烧鹅美味的必要条件。

香港的烧鹅选的是黑棕鹅，整鹅净处理后，将秘制香料酱和少许盐分填入鹅肚缝好，再用多种香料煨制的热卤淋烫外皮。待冷晾干后，要挂在烧炉里烧制45分钟左右方可出炉。

经介绍才知道，其实"深井"也是曾经的一种特殊烤炉形式：在地上挖出一口井，下堆木炭，井口横着铁枝，烧鹅就用钩子挂在这些铁枝上，吊在井中烧烤。如今的烧鹅，多在特制的明炉烧制，形式上还是传承了"深井"手法。

深井烧鹅

朋友介绍说，"裕记"是一家"有性格"的食店。就是菜式如何做得全听店家的，客人只能按菜谱点菜，不能要求店家怎么做。他们对于每一样食材怎么做有自己的标准，不允许客人多嘴。店内推出的时令老火炖汤，每日只推出30盅，售完即止，绝不多做。我想，这不仅仅是性格了，是充分的自信，有多少酒楼能有这样的自信？

与店家了解得知，"裕记烧鹅"创办人吴春盐先生原籍潮汕普宁，二战后来到深井做饮食生意。先做烧鸭，但生意不好，于是创造性地做出了独特的炭烧鹅，搭配潮汕特色的梅子酱，一路做得风生水起。20世纪80年代，"去深井、食烧鹅、饮生力啤"甚至成为当时香港市民时髦的消闲项目。不过，在"裕记"红火之时，1992年一个深夜，饭店突发大火，吴春盐夫妇不幸蒙难。其女吴娟华重振"裕记"，她经营生意的思路是"勤力而不贪，只赚应赚的钱。要做得好，不求做得多"。所以，至今未在内地开分店、连锁店。

在"裕记烧鹅"的带动下，深井先后出现了不少烧鹅店，基本上都是潮汕人开的。这样的集群优势使"深井烧鹅"逐渐声名远扬，成为香港特色美食的一个标志，其中潮汕人的智慧和贡献功不可没。不过得提醒一下，内地不少所谓的"烧鹅"可能是用鸭子冒充的，确实用心不良。

坚挺的肉丸子

小时候常在汕头市区杏花桥边看外来的居民制作牛肉丸，后来才知道，原来闻名遐迩的汕头牛肉丸发端于客家。当年一些客家人顺着韩江迁徙，在韩江边搭建临时居所，以经营牛肉丸为生。汕头开埠后，韩江水上交通繁忙，韩堤一带成为客家货船停泊点，许多客家货船停在那里过夜。晚上，就有客家人划着小船卖牛肉丸汤，供给货船老大当夜宵。不承想，后来经不断改进，牛肉丸倒成了汕头的一种标志性美食。

牛肉丸这种大众化的潮汕小吃，既可以作为日常的点心，又可以制作成一道筵席的汤菜，不仅在潮汕家喻户晓，在海内外也有口碑。其实查看中国的各大菜系，均有用肉做丸的菜式或者小吃，那么怎么汕头的牛肉丸这么出名呢？关键在于特有的制作工艺，别的地方的肉丸子不是软塌塌就是松渣渣，唯有汕头的肉丸是挺呱呱！

据记载，贺龙元帅在20世纪60年代初曾经视察驻潮汕的部队，当时在军营里第一次吃到又鲜又脆的汕头牛肉丸时，赞不绝口，并特意向做牛肉丸的老蔡厨师敬酒。贺龙问老蔡牛肉丸是怎么做的，老蔡就拿了两粒牛肉丸扔在地板上，竟像乒乓球一样弹了起来。随后他拿出两把铁棒，跟元帅说牛肉丸就是用这两把铁棒敲出来的。这位厨师的演示，一语道破了汕头牛肉丸之所以可口的奥妙——它是用手工拍打出来的，所以那么有弹性。

汕头牛肉丸深受老百姓的喜爱，也为越来越多的食品生产和餐饮企业所青睐。但是手拍工艺实在费时、费工，而且效率低、产量少，现在许多商家都改用机器绞肉来制作。在网络时代，各种产品都容易出现鱼龙混杂、泥沙俱下的现象。网上有几千家的牛肉丸销售商家，绝大多数都在忽悠消费者，有的商贩、企业不仅生产工艺低劣，甚至连原材料都造假。试想一下，市场上每斤牛肉的价格要60多元，而打成丸子后则每斤20多元，商家是"学雷锋"还是脑残？而这类产品竟然是网购的主流。国家食监部门就曾检验出所谓的"牛肉丸"根本没有牛肉而是添加了牛肉香精，而不少打着"汕头正宗牛肉丸"名号的商家也不在汕头。各种"蹭热点"是当今社会的一种潮流，也是对"热点"最有效的消融方式，许多被追捧的好东西就是这么被迅速地冷却，变成明日黄花的。

汕头把牛肉丸的生产称为"拍牛肉丸"。"拍"正是汕头牛肉丸生产工艺的关键。许多来汕头采访拍摄牛肉丸生产的媒体，都把关注点放在"捶"牛肉的环节上。的确，那个场景很有震撼力，但是捶打并非最关键的环节，这个环节如今完全能用机器代替人工操作。市区一些牛肉丸店仍坚持用手捶打，多少有坚持传统的立场表达和表演的成分，否则捶打牛肉就不必都选在店前显眼之处。虽然当年客家牛肉丸生产的关键环节在于"捶打"，但在汕头得到改进的地方在于"拍打"。其灵感可能来自本地传统的鱼丸生产：鱼肉捣碎后做成丸子，质量好坏在于鱼肉泥的胶质黏度，而产生胶质的方法就是用手不断地拍打肉泥。这种手法也被借鉴到牛肉丸的生产上，成就了与众不同、充满弹性的肉丸子。

　　据介绍，牛肉丸虽然用料简单，但是要做到口感上乘，从选材、打肉到煮丸各道工序都有一些细节得把控。据一位肉丸店老板介绍，好丸子所选的肉都是大肉，不是市面上那些杂肉，而主要是腿肉。它表层比较光滑、肉质单纯，做出来的丸表面也会比较光滑，卖相好且口感爽脆。

　　牛肉选好后就开始敲打，这道工序可不是纯体力活，其中有不少学问。敲肉的两种工具——砧板与铁棒，都是专门定制的。砧板要承受千万次的击打，当然得非常厚实。据介绍，如果捶下去的肉紧贴砧板，就不会产生肉籽，吃起来口感会不一样；如果砧板太松脆，锤子捶下去会反弹起来，肉泥就打不好。两把敲肉的棒是铁制的，一把将近2公斤，呈四方形，很像传说中门神秦叔宝的兵器"锏"，耍起来还挺威风，就看你有没有力气。

　　敲打要连续不停，直打到牛肉彻底变成肉泥，这期间还要把肉筋

汕头牛肉丸

挑掉。手工拍打也要控制好时间，拍的时间不够丸子缺乏弹性，时间过头了黏性又退化了。肉泥拍打完成后便是挤丸子，汕头的牛肉店也采用手工来挤丸。一手虎口把肉浆挤出，另一手用汤勺舀来放入汤水中，这样就最终成型。定型后的牛肉丸，必须用文火烫10分钟左右至变色，才是成品。这个过程水温不能太高，太高丸子的色泽会偏深，而且表面出现小孔不好看。

传统的牛肉丸还要加入油炸过的大地鱼脯来增香。不过在经济困难的"文化大革命"期间，由于大地鱼难寻，有高明的厨师以油炸蒜蓉替之，后来被广泛采用。与牛肉丸相似的"牛筋丸"则是改革开放后派生的新品种。它是以杂肉和边角料拍打而成，个大且肉粗，早期里头还会特意嵌入白猪肉丁，以达到润滑增香的目的。牛筋丸本着"变废为宝"的初衷，体现了节俭的智慧，其粗粝的口感也为许多食客所喜爱。

汕头牛肉丸还分为"硬浆"和"软浆"两派。各有师承，也各有特色，其实就是丸子口感上软硬度的差异，味道上还是如出一辙——"就是这个味！"

无声牛铃

当年父亲从军校毕业后入了伍，但因为海外关系，还是被迫提前退伍还乡。

父亲回汕头的第一站是揭西棉湖，那是我外婆家。棉湖镇创建于北宋太平兴国二年（977年），古名"道江"。后因镇东南面的云湖两岸盛产木棉，改名"棉湖"，素有"上田肥美，良物殷饶，衣冠之族，弦诵之家，甲於通邑"之誉。我小时候曾在棉湖生活了一段时间，后来学生假期时也常回去做客。

外婆家除了母亲考了军校从戎外，几个子女都没有外出，多数务农。这让我的假期生活总是格外丰富多彩，其中印象最为深刻的就是放牛。骑在牛背上是一种非常惬意的感受，赶着牛去山坡吃草，赶着牛到水塘洗澡。当个牧童是很有成就感的事，特别是骑在牛背下水，常常让小伙伴们羡慕。那时也学会了一句唐诗："牧童遥指杏花村。"父亲到汕头工作后，我们就住在汕头的"杏花村"。所以，虽不懂诗句讲什么也不知杏花村卖不卖酒，就是觉得这句诗写得特别好，一跨上牛背就大声叫嚷个没完。记得一次耍威风，像赶马一样挥鞭赶牛，结果把牛惊了，牛狂奔，想把我甩下来，我趴在牛背上使劲抓紧牛脖子，最终牛跑到水田里才歇下来，把我吓得够呛！

家里养的是水牛。水牛是最典型的劳力动物，是农活的好帮手。据资料，耕牛在宋朝时还实行户籍登记制度，以保护农业生产力。所以《水浒传》中，那些草莽英雄到了酒家随便就来多少斤牛肉的豪爽行为其实十分可疑。水牛不仅能干活，而且奶质十分优良，称得上是奶中极品。据有关科研部门测定，水牛奶矿物质和维生素含量都优于黑白花奶牛奶和人乳，铁和维生素 A 的含量分别是黑白花牛奶的大约 80 倍和 40 倍，被认为是最好的补钙、补磷食品之一。水牛奶乳汁浓厚，广东人熟悉的姜撞奶、双皮奶等，都用水牛奶来制作。早在 19 世纪末，我国南方农民就把水牛挤奶作为副业，制作成"奶饼""奶豆腐""奶皮""姜汁奶"等风味产品销售，并形成传统小吃流传至今。

养牛是我们家的传统，也是重要的经济来源，直到现在表弟仍在农村养牛，最多的时候养过四头牛。而作为牛奶的附属产品，"牛铃"就成为我非常熟悉并喜爱的一种美食。牛铃不是挂在牛脖子上的铃铛，而是一种奶制品。

养牛主要为了卖牛奶（揭西称"牛汩"，音[kho3]），有时牛奶卖不出去就会做成牛铃。牛铃这种食物文字上鲜有记载，汕头有社科学者介绍过，但不太准确，错将闽南的做法套用到揭西来。闽南地区有一种"咸牛奶"，是将水牛奶搁醋煮过后凝结，然后用盐腌，用纱布挤压，捏成蚕茧大小。闽南的咸牛奶是泡在浓盐水里卖的，在盐水中白得微微泛青，奶香撩人。漳州厦门的菜市场和超市都能看到咸牛奶的身影，今天依然是受欢迎的稀粥物配。闽南有民谚："一碗打铁糜，几粒咸牛奶。"说的就是牛铃。"打铁糜"是指没有捞过干饭、熬得极稠极香的米粥，这样的热粥配上几颗咸牛奶，余味无穷，人生足矣！当年的人要求真的不高。

但揭西的牛铃做法不一样。有两种做法，一种是将水牛奶拿去蒸，中间放上一小碗醋，醋不直接倒入牛奶中，而是通过加热让醋蒸

牛铃

发,待牛奶冷却后分解出乳清而凝结。因为出品量少,这种方法后来基本上没有采用。取而代之的是"加盐法",就是1斤奶加入75～100克粗盐,溶解后过滤掉盐中的杂质,然后用文火来煮,用木制的勺子慢慢搅动,让奶均匀受热。煮过后,待其自然冷却,隔天就会沉淀凝结。牛铃在市场上称重销售,加盐可以使重量大幅增加,所以,大家都采取的是"加盐法"。

我一直不喜欢喝牛奶,因为村里人特别喜欢甜食,煮牛奶下很多糖过分甜腻,倒是一直对牛铃情有独钟。现在,乡下的表弟时不时会托人送牛铃来,家里做的牛铃一般不会下太多盐,1斤牛奶也就不到25克盐,所以不会太咸。咸牛铃可以保存较长时间,我们家的做法是沥干水后用油炒过慢慢吃,每天翻炒一次,越炒越香,最后会变成金黄色的。我个人更喜欢拌着米饭吃,特别下饭,基本上不用别的什么菜。

乡下送来的牛铃不仅是一份美食,也是传递一种信息。看到牛铃,母亲就知道,乡下的日子安好。

潮汕赛大猪　方淦明／摄

五彩稞品

菜头来做粿

潮汕的"菜头粿"是常见的小食，由于是潮汕话的叫法，经常让外地人感到困惑，以为是蔬菜头的废物利用。其实，潮汕将萝卜叫菜头，"菜头粿"就是萝卜糕。

"菜头"这名字很实在，体现了求真务实的精神，也有意思。萝卜是植物的根头，故称"菜头"；萝卜的叶子叫作"菜仔"，菜仔人是不吃的，通常用于做鹅菜，喂鹅。在《水浒传》里，"菜头"是指管菜园的人，管伙食的叫饭头，管茶水的叫茶头，管厕所的叫净头……在寺庙里，菜头当好了才可以升为塔头，再干好了可以升为浴主，再往上升就是监寺。所以，花和尚鲁智深就因为不满当"菜头"这样的小官才甩手不干了。

"头"这个字也很有意思，它指"人身体的最上部分或动物身体的最前部分"，由此延伸出"首领""先行者"等意思。牢狱里管事的叫"牢头"，班级里的领导者叫"班头"，队伍里不服管教、带头闹事的叫"刺头"，占山为王的称"头领"，青楼里最受欢迎的小姐叫"头牌"，领着一帮小姐的老鸨民间称"鸡头"，带着一帮建筑施工人员的叫"包工头"……这让我联想到"汕头"的名字。"汕"字最早的含义都与鱼有关，《说文解字》注："鱼游水貌"，鱼游水的样子；后有"用鱼笼捕鱼"（如罩汕）和"冲洗，冲刷"的意思（如汕了又汕）。最令人憋屈的是，"汕"字还有"骗人，诱人上当"的意思，清《儿女英雄传》中有"作成圈套儿来汕你的"。——无论从哪个意思看，"汕头"这个名字都难以让人兴奋起来！

跑题了，继续说萝卜。中国民间有"冬吃萝卜夏吃姜，一年四季保安康"的说法。萝卜的营养价值自古就被广泛肯定，远在汉代的时候，《尔雅》等书就已有关于种植萝卜的记载。到了明代，大概全国各地都已经普遍种植，因为李时珍在《本草纲目》中说"莱菔今天下通有之"，莱菔就是萝卜。李时珍还说萝卜："可生可熟，可菹可酱，可豉可醋，可糖可腊，可饭，乃蔬中之最有利益者。"

潮汕人对于萝卜也情有独钟，著名的潮汕菜脯就是萝卜干；而以它为食材的菜肴更是多不胜数，就连著名的海鲜火锅、牛肉火锅，缺少了白萝卜块、萝卜丝，似乎就欠缺完美的收官。而萝卜的另一种重要吃法，就是做成菜头粿。

潮汕的菜头粿和其他大部分粿品一样，发源于民间"时年八节"[1]的祭祀活动，而后演变成一种著名的小吃。过去许多家庭主妇都会做，我家也常做，都是母亲动手。做菜头粿用的是白萝卜，把白萝卜先刨成丝，撒上盐就会出水，所以再加入生粉时不用加水，接着将切好的猪肉、腊肠、虾米、花生、香菇粒（用油炸过的更好）、芹菜粒、葱花、胡椒等配料放入其中拌匀。我家的做法是用腐膜包裹成长条形，然后放到蒸笼里蒸熟即成。刚出笼的菜头粿直接蘸加了香油的酱油最美味，软绵甘甜，萝卜的清香最为迷人；但这样的机会不多，一般会先蒸熟，等到了饭点切成片、用油煎成金黄再吃，这时的蘸料改为陈醋或辣椒酱。

市面上的做法与我家的做法有些不同，一是下的米浆量（有的用

---

[1] 指春节、元宵、清明、端午、中元、中秋、冬至和除夕。——编者注

番薯粉）比较大，大概与萝卜的比例为1∶5；二是不用腐膜来包裹，直接盘成大饼状或圆柱状，上蒸笼蒸熟，这样蒸的时间会比较长。

我自己有一种比较特别的吃法。先将切成片或段的菜头粿用油煎过，再用炸香的红辣椒炒，下点水，让辣味渗透到菜头粿里去，最后加入葱段。对于喜欢吃辣的我来说，这样比较过瘾，但家中其他人看到菜头粿像新娘子穿上红衣裳的怪模样，却握着筷子犹豫再三。

萝卜糕

萝卜糕一定程度上也成为粤菜的代表性糕点。2014年春节，香港特区前行政长官梁振英发表了博文《分甘同味迎马年》，并拍摄贺岁短片向香港市民拜年。短片中，梁振英和太太走进社区厨房，加入义工行列，一同将收集回来的萝卜等食料制作成应节的萝卜糕，并将食物带到社区中心与长者分享，为他们庆祝新年，希望市民能够与有需要的人"分甘同味"。作为一个意象,广东人喜爱的菜头粿在片子中、在香港人的生活中已被赋予了新的内涵。

偶遇的惊喜

世上的事总是这么巧,有时不免让人相信冥冥之中有什么感应力量,不然只能说"万法皆生,皆系缘分"了。那天我突然莫名地想起厚合菜,想着周末上菜市场看看。正逢姨妈从揭西老家来,带了些牛铃、蔬菜和自家做的菜粿。这些都是自产的,在食品安全方面让人放心。而没想到菜粿竟然就是厚合菜馅的,让我的味觉有了一次偶遇的惊喜!

厚合菜学名莙荙菜,由于长得快且大,过去常用来喂猪、喂鹅,故民间又有"猪菜""鹅菜"之称。但厚合菜有一种独特的味道,与大蒜叶、猪油渣一起猛火炒,就成为值得回味的佳肴。

这次与厚合菜的不期而遇让我想起了徐志摩的《偶遇》:"我是天空里的一片云,偶尔投影在你的波心,你不必讶异,更无须欢喜,在转瞬间消灭了踪影。"徐志摩的《偶遇》蕴含着欲说还休的情愫,饱含了复杂而捉摸不定的感情。有人猜测这是他写给一代才女林徽因的诗。林徽因可以说是一个时代女性当仁不让的代表,一部她的传记的作者这样评价她:"多少人饱蘸深情于笔下文章提到这个名字,鸿儒乡绅举目嗟叹,贵妇千金望尘莫及。她曾是一个浪漫时代的精致缩影,她曾是中国建筑史上最华丽的扉页,她曾是新月诗派最迷人的一首短章,她也是梁思成、金岳霖、徐志摩三人最完美的注脚。"

虽然我把与厚合菜的偶遇和徐志摩与林徽因的偶遇相提并论有些不敬，多少还有些矫情，但没办法，谁让诗名太令人印象深刻呢！

厚合菜有一定的药用功能，也被列为中药材。它主要具有清热解毒的作用，所以民间有"吃了厚合夏天不会长痱子"的说法，还说可以美肤，因为厚合叶的表面特别光滑。"莙荙菜"名字的来历有一段有趣的故事：相传南宋年间金兵入侵，宋高宗赵构从临安（今杭州）逃到明州（今宁波）。金兵穷追不舍，眼看被追上，赵构及随从躲进一个菜园子里，慌乱之中把菜园子践踏得面目全非。不过当晚下了一场春雨，不仅躲过了追击的金兵，而且菜园子里的蔬菜也神奇复原。被踏坏的蔬菜正是厚合菜，从此民间就把它称为"君踏菜"，意为被君王踩踏过的蔬菜，后写成"莙荙菜"。传说故事总带有戏剧性的情节，也往往成为传统戏剧的题材，对其真实性就不必太过考究。

其实，说厚合菜是为了介绍一种从小就喜爱的小吃——菜粿。在揭西乡下，过去人们最常用厚合来做它的馅。揭西多为山区，潮汕人和客家人杂居，所以饮食上也受到客家文化的影响。揭西食品种类丰富，两个族群的饮食文化在这里交汇，相互借鉴、相互融合、相互渗透。菜粿便是一种来自客家的小吃，由客家的"菜板"演变而来。客家板的种类很多，主要用大米粉（或木薯粉）为皮，包裹各种时令蔬菜，与北方的饺子有异曲同工之处。它原本是梅州客家人祭祀用的食品，每年的春节、冬至和祭祀活动都要用到菜板。"菜粿"只是将它的外形改成了圆形。它的做法通常分为两部分，一部分是做粿皮，另一部分做馅料。粿皮是用米粉加少量的水，在锅里用慢火搅拌成泥状，再加少许冷水，揉搓成粉团；馅料有厚合、韭菜、芥蓝、油菜等蔬菜，一般需要剁碎，加入适量的盐软化出水，再拌上少许食用碱和猪油。包菜粿时，把冷却的粉团抓一小撮用双手掌揉成一团，再压成饼状，然后像包包子一样把馅料包起来。最有意思的是，包完后还要压扁，压成北方馅饼的模样。最后上蒸笼蒸熟，刚蒸好的菜粿若是再淋上一点猪油，就是简单朴素的美味。

棉湖菜粿

揭西还有一种"菜仔粿"，在名字上容易与菜粿混淆。它与菜粿的关系犹如比萨与馅饼。菜仔粿是用切碎的蔬菜与薯粉搅拌，摊成薄饼状后蒸熟，吃的时候切成小块再用油煎。它的来源是否与比萨的传说一样——因为不会包裹馅料而来个大杂烩，就不得而知了。

潮汕的小吃丰富多彩，单粿品就有几十种，细分甚至有上百种。但其材料都是简单常见的东西，不外乎米、豆、番薯、马铃薯、芋头、萝卜、青菜等，但排列组合出种种神奇的变化。潮汕歌谣唱道：

"潮汕人，尚食粿，油粿甜粿石榴粿，面粿酵粿油炸粿，鲎粿软粿牛肉粿，菜头圆和曲桃粿。"最初是通过变幻出花样来祭祀祖先、神灵，表达对先人的敬意，所以不同的时节需要不同的粿品。而今，祭祀礼仪有所简化或改变，但粿品却并未因此而消亡，甚至还发扬光大。每逢节日，全家动员来做粿品是一件热闹而开心的事，在一定程度上还发挥了维系家庭感情的作用。看似寻常而又花样百出的粿品，不仅体现了潮汕人的智慧，还有对生活滚烫的爱。

无米之粿

潮汕自古人多地少，是个严重的缺粮区。为填饱肚子，潮汕人想尽办法，心灵手巧的潮汕妇女更是花样迭出。"无米粿"便是妇女变幻出来的"无米之炊"。粿，按辞书解释，是一种米食，无米之粿，需要智慧和创意。

无米粿的皮是番薯粉做的。番薯自明代万历年间随闽南人入粤，迅速传遍潮汕大地，成为潮汕人的又一项主食。它在客观上解决了潮汕地区粮食紧缺的问题，从而也促进了人口的增长，有资料显示，明朝正是潮汕地区人口的激增时期。

番薯种植条件不讲究，而且产量高，一时吃不完，便磨粉、晒干、储存起来。于是在潮汕小吃的舞台上，一个充满创造力的新角色出现了，它的潜力在随后的潮汕饮食史中得到了充分的展现。而番薯的其他部分，包括薯叶、蔓藤等都可以煮了喂猪，可以说，番薯得到了全面的利用。

　　无米粿的粿皮传统上纯粹用薯粉，柔软细腻，而且蒸熟后透明晶亮，很适合于制作粿品，不仅好吃而且好看。咸的馅通常是马铃薯、芋头或竹笋等，甜的馅可用芋泥或豆沙等，多用作宴席的点心，蒸熟即可食用；如果放到油里用细火慢浸的，薯粉皮晶莹剔透，则成了"水晶包"。还有一类是蔬菜馅的，为家常的点心，多用油在锅里煎，煎得焦黄更好，俗称菜粿。

白饭桃　　　　　　　　　　韭菜粿

　　菜粿中的佼佼者是韭菜粿，由于名气太盛，终于"篡位夺权"。如今常以"韭菜粿"直接指代无米粿，独享了"无米粿"的头衔。在汕头的小食店，你若是点"无米粿"，那就是要的韭菜粿。

　　韭菜粿选用韭菜为主要原料（韭菜花、韭黄亦可代之），制作时将新鲜韭菜洗净切粒（有的会加入香菇粒、虾米粒或肉丁），加入适量味精、盐、胡椒粉、芝麻油，拌匀成馅料，以番薯淀粉为皮。先蒸熟再放凉，吃的时候再用平底铁锅油煎至金黄色才能上桌。

　　但不知为何，总觉得如今小食店或是自己家里煎的无米粿远没有过去街头小摊卖的好吃！

　　曾有一个想法，拍一个系列的美食电视专题片，名字就叫《味道的记忆》，通过不同年代普通人的味觉记忆，来还原当年的一些特色美食。总觉得它不仅能唤起不同时代、不同地区的人普遍的味觉共鸣，继而延伸到大家对不同时代的社会生活的共同回忆，包括对不同时代价值观的探讨，但因为主题宏大，也很难抽出时间来做而把计划搁置了。但我自己仍会不自觉地在脑中寻找残存在记忆中的美好味觉信息资料，当一缕焦香的韭菜味从鼻尖若有若无缥缥缈缈地掠过，嗅觉的信息像一个搜索引擎，激活了相关的记忆资料，我的眼前立即浮现出小时候流动小摊卖无米粿的情形。

　　无米粿的小摊用小轮车推着走，有些有相对固定的地点，有的则随时走动出没在街巷里弄中。一般会边走边吆喝，"无米粿"三个字拖了长音，唱戏一般。小轮车上安了一个煤炭炉子，上面是一个成年人怀抱大小的生铁平底锅，煤炭炉子通过底下的风口来控制火力。有了生意，就打开风口扇火，不一会儿，铁锅上的油就热得滋滋响，香味也迅速地弥漫开去。

　　当年街巷流动的小食摊贩卖的无米粿基本上纯用韭菜作馅料，不加其他配料，依然香飘过街。这里有个小秘密，无米粿得挑外皮包得很不均匀的那种，用油煎时铲压上去还会有些破漏，于是热油会直接煎到一些韭菜，才会有韭菜香的四处飘逸。煎好的无米粿，要选煎过多次、有些发黑的才好吃。那时大家的肚子里没油水，煎过多次的油多，而且煎得结实了更香；那些只煎过一次的虽然外表金黄很吸引人，但番薯粉皮不一会儿就返潮了，外表就软了，外焦的效果就没有了。

无米粿与潮汕特制的辣椒酱是最佳搭配。辣椒酱不是很辣，有点咸。当年吃无米粿一般不用筷子，而是用两根竹签穿起来，用瓷碟托着站在小摊前现吃。买两个的常见，能买上四个的就让人刮目相看了。无米粿蘸辣椒酱，放入嘴里轻轻一咬，会觉得外皮很酥脆；再咬深一点，韭菜的菜汁及辣酱的浆汁混合在一起，会特别烫嘴，以至你不得不张开口呼出腾腾的热气，在这一呼一吸之间，韭菜香已经充溢口腔。

因为是流动小食摊，过去吃无米粿有时得靠运气，"堵着正切要"。如今走街串巷的小摊贩不见了，可以到专门的潮汕小吃经营档口，比如福合沟、福合埕等老牌店吃。但老店的服务总被食客诟病，不如上菜市场买回家自己煎吃！孩子们一般都不喜欢吃青菜，但基本上不排斥无米粿，难怪潮汕信佛的素食者把韭菜列为荤菜！

荷兰薯粿

总觉得，比较是事物存在的一种方式。没有比较似乎就失去了空间的位置，甚至存在的价值意义。比较可以是纵向的自我比较，但人们更喜欢横向的同类比较，比如对于学习成绩，在家长和老师看来，名次就比分数更有说服力，因为录取是按名次来定分数线的：你考个60分而为第一，有赏；考个80分而为倒数第一，就要屁股开花了！

对于一个地方的认识往往从比较开始，最终以比较结束。初到一个地方，人们会问："这里什么地方最好玩？""这里最出名的小吃是什么？""最"是比较后的极端结果，也"最"为常见。对于潮汕的地方美食，我常常遭遇这样的"最"的询问。我总是刻意地回避这样的问题，一则我的意见代表不了所有人；二则并非所有地方的美食我都尝过，这里边还有正不正宗的问题，实在不是可以轻易下结论的。

后来搜索了一下味蕾记忆，潮汕美食中最难忘之一，是我初中同学家里做的荷兰薯粿。当然，其中可能带有个人的感情色彩。但有不少来汕头的外地朋友在品尝了老市区的小食店之后，回去常常念及荷兰薯粿，这算是对我之偏爱的舆论支持吧！

同学是市区新乡人，他母亲是典型的潮汕妇女，擅长制作各种粿品，特别是荷兰薯粿，至今难忘。那时，隔三岔五地在他家出入，有一次他家盖了四层的新房，入厝（也叫"入宅"，就是"搬新家"）时大宴宾客，我们一帮兄弟在同学的新家过足了瘾，"荷兰薯粿"吃个够。这是潮汕人的民间习俗，入厝在乡下是一件十分隆重的大事，一般的家庭都要办个三桌五桌，请亲戚朋友来聚聚吃吃。经济条件好的甚至会在祠堂或广场摆上几十桌宴客。

按习俗，入厝主人是不能收礼的，只要客人来凑热闹就是给面子，人来就算把自己当礼物了。如果有亲戚朋友不明就里送了礼物，主人非但不会接受，还会在礼物中贴上红包来回礼。所以，潮汕地区入厝都是赔本的事，既有寻求好彩头，也有显摆的意思。有钱人家常常把它弄得像节日一般，有些爱显摆的在乡下建房子不为住人，而像一场显示自己衣锦还乡的仪式。见过请潮剧团在乡里演七天的，不知道的还以为在祭祖呢！有些建了新屋而经济拮据的，未举办入厝仪式就住进新房，只称为"借住"。有的借住三五年，有的十年二十年，三四十年的都有。乡下人建新房不易，往往是倾尽所有，甚至背上了沉重的债务，但是谁不想有个像样的家呢？

潮汕人所称的"荷兰薯"，就是土豆。一般认为，土豆是明万历年间传入中国的，相关的记载为万历朝进士蒋一葵写的《长安客话》："土豆，绝似吴中落花生及香芋，亦似芋，而此差松甘。"虽然外来物种的引进主要靠"一带一路"两条途径，但因中国幅员辽阔，物种的传播需要大量的时间，有时更要依靠机缘巧合。学术界普遍认为，土豆是由海路通过东南沿海传至内地的。从名称上猜测，应该是由荷兰人带到台湾，再由台湾传入闽南、潮汕，所以闽南、潮汕称之为"荷兰薯"，同理的还有豌豆称"荷兰豆"。如果这个推测成立，那么土豆传入的时间应该比万历再晚些，虽然万历年间荷兰侵略者多次侵扰我国沿海领土，但都以失败告终，直到万历之后的天启四年（1624年）才在台湾地区站稳脚跟，为殖民和发展生产提供条件。

据资料，土豆原产于南美洲安第斯山区的秘鲁和智利一带。距今大约7000年前，一支印第安部落由东部迁徙到高寒的安第斯山脉，在此安营扎寨，以狩猎和采集为生，是他们最早发现并食用了野生的土豆。16世纪中期，土豆被西班牙殖民者从南美洲带到欧洲，但他们显然未得到印第安人的真传，只把土豆当成观赏植物，只以其花朵漂亮，当作装饰品。也可见那些殖民者都是些没什么文化、品位的大老粗，土豆的花现在怎么看怎么土！后来一位法国农学家安·奥巴曼奇在长期观察和亲身实践中，发现土豆不仅能吃，还可以做面包等。从此，法国农民开始大面积种植土豆，而后在欧洲普及。土豆在中国的引进种植，对于解决众多人口的吃饭问题功不可没。目前是我国五大主食之一，其营养价值高、适应力强、产量大，也是全球第三大重要的粮食作物，仅次于小麦和玉米。其实，有几种常见的农作物都是明朝传入中国的，包括土豆、玉米、番薯、花生。这几种作物征服开发荒地、盐碱地和山坡地，对于增加粮食的产量意义重大，有些也促进了人口的增长。

土豆本身味寡，影视作品中反映我军在艰苦条件下英勇作战，常常用一个个煮熟的土豆当粮食。味淡的食物要变成美食，就需要借助外力，由别的食物来调味。但调味的东西又像药引，不需太过复杂，一点足矣！对于许多高档食材的处理都是这个道理。对于土豆而言，个人认为除了咸味之外，最需要的是油脂。

制作荷兰薯粿要先捣土豆泥。土豆蒸熟后去皮捣烂，不仅要捣到面目全非，而且要捣到有黏性。另外要加入一定的地瓜粉，其他配料还有虾米、香菇、花生、大蒜、鱼干、腊肠、胡椒等，而我认为最为重要的是白肉丁。

荷兰薯粿蒸熟后松软甘香，刚出笼最简单的吃法是淋上一点猪油和酱油，已经美味无敌。市场上买不到刚蒸熟的荷兰薯粿，都是一条条放凉了卖，吃的时候再切成片用油煎，一般采用猛火，外表焦香而内心温软的最佳！蘸料最好是本地产的辣椒酱，鲜红色、咸而不太辣

荷兰薯粿和菜头粿

的那种。黄皮肤的煎粿披上鲜红的"旗袍",在颜色搭配上也娇艳动人。

荷兰薯粿在汕头南区,也就是濠江沿海,被称为"蛋卷"。虽有着蛋黄色的外表,实际与蛋毫无关系。濠江片区的吃法与潮汕其他地区不同,不是油煎,而是再蒸一遍。个人不喜欢这种吃法,像是吃微波炉加热的隔夜饭。由于靠海,该地荷兰薯粿的配料中虾米之类海产的分量较大,味道也较浓,并非所有人都能接受。

记得有一次家庭聚会,到南区海边游泳,当地的朋友介绍了一家大排档,吃的都是特色菜,其中最出名的是"墨斗卵粿"和"蛋卷"。朋友对于"蛋卷"是情有独钟,一个劲地热情推介,"蛋卷"洋溢着浓烈的晒干海鲜产品的"霉腥味",但朋友却吃得欢,真叫甘之如饴!果然一方水土养育一方人,包括口味!

上位乒乓粿

"乒乓粿"其实是从鼠曲粿演变而来的,但如今的名气地位却超越了鼠曲粿,大有"长江后浪推前浪"的意思。

这种传统小吃的形成和发展与一位潮汕先贤还有关系。他叫黄奇遇(1599~1666年),揭阳渔湖广美村人。崇祯元年戊辰科进士,这一科潮汕有七名学子同榜登科,后被称为"潮州后七贤"。黄奇遇官至礼部尚书,明末"乞骸骨归",主动告老还乡。回到揭阳渔湖广美村老家后,他纵情于山水,怡情于诗文。当他品尝到家乡人做的鼠曲粿后,动了一下脑筋,对原来的皮和馅进行了改进。馅料采用带壳糯米在鼎中反复烤焙膨胀后压成的麸末，类似于现代的爆米花。糯谷烤焙后能产生一种特殊的谷物香味，而正是这种香味，形成了今天"乒乓粿"的特色，"外皮清柔软，内馅香脆甜"正是人们对于乒乓粿的评价。

不过，相信不是所有的人都喜欢乒乓粿。我小时候在揭西亲手包过乒乓粿，只是觉得好玩，但并不喜欢吃。一来是并不喜欢甜食；二来过去不知怎么回事，谷米总是带沙子，有一回吃乒乓粿嗑到沙子，以后就不再吃了，有点"一朝被蛇咬"的后怕。

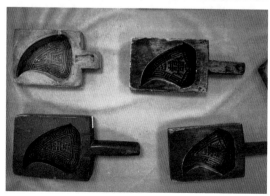

粿桃印

晚清时，揭阳县城内南门一家专门经营这种粿品的店家，又在保持原有风味、特色的基础上，创造性地在粿品上加盖图案，并用豆腐膜垫底，这样既美化了造型，又便于携带。

粿品虽然出自揭阳，但今日"乒乓粿"的名称却源于汕头。就乒乓球这一运动项目被国人所广泛认识的时间看，这应该是1959年容国团为新中国首获世界冠军以后的事。1959年3月，在第25届世界乒乓球锦标赛上，容国团在男子单打中获得冠军，容国团的名字第一次刻在圣·勃莱德杯上，为新中国体坛健儿首获世界冠军者；1961年4月，在北京举行的第26届世界乒乓球锦标赛上，中国队不仅获得了男女单打的冠军，而且在男子团体决赛上，以5∶3战胜日本队而首次问鼎斯韦思林杯。在中国队落后的不利情况下，容国团说出了"人生难得几回搏，此时不搏更待何时！"的名言。由此也拉开了中国乒乓称霸世界的辉煌历史，乒乓球成为最为中国人所熟悉和骄傲的运动项目。

但"乒乓粿"的得名是一个以讹传讹、将错就错的结果。有揭阳人在汕头老市区乌桥的地方摆卖这种小食，揭阳原来的叫法也比较怪，汕头人听不懂，于是就谐音地说成"乒乓粿"。民间的许多方言叫法没有文字表达，卖的人也解释不清楚，由于"乒乓"易叫、易写，而且在当时属于"高大上"的范畴，没用几天就成为公认的名称，而且带来了火爆的生意。

乒乓粿的名气如今尤在"鼠曲粿"之上，在揭阳市举办的一个"潮汕十大小食"活动中，乒乓粿名列首位，成为揭阳小食当仁不让的代表作。其实乒乓粿的成功转型升级带给我们一个启示，除了自身要具备一定的条件外，善于借助外力也十分重要。利用"乒乓"这个强大的无形资产，"蹭热点"上位，站在巨人的肩膀之上，乒乓粿才脱胎换骨。如今的市场营销，做什么赛事独家赞助、活动独家冠名、航空指定产品，包括借别人的品牌联合发展等，都是这条路子，但恐怕都难以企及当年"乒乓粿"无心插柳这样的效果了。

墨斗卵粿

"墨斗卵粿"算得上一种奇食，因为它的食材本身就比较奇特。对于许多喜欢猎奇的食客来说，墨斗卵粿是非吃不可的，它不仅具有绝佳的口感和味道，而且能给人无限的想象空间。

潮汕说的墨斗就是"墨鱼"，也叫乌贼，本名乌鲗，又称花枝、墨斗鱼。墨斗遇到强敌时会以"喷墨"作为掩护逃生的方法，今天军事上使用的烟幕弹就是借鉴了它们的天生本领。由于能喷墨，因而有"乌贼""墨鱼"等名称。它还是水中的"变色龙"，皮肤中有色素小囊，会随情绪的变化而改变颜色和色斑的大小。墨斗喜欢栖息于远海的深水区，所以捕捞也不算容易。以前难得见到活的墨斗，现在市场上偶尔能见到，养在不同的容器中你会发现它的外表颜色不一样。活的墨斗可以做刺身，切成段或片，口感极好，绵软甘甜。墨斗还常被晒成鱼干，可以保存较长的时间，墨斗干煮猪蹄是一道潮汕的传统菜，吃上几口作为前菜垫垫底，再喝酒最好不过。

关于墨斗有一个传说：秦始皇统一中国后，有一年南巡到海边。这群达官贵族长期在内陆生活，所以看到浩瀚无垠的大海都不免为之震撼。其中一个太监大概具有文青的情怀，因为他随身带着一只白绸袋子，里边不是装牛羊肉干，而是文房四宝！正当他想象着"面朝大海，春暖花开"时，将袋子遗落在海滩上。天长日久，袋子吸取大海和天地之精华，化身为一个小精灵。袋身变成雪白的肉体，袋中的墨条变成墨囊，小精灵遇敌能喷射墨汁，行动神速如贼，故后人称之为"乌贼"。不过，由此类推，是否可以这样来编故事：秦始皇掉了一只草鞋于是有了比目鱼；哪位大将掉了一支箭于是有了箭鱼；哪位文臣掉了一条头巾于是有了海蜇……神话故事总是能生动形象地把复杂的问题简单化，想象力会给生活带来无限的乐趣。

回到正题，每年4~6月，墨斗会由深海游向浅水内湾产卵，黏附于海藻及其他物体上；9月下旬开始，孵化出的幼体会洄游南方越冬。墨斗为雌雄异体，外形上区别不明显。雌性有一个卵巢，位于内脏团后端生殖腔中。而平时渔民称的"墨斗卵"，不仅是雌性的卵巢，其实是雌雄墨鱼生殖腺的混合物，包括雌性墨鱼的卵子和缠卵腺、雄性墨鱼的精囊等。

雌性墨鱼在产卵时，缠卵腺会分泌很多腺液将卵粒缠绕起来黏结成串，使卵串附着于海藻或珊瑚上。因此在墨斗产卵的季节，其腹腔内往往都塞满了墨鱼卵。这些卵历来是难得的美食，为美食家所推崇。墨斗卵有一个叫"鰶鯡"的古称，甚至成为帝王御用食物，比如北宋沈括在《梦溪笔谈》中说："宋明帝好食蜜渍鰶鯡，一食数升。鰶鯡乃今之乌贼肠也。"清代袁枚在《随园食单》中也有"乌鱼蛋最鲜"的说法。

墨斗卵粿的做法是，先将新鲜墨斗卵用刀压散，加入鸡蛋清和雪粉，搅拌成很浓稠的糊酱，当地术语叫"打胶"；待吃时再切成薄片，在平底锅上油煎。因为加了鸡蛋清，墨斗卵粿很容易就煎成诱人的金黄色，里头却是软嫩雪白的，蘸些红辣椒酱或甜橘油，有绝好的口感和滋味。我曾在一个夏天的大中午，与同事专程跑到濠江古城的

墨斗卵粿

小巷里吃墨斗卵粿。那是一对老夫妇的小店，态度不好但几样小吃地道，吃得一身臭汗仍觉得不虚此行，也再次印证：做饮食能傲得起的，都是有看家本领、有好东西为资本的！

这种特色美食来源于自古就是渔村的达濠。达濠是潮汕的四大古镇之一，据《潮阳县志》的记载，东晋隆安元年（公元397年）已有人家渡海至达濠，以煮盐、捕鱼为生。以前达濠的耕地面积非常少，除了老人妇孺之外，绝大多数达濠人都以讨海为生，所以创造了不少以海货为基本材料的地方美食，如鱼饭、鱼丸、鱼册、鱼饺、墨斗卵粿等。

除了南澳地区吃小鱿鱼时不摘墨囊、整个煮了吃，潮汕在处理墨斗时一般会将墨汁清洗干净。但近些年，墨汁却成为风靡全球的美食材料，不仅有墨汁炒饭、墨汁比萨、墨汁料理，日本还有大受欢迎的重口味墨汁冰激凌。如今看来，把墨汁清洗掉倒显得有些浪费了！

汕头濠江区的达濠、河浦有不少经营墨斗卵粿的摊档，海鲜大排档一般也都有出品。

油浸鲎粿

对于传统的东西，我们都会刻意地强调正不正宗。但有一样小吃，我们明知早已不正宗，甚至可以说货不对板，却不以为意，它就是潮阳鲎粿。鲎粿源自潮阳，但已成为汕头埠最具代表性的小吃之一，到老市区觅食，鲎粿是少不了的。

鲎粿以鲎命名，顾名思义，一定与鲎有关系。

鲎是栖生于海洋中的一种无脊椎动物。据科学考证，鲎的祖先出现于地质历史时期古生代的泥盆纪，与三叶虫一样古老。当时恐龙尚未崛起，原始鱼类刚刚问世，随着时间的推移，与它同时代的动物或进化或灭绝，唯独鲎从4亿多年前诞生至今，一直保留其原始而古老的相貌。有"活化石"之称的鲎，长得一脸的历史沧桑。

鲎生活在温暖的海洋中，冬季需到较深的海域越冬。每当春末夏初水温上升时，鲎从深海洄游，到沿岸沙滩上产卵。中华鲎过去在中国南方沿海常见，所以潮汕沿海一带的渔民在沙滩泥泞中捉到鲎、食用鲎并不稀奇。清屈大均的《广东新语》曾写道："昌黎《南食》诗：'一曰鲎，二曰蚝，三曰蒲鱼，四曰蛤，五曰章举，六曰马甲柱。'其诗曰：'南食惊呈怪。'又曰：'南烹多怪味。'又曰：'我来御魑魅，自宜味南烹。'鲎亦佳味，故昌黎首言之。"

潮汕俗语中有"枭过鲎母"之说，说的是母鲎的一种习性。鲎有"深海鸳鸯"之谓，常成双成对，叠加在一起。公鲎14条腿中有4条腿呈钩状，可以钩住母鲎的外壳骑在其背上。有趣的是，当你捉到母鲎时，公鲎讲"情义"，不会离开，会自投罗网；但当你捉到公鲎时，母鲎会自顾自地逃之夭夭。所以用"枭过鲎母"来形容一个人的行为不顾道义。

潮汕话里还有"好好鲎刣到屎流"的俗语，讲的是如何宰杀鲎。杀鲎时要将腹部剖开，取出卵和肉；须避免将其肠部戳穿，肠部有毒，弄破了整个就污染了。其实鲎没有多少可食用的肉，人们会将取出的卵和肉经腌制做成味道独特的鲎酱，而鲎酱便是制作鲎粿的主要材料。鲎足可以腌制后药用，潮汕人用于治女人坐月子得的头风。

关于鲎粿由来的故事，还体现了潮汕人尊老敬老的优良民风。传说大约在明清时期，潮阳一户人家的媳妇见婆婆年迈无牙，而且肠胃消化不良，经常肚子胀气，听闻鲎酱既美味又能助消化、祛风，便制作鲎酱供婆婆佐餐。可是婆婆没有牙齿，进食仍有些困难。媳妇便把冷米粥捣烂、加入番薯粉做成不必咀嚼的米粿，再淋上鲎酱，以这种软柔细滑的粿品给老人食用。婆婆当然吃得舒服，问媳妇："这是什么粿？"媳妇想到鲎酱便回答："鲎粿。"这种潮阳地方美食就这么诞生了！

当然，对于鲎粿名字的由来也有不同的看法，有的认为是粿坯中加入了鲎肉，有的认为是淋上了鲎酱调味。事实如何已不再重要，因为如今的鲎粿与鲎没什么关系了。鲎作为珍稀动物已被列为国家二类保护海洋动物，禁止任何单位或个人非法捕杀、收购、加工、携带。所以，鲎粿虽有其名，却与鲎划清了界限。

鲎粿经过了不断改进，原来使用番薯粉和粳米粥制作，呈黑褐色；为使鲎粿变白，现改为使用白米粥、生粉以及粟粉。先搅拌成浓稠的粉浆，将粉浆装入刷过油的粿印内，再添入叉烧肉、香菇、虾、鱿鱼丝、咸蛋黄、卤鹌鹑蛋等配料，上蒸笼蒸熟成粿坯。吃的时候再投入油锅，用慢火浸炸至粿坯两面微赤，取出装盘，用剪刀剪开、淋上酱料即成。

鲎粿

潮阳棉城有一家人称"塔脚鲎粿"的小店很有名，做出的鲎粿细腻滑嫩，酱料搭配也恰到好处。后来小店搬地方了，我还专门去寻过。作为点心，一人吃上两只都是没问题的。

鲎粿是否好吃，酱料方面很重要。各家鲎粿店的酱料都是自己调制的，会有较大的差别。以前，许多店面都使用本地产的咸而不辣的辣椒酱，现在却是八仙过海、各显神通，各种酱汁各见风味。有以沙茶酱为主料的，有以花生酱为主料的，也有以酱油为主料的；有偏辣的，也有偏甜的，就看个人的喜好，不能武断地说谁的好、谁的不好，适口为珍。口感的东西从来就没有唯一的标准。

加热鲎粿时油浸的这道工序很考验人。油温的控制和时间的把握，对于没有机械化设备进行标准化生产的小食店来说最考功夫。中国菜谱中的"文火""低油温"之语，说起来简单，做起来实际上很难。油浸鲎粿要求的就是"文火温油"，这个度如何把握全靠经验积累——油温太低，则浸半天热不透，还会由于油大量渗透使得食物过于油腻；油温太高，则变成油炸，鲎粿的外层就会焦化变硬，失去了原来嫩滑的特质。

度的把握是一个哲学命题，依靠量的细微积累来达到。它是事物保持其质的量的界限、幅度和范围：在这个范围之内，事物的质保持不变；而一旦突破关节点，事物的质就要发生变化。世间的任何东西莫过如此，凡事都要把握分寸、火候，否则就会"过犹不及"。

裹肉的粿

汕头的不少美食其实并非汕头埠原创，而是随着人流的集聚从周边地区带来的。一个地区经济的发展必然带来人、财、物的汇聚，而人、财、物的汇集又带动了当地的经济发展，这是一种互动关系。

汕头埠当年的小吃中有不少来自揭西县，揭西是潮汕地区小吃品种最为丰富的地方，这与它的地理位置和人口结构有关。由于是半山区，加上潮汕人与客家人混居，这个地方兼容了潮汕与客家小吃，不仅品种多样，还有不少创新。过去不少老汕头人过年过节喜欢吃的"粿肉"就来自揭西。

这道菜父母做了几十年，依然乐此不疲。小时候因为没什么机会吃肉，所以油炸的粿肉是至爱。因为只有大节日才吃得到，所以，逢年过节总是十分期待。

有人说做粿是潮汕妇女必修的基本功。旧时，粿品做得好不好是衡量潮汕媳妇贤惠与否的一个重要参照，在揭西更是如此。揭西是潮汕地区粿品最多的地方，当地妇女擅长制作各种各样的粿品。我母亲虽然读大学、进军营又到城市工作，但也似乎有文化遗传，隔三岔五就会在家里做各种粿品。虽然颇为烦琐，但母亲兴致挺高，食物的变化总能带动家人的食欲和谈资，吃饭的氛围也会随之活跃起来。

我家的粿肉一般以肉丁、萝卜、马蹄、香菇、花生米、鲜虾等作馅料，用薄得半透明的干豆腐皮（潮汕人称"腐膜"）卷成长条，先蒸笼蒸过，再切成小段后入油锅煎炸。皮薄香脆，馅鲜饱满，是标志性的过节食物。

当然，粿肉采用什么馅料可以有不同的版本、随个人喜爱，但万变不离腐膜裹肉的主题。在揭西有一种粿肉专用猪肝，甚为特别。而调料更是千变万化，可以是各取所需；或者是因地制宜，看家里有什么食材可用；有时还洋溢着创造力和想象力。有人喜欢用五香粉，有人喜欢辣椒，有人爱用花椒，有人专爱胡椒，有人放糖，有人不放糖……其实都可以，不存在正不正宗的问题，这正体现了潮汕食文化的多样性和多变性。就像潮汕话中的一个"吃"字，有很多表达方式：常见的叫"食"；用"品""尝""饮"便显得古雅；说"物""犁""叩"就变得粗犷；"奉""祭"等说法源于祭祀活动，发展到今天在有些地方带有贬义；"支""揉""塞"等则有些不雅了。

粿肉

从本质上说，粿肉应属于揭阳名小吃"卷煎"中的一种。"卷煎"的名称取自其外形和烹制方法，因为它是制作成长卷形，且要下锅油煎。卷煎的馅料也是多种多样，可荤可素，可主食可菜肴。有的地方会用糯米作为主料：糯米用清水浸泡1小时许，加入用老抽和白糖腌制过的猪五花肉、虾米、香菇、栗子、莲子等配料，和少许的芹菜粒，调入味精、胡椒粉、鱼露等搅拌均匀。倘若不是最后用腐皮来包裹，你可能会误以为是在做另一种潮汕的著名小吃——"猪肠胀糯米"。这种糯米卷煎需要先放到蒸笼上蒸熟，吃时再切成块状下锅油煎。

在潮汕的菜市场上买卷煎，你可能会惊奇于它的善变，不同的摊档卖的卷煎可能是完全不同的东西。虽然外表看起来一个模样，内里却大相径庭。这有点像评价一个地方的人——都是潮汕的美女，相差咋就那么远呢？

个人认为，"卷煎"与其说是一种小吃，不如说是一种小吃的制作方式。因为作为一种产品，它实在难以进行标准化的规范。我所知道的最为奇特的卷煎当数"牛仔粿肉"。这里的"牛仔"不是指牧场上照顾牛、马的人，更不是指电影上常见的十八九世纪美国西部那些无法无天、无所畏惧的开拓者，而是指刚出生的小牛。

揭西棉湖有养水牛的传统，其奶制品是重要的经济收入来源。为了挤奶，一般情况下牛仔生下来是不养的；牛仔的市场价格也很低，若要养牛直接上市场买就行。当年有的村子有一种风俗，谁家的母牛生仔了，就要将牛仔杀了取肉，请村里人吃"牛仔粿肉"。由于刚出生的牛仔肉细而软，主料还要掺进一些猪肉，加上萝卜、马蹄等辅料做成粿肉，宴请村里的亲戚朋友，是当地"吃桌"的一个项目。这会成为村里的一件热闹事，但许多妇女是不敢吃的，这样的宴会总会变成男人们的酒会。

人们常把粿肉列为潮汕的粿品之一，其实应该叫"肉粿"更为准确些。潮汕话里常见倒装词，我把"粿肉"也列入其中，和"粿汁"一样。

菜脯水粿

潮汕特产菜脯（萝卜干）在不少时候会发挥它神奇的作用。比如它与鱼虾同煮，不仅祛腥提味，有时还可能喧宾夺主，反而更受欢迎。不少地方的特色小吃也因为菜脯的参与而与众不同，你也说不出它是上了档次还是更大众化了，好像都解释得通，倒像是上得厅堂、入得厨房的"美娇娘"。

潮汕传统小吃"水粿"就是靠菜脯的芳香诱惑着人们的嗅觉。虽名为"水粿"却跟"水果"没有任何关系。潮汕咸水粿历史悠久，价钱便宜，广受老百姓喜爱。这种小吃也是常见于街头小贩，他们车上架上炉火，很贼地现炒菜脯，浓香能飘过几条街巷，让路人闻之心猿意马，为了解馋忍不住驻足、回头。而老市区街巷狭窄，水粿小摊就像一个吸引力巨大的磁场，街头巷尾楼上楼下馋嘴的姑娘、孩子们身上像安了铁器一般，很快就会被吸引过来，围成一个小圈子，即使不买，看个热闹、闻闻香味也是一种满足。小贩们的这种运作方式应该算得上是植入式广告最早的成功范例，它直接把味道植入了人的嗅觉。

菜脯无疑是水粿这种地方小食的灵魂。潮汕人管萝卜叫菜头，用菜头腌制成的萝卜干便是菜脯了。脯，也正说明了它翻晒脱水的制作手法。潮汕俗语说："食糜配菜脯"，指的是过清贫的日子、苦日子。从前潮汕地区，几乎每家每户都有腌制菜脯的习惯，那是赤贫时代的标志之一。每到冬至前后，家家户户都自己动手制作菜脯。在乡村里走一遍，房前屋后、操场屋顶全是切成两半的萝卜，阳光下白茫茫的一片，甚是扎眼，更蔚为壮观。

小时候踩过萝卜，当游戏玩。萝卜晒过后有些蔫了就会在一个大陶缸里层层地叠起来，人站到上面踩压，把萝卜压实；踩实了一层撒上盐，再铺一层再踩、再撒盐，如此反复，甚是好玩。压实后，隔天还要继续拿出来晒，直到半干后颜色开始变黄才入瓮封存，隔个一年半载才开瓮食用。

当然，潮汕还有一种"菜头槁"（"槁"在现代汉语中是"枯干"的意思），制作方法有所不同。先把菜头剖开，切成条状，撒上盐和糖，也有撒上五香粉的，放竹筛子上反复曝晒，一周左右即可食用。菜头橄爽脆可口，咸中带甜，有时还带有鲜萝卜的味道，也颇受潮汕人喜爱。当年，农村妇女嘴馋又没什么东西可吃，常被当零食。

菜脯咸菜，各有所爱。在潮汕人的日常生活中，菜脯咸菜是每天都能见到的物配，不仅配饭配粥，也配番薯、芋头等杂粮。在我小时候的记忆中，这两样东西与番薯是联系在一起的。在农村那会儿，番薯几乎是顿顿要吃的，我是真的吃怕了！所以，直到现在大家都说番薯是健康食品，我却因为后怕，一直避之唯恐不及。不过当年奶奶教了我一个办法很有效，就是用咸菜或菜脯配番薯，咸与甜交汇，味道出现了新的变化，番薯也就没那么难吃了！

我是长时间吃食堂饭的，有时由于时间关系，食堂没菜了，最常见的办法便是让食堂的师傅炒一个"菜脯蛋"。不要小看这个家常菜，他可是下饭的"神器"。菜脯本身味咸，煎的时候不仅无须放盐，最好是冲洗一下去掉些咸味，而菜脯通过煎炒香味会更加浓郁。做法虽然简单，但度的把握也很重要，一是鸡蛋与菜脯量的搭配，菜脯太多会太咸，量少则味淡；二是油锅热度要掌握好，一般要小火煎，移动炒锅使蛋浆均匀流成一张蛋饼，待一面煎得金黄后抛锅再煎另一面，煎过火焦黑了就不好了。

其实，从菜脯这个物产，也可以发现闽南、台湾与潮汕文化同根同源的线索。

2007年，台湾某地别出心裁地办了一场"海外华人台湾美食排行票选活动"，结果出乎许多人的意料，菜脯蛋获得桌菜的第一名，点评如下："菜脯蛋是一道台菜，也是一道母亲的菜，海外游子吃到这道菜没有不掉泪的，至今连超商便当里也见得到。"在台湾的一些台菜餐厅，为了让菜脯蛋这道家常菜上得了台面，会刻意改变它的造型，甚至通过摆盘和辅助材料来营造所谓的"意境"。有的将菜脯蛋做成圆柱体厚片烘蛋，讲究的是外酥内嫩、菜脯分布均匀且香脆，还要有葱花清香。外形圆且厚、表面平整光滑、菜脯不外露、吃起来不油不腻才算合格，这种小吃让菜脯蛋赢得"台湾比萨"的美誉。但就个人而言，我觉得台湾的菜脯蛋菜脯太少，蛋味太浓，有些西化了，"意境菜"这玩意只可远观不可近食，总归不如潮汕的菜脯煎蛋实在。

在福建，最有名的菜脯来自晋江。当地流传着一句俗语："灵水菜脯，菁下查某（闽南话、潮汕话一样都指'妇女'）。"说的是东石镇菁下村的妇女特别能干，与男主外女主内的传统相反，这里的女人会经商做生意，无论是小商贩，还是开行坐店的大老板，都是妇女。而安海镇灵水村出产的菜脯又香又甜又脆，与菁下查某齐名。

传说明洪武年间，安海镇灵水村从外地引种白萝卜良种，加工腌制成菜脯后，质量一流，成为美食。明万历年间，村人吴淳夫在朝廷任兵都尚书，有一次带灵水菜脯进京献上，博得皇帝的赞赏，便钦定灵水菜脯一概免税。从此，"灵水菜脯"名头更大了。

由此可见，闽南、台湾、潮汕都出菜脯，而且在制作上基本一致，显然是"师出同门"。有人将鱼露、菜脯、咸菜称为"潮汕三宝"，这没什么问题，但若要说这三样东西唯潮汕所特有就有些罔顾事实了！在"一样的月光"下，三地是"一样的笑容/一样的泪水/一样的日子/一样的我和你"，还有"一样的菜脯"。

潮汕的菜脯水粿算得上菜脯在小食运用上的一种创造，它的外观极为艺术化，犹如一只洁白的瓷盘中间装上了丰盛食物的微型雕塑。"盘子"是由米浆做成的粿皮，中间盛放着用蒜蓉炒过的菜脯干，色泽黑白分明，就像一件艺术品。粿皮虽然没有味道但却很有嚼劲，正好与芳香爽脆的菜脯干互补，小贩还配上一些蘸料供食客选择，有辣椒酱、沙茶酱、甜浆等，可使小食增添味道的变化。

　　虽然，水粿也称"咸水粿"，其实不少小摊都喜欢往菜脯里加甜酱，有的直接在炒菜脯的时候就加糖，这是我比较反对的。一则菜脯加了糖，感觉破坏了原有的咸香味道；二则酱料的搭配应该由食客自己选择，像我这样不喜欢甜食的人，对于已经被甜化的水粿经常是咬牙切齿地恨！

水粿

　　水粿不仅在本地历史悠久，还随着潮汕人下南洋而把它带到了东南亚各国。在马来西亚和新加坡也同样流行这种小吃，在那些地方的称呼基本上与潮汕话的发音一致，沿用了潮汕人的叫法。而在吉隆坡一带则称为"碗仔糕"（这是学粤语的发音）。当然东南亚的水粿也有所发展，在馅料方面，除了不能改变的菜脯，他们有时候还会加进虾米、辣椒等，通常被作为早餐或下午茶的点心。

麦粿重来

汕头丰富多彩的小吃，以前绝大多数是以街边流动摊档的形式存在的。历经时间的考验后，"优胜劣汰，适者生存"。其中，潮汕特色小吃之一"麦粿"，属于落败后又在复活赛中重新杀回来的"选手"。眼下，汕头的街边有专门的小摊现烙现卖，同时一些酒楼也把它作为甜品小吃。

烙熟的麦粿有一股扑鼻的麦香，弥漫在空气中飘出很远很远。据《本草纲目》所载，小麦味甘，能止烦渴、咽燥、虚汗和利小便、养肝气、养心气。而且麦粿属于粗粮，有健胃之功效，故男女老少皆宜，对身体健康有益。

麦粿属于粗放型小吃，与潮汕许多追求精致的小吃在理念上明显不同。或许正是这个原因，在改革开放后物质生活渐丰之际，人们对于食物的追求全在一个"精"字上，"精细潮菜"代表了主流的价值取向。一时之间，麦粿这种粗糙的小吃在市面上消失了。

孔子当年说了一句"食不厌精，脍不厌细"的话影响深远。其实，学界对于此话的意思意见不统一。古语与现代汉语差异很大，这句话中对于"厌"的解释不同，意思就相反了。有学者认为是"满足"的意思，那这句话的意思就是"饮食应选用上好的原料，加工时要尽可能精细"；可也有学者认为是"压"的意思，那这句话的意思就是"粮食不要压得过于精，肉类不要切得过于细"。这是两种意思完全相反的解释。

不过联系到它的出处，《论语·乡党》是这样记载："食不厌精，脍不厌细。食饐而餲，鱼馁而肉败，不食；色恶，不食；失饪，不食；不时，不食；割不正，不食。不得其酱，不食。肉虽多，不使胜食气。唯酒无量，不及乱。沽酒市脯，不食。不撤姜食，不多食。"其大意为：粮食发霉、鱼和肉腐烂变质的食物不吃；颜色不好的食物不吃；烹调不当的食物不吃；不是吃饭的时间不吃；甚至不以正确方法宰杀的肉类也不吃，没有酱制过的肉也不吃……看得出孔老夫子对于吃是十分讲究的，有些甚至于苛刻，体现他对"礼"的追求。但要知道，他说的这些主要是讲祭祀用的饮食，非百姓日常饮食。孔子的一生仅三年做官，总的来说仍是一介布衣，他大部分时间的饮食仅仅能果腹而已；而春秋时期的饮食也处于粗糙阶段，食物最多也就是粗加工。孔子提出的"食不厌精，脍不厌细"是指做祭祀、行规仪时的饮食，要选用上好的原料，加工时要尽可能精细，这样才能达到尽"仁"尽"礼"的意愿，是崇儒重道精神的体现。就日常而言，这就是穷讲究了，早该饿死了。

从中国的饮食文化史看，自两汉以后，饮食文化才逐渐进入自觉时代。在此之前，所谓的饮食文化是与政治紧密地结合在一起的，因为物资上并不丰富，所以吃饭问题首先是政治问题。《古文尚书·说命》下篇有"若作和羹，尔为盐梅"句，意为要调好羹，关键在于掌握好咸与酸，以此喻治国。但从这句话，我们也会发现，那时调味的只有咸与酸，日常也只能吃羹而已，根本谈不上"美食"。而随着经济社会的发展，后来中国菜的精细化在新生的贵族阶层的大力推动下不断地走向极端，尤其以拼命挖掘罕见食材为代表，且制作手法也不断复杂化。例如《红楼梦》里说的"茄鲞（音'响'）"，刘姥姥试了一口大为惊奇。于是，凤姐儿笑道："这也不难。你把才下来的茄子把皮去了，只要净肉，切成碎钉子，用鸡油炸了，再用鸡脯子肉并香菌、新笋、蘑菇、五香腐干、各色干果子，俱切成丁子，用鸡汤煨干，将香油一收，外加糟油一拌，盛在瓷罐子里封严，要吃时拿出来，用炒的鸡瓜一拌就是。"贵族们对于食物精细化的追求可以说到了登峰造极的程度。

而只有到了物资丰盈的今天，才有了真正意义上的"高档菜品平民化，平民菜品精细化"。可是，精细化不等于健康，物极必反！如今人们开始有些慌张地审视自己的肠胃，天天都是白面米饭、山珍海味、大肉大鱼并不是什么好事，不小心就变得"脑满肠肥"。于是，粗粮一时又备受追捧，古话说："五谷为养"，粗粮可以使肠胃更健康，营养更均衡。

粗粮的盛行可以从干果店、米铺、肉菜市场上明显地感觉到，卖米的也卖起了麦子、豆子、高粱、小米了。也正因此，麦粿这种销声匿迹好一阵子的小吃近几年又"重出江湖"，并大受欢迎，几乎所有的潮菜酒楼都能见到。

麦粿有甜的，也有咸的。咸麦粿的烙法与甜的一样，不外乎将糖改为盐、胡椒粉和葱花等佐料，有的会加入鸡蛋液以增强口感。据介绍，烙出来的麦粿是否好吃还是有讲究的。首先，做麦粿的麦粉一定要用全麦粉，即小麦磨制的还没筛过的麦粉，有一定的颗粒口感。将全麦粉配上适量的糖，加水进行搅拌，直到搅成糊状，就制成了半成品，最后再加点发酵粉，以进一步改善口感；少许的发酵粉让麦粿变得松脆，不会太硬实。另外就是在烙麦粿的过程中注意火候，火不能太大，太大了就容易烧黑，太小了又达不到热度，中部可能不熟。为让味道更加可口，甜麦粿还会加点芝麻、瓜册丁（用白糖腌制的冬瓜片）。瓜册还有清热作用，配合麦粉不但又甜又酥，而且符合潮汕人所讲究的"凉热结合"的饮食平衡。

麦粿不但好吃而且易做，所以推着简易炉灶卖麦粿的小贩又在街边重现了。汕头电视台就介绍过某个在立交桥下经营的摊点，没想到报道出来后，食客蜂拥而至，竟致使立交桥下塞车，由此引起城管、交管部门的不满。由此看出，老百姓对于麦粿有强烈的认同感。

不只潮汕有麦粿，浙江也有传统名点"麦饼"，做法和潮汕基本一致。麦饼也有甜有咸，甜的以糖和芝麻为馅，咸的放虾皮、葱花、肉丁、香干等。浙江麦饼的由来还有故事，传说在南宋初，金兵入侵，奸相秦桧卖国求荣，老百姓对秦桧恨之入骨，于是将麦粉和油放进烘缸里烤制，起名曰"麦缸饼"（卖国饼）。由此可见，它与被称为"油炸桧"的油条应该是"孪生兄弟"。

麦饼或许再简单平常不过，但这种近乎"原生态"的小吃在食品极为丰富的今天却成功逆袭，其中是否蕴含了返璞归真的哲理？

过街草粿

又是一个关于小吃的约定俗成的信号，铁片敲打瓷碗的悠远"锵锵"之声——那是过街卖草粿的来了！

在远去的安详岁月里，那个声音冷清却别有穿透力，能穿越时空。走进汕头老市区墙体斑驳的小巷中，仿佛那声音依然在飘荡着，时不时会让人驻足凝神捕捉它的方位。

草粿是汕头人儿时最容易获得允许而品尝的美食，所以往往记忆深刻。它是用一种叫草粿草的干草熬汁，加入少许地瓜粉，凝结后就如黑色的玛瑙琼脂一般。然后装入陶缸或木桶中，用盖盖好，有时上面还要盖一层棉被来保温。

草粿都是过街贩卖的，没有固定的铺面。挑卖时一头是碗筷架和白糖、红糖，一头是捂得温热的草粿。孩提时代，一方面是物资少，另一方面是没钱，所以极少被允许买小吃，但草粿是个例外。原因不外乎两个，一则便宜，二则可以清热解毒，有利于孩子的健康成长。

制作草粿的草粿草是梅县一带的特产，也有人称为"神仙草"，为仙人草属唇形科一年生宿根草本植物。中医药学认为，其根、茎、叶均可入药，性味甘凉，有清暑、解渴、除热毒之功效，是夏令祛暑热常用药。草粿的制作方法十分简单，将草粿草加入适量的食用纯碱，用水煮开后，转小火将草煮烂，过滤残渣杂质，调入湿粉水进行勾芡就会自然凝结。

由于草粿清热解暑等功效，在酷热的南方夏季，小贩们戴着草帽走街串巷，虽然挥汗如雨，但因为生意热闹而始终面带笑容，跟孩子有一句没一句地说些笑话、拉点家常，可谓其乐融融。但如果不巧遇上阴雨天，暑气消退，便卖不出去。卖草粿的最怕遇上阴雨天，于是便诞生了一句潮语俗语："草粿煮熟，天时变局"，指天时变化让草粿生意倒霉，由此引申为"世事难料"，时局的变化莫测令人猝不及防。另外一句俚语说的也是这个意思："南畔浮乌云，草粿卖有存"。

草粿形状与龟苓膏相似，所以，外人常常把它们混为一谈。其实在味道上有较大差异，龟苓膏有较浓的中药味道，吃时可以加入少许蜜糖或炼奶。夏天龟苓膏冷吃会更美味，也有清热解毒等功效。但草粿是纯植物的，龟苓膏则不然。龟苓膏是中国广西梧州特产，广东、广西一带的传统药用食品。正统龟苓膏是以受保护动物金钱龟和土茯苓、甘草等中药材制成的凝固膏状，相传是清朝太医严绮文流传到民间的宫廷秘方，偏重药用功能。传说同治帝身患天花期间，曾因服龟苓膏而一度病情好转，但因慈禧太后偏信巫医，让同治帝停服龟苓膏，以致贻误病情，最后一命呜呼。当然，此类传说不可多信，食疗虽有一定效果，但当药使用通常是靠不住的。

草粿也要撒上糖才好吃，糖都是磨碎了的糖粉，极易融化。潮汕民间有"别人草粿别人糖"的俗语，卖草粿的人也会说："草粿要钱，糖不要钱。"那时候糖是难得的，于是小孩子都有心眼，草粿慢慢吃，由于糖粉撒上去很快就融化了，可以要求撒第二次、第三次，反正不要钱，多多益善。该俗语比喻别人的东西可以随便享用，带有对贪小便宜和浪费的嘲讽意味。

不过，随着平房变成高楼大厦，有一段时间草粿几乎绝迹了。现在卖草粿的又回来了，但"锵锵"的声音没有得以传承，变成了电动喇叭来回播放的录音声："豆花——草粿——冻草粿——"如今温热的草粿也变成冰冻的了。叫卖声看似微不足道，但正是声音的变化让人感觉到一些传统的断层与撕裂。似乎草粿已不是那个草粿，在第六感下这冻的草粿我至今未曾尝过。

记忆这东西很奇怪，有时候所谓"恢弘""重大"的事情往往很快会淡化。像用褪色的彩笔在记忆的纸上作画，刚开始可能色彩斑斓，但不知不觉地越来越淡，最后甚至悄然消失了。反而是一些细小的东西，一个看似微不足道的生活细节有时历久弥新，在记忆的深处扎下了根，就像山洞里一汪泉水的源头总有一些蕨类和青苔在深处顽强地生长。

老市区街头

记得有一回采访一位泰国老华侨，老人好客善谈，请我到他汕头的老屋做客。老人想落叶归根，于是将老房子装修得古色古香，看得出十分怀旧。当然，采访十分顺利，从泰国的奋斗史一直谈到他少年在汕头的生活记忆。采访快结束时，老人说："离开泰国，我最怀念的会是泰国的膏啤。"膏啤，是潮汕话音译的"咖啡"，现在已不大使用这个词。这大大出乎我的意料，因为我知道巴西的咖啡出口量世界第一，而泰国的咖啡似乎不太出名。老人特地现场泡咖啡给我喝，非要我找出泰国咖啡的独特味道。其实，那时的我没喝过什么咖啡，哪里知道区别！

我就问他："那在泰国，汕头有什么东西您会特别怀念呢？"

老人说："草粿和橄榄！"

后来的报道文章我没把这段写上去，因为当时觉得未能表现"爱国、爱乡、爱家"的主题：太琐碎了，对家乡的情感怎么能维系在微不足道的食物上呢？现在想来有些后悔！

百搭粿汁

　　粿汁也是潮汕地区街头常见的小食，由于有些历史，知名的粿汁店多位于汕头的老市区。

　　潮汕小吃丰富，有一个重要原因在于其功能。许多小吃当初是为了补充正餐的不足，取材多为寻常之物，看似粗放随意，却为平民大众所喜爱；不像大多数粤式、沪式点心，是有闲阶层打发时间的怡情茶点，讲究精致外形，也多为甜点。潮汕人习惯吃粥，解放前经常喝的是番薯粥——特用"喝"字是因为番薯粥往往稀得见不到米渣，俯仰之间一碗粥就全下了肚，勺子、筷子都用不上。除了因为粮食不足，还因为亚热带地区夏天气候炎热，需要更多的水分。干粗活的劳动者不用半天就会体力不支，需补充体力。农夫下田时会随身携带饭钵，装有稀粥咸菜，随时可当点心；即使没带，家里的贤妻也会在晌午时提着热粥、番薯到田头来，那也是极为温馨的场景。但是挑夫或出门在外的劳动者就没有这样的条件，只能求助于街边的小食摊了。于是粿汁、粿条汤、牛肉丸、面汤、韭菜粿、水粿等小吃应运而生。

　　汕头1860年开埠之后，成为通商口岸，码头在如今小公园一带。商贸的活跃使这里的外来劳动力集中，要解决吃饭、吃点心的问题。需求诞生了市场，先是流动的摊贩，后来有些摊贩慢慢地有了自己固定的铺面。所以，许多有历史的著名小吃店都位于老市区，即使风雨飘摇几十年，依然在默默地经营，像是在维护着即将消逝的传统。

我认为"粿汁"就是这样的一种小吃。"粿"是基础,而好坏的关键在于"汁"。这个"汁"指的是卤汁,卤汁的质量决定了粿汁的质量。其实"粿汁"这个词是潮语中常见的倒装词,它的本意应该是"汁粿",淋上了"卤汁"的"白粿"。潮汕话中的倒装词不少,如果直译成普通话可能会闹笑话。比如,潮汕话把"拖鞋"叫"鞋拖",把"盒饭"叫"饭盒",把"汤面"叫"面汤",把"客人"叫"人客",把"台风"叫"风台",把"热闹"叫"闹热",把"母鸡""母猪"叫"鸡母""猪母",把"公鸡"叫"鸡公(音'安')",把"棉被"叫"被棉",把"纸钱"叫"钱纸"……

如今,粿汁的白粿多用粿条角,不少人认为不正宗,只属于简化版。过去"白粿"的制作很讲究:先用浸洗过的白米磨成米粉浆;将米粉浆倒入蒸具之前,蒸具的底部用食油涂抹均匀,以免蒸熟的米粉皮与其粘连;白粿片蒸熟后挂起晾干,再放入旺火烧热的鼎(指生铁锅)里烤,烤干烤香后再切成三角状小块。这样做出的白粿不仅有嚼劲,而且本身有烤过的焦米香味,自然远胜绵软无味的粿条角。

粿汁店或流动摊档每天开业前,还要卤制卤肉、卤蛋、卤猪肠、卤豆腐干、卤香肠等"卤汁料",并制作粿汁的调味酱料和配料。配料主要有"蒜头膀"和用膀或油炒的"菜脯粒"等。

其实,汕头市面上的粿汁有三大流派,上述这种是"潮州粿汁"。而"汕头粿汁"与"潮州粿汁""普宁粿汁"有些许差异。汕头粿汁不是用烤过的粿角,而是粿条,但此粿条比一般的粿条硬实;用来煮粿条的是一定浓度的米浆,滑嫩的黏稠感是其特色。吃的时候还有讲究,不能用勺子搅拌,过分搅拌会让汤汁水化,破坏了口感。普宁粿汁也称为"洪阳粿汁",是相对另类的。首先粿皮的原材料不同,米浆要掺进一半木薯粉,以增加粿皮的柔韧度和润滑度;其次,粿汁用的是清汤；而卤料就更为丰富，除了一般的肉、蛋、猪下水外，还有海鲜，代表性的就是八爪鱼和鱿鱼，风格风味自成一派。

粿汁经济实惠，如今作为早餐特别受欢迎，因为卤味可以按需添加，丰俭由人，体现了潮汕人在经营中的灵活性。20世纪六七十年代，一碗粿粉也就一两毛钱，放了卤汁和酱料，就已经喷香无比了；再加一二毛钱，可以加一片卤香腐、卤猪肉或一个卤蛋。也就是说，花上几毛钱就算得上奢侈了，丰盛得让人觉得痛快，一天的美好心情从口舌之欲的满足蔓延开来！直到现在，粿汁仍以物美价廉而深受人们欢迎，很多摊档还从用料和酱料、配料等方面做了改进，使这道潮汕小吃选择性更多，更加美味。

粿角

鹅肠粿汁

现在的粿汁摊档卤味之丰富，食材之多样，可以说是"百搭"。大小猪肠、猪肚、猪皮、猪舌、卤肉、肉饼、鱼饼、卤蛋、豆干和蔬菜等，顾客要吃什么，就放进卤锅中加热，以一碗粿粉作底，叠上去色彩的搭配就能勾人食欲。洁白的粿角上是生动的各色卤味，并随着升腾的热气而弥漫的卤汁香，保证食客能大快朵颐。

前些年，新加坡电视台连续两年来到汕头拍美食节目，一拍就是好几集的系列。其中有一段拍早晨寻吃，吃的就是汕头粿汁。两位美女主持或许是真的饿了，或许是无法抵挡美味，竟然有点忘了在录节目，在闪烁着晨光的背景中兀自大吃特吃，而镜头就那么特写下去。没想到播出的时候，她们忘我的吃相竟成为专题片最大的亮点。一位为她们当导食的汕头美食家感叹说："拍得太性感了！你会不自觉地联想到，那该有多好吃！"

咸与甜的暧昧

炒糕粿是潮汕传统名小吃之一，它的出名大概与食客们需求多种味道的融合刺激有关。就像现在的流行音乐中，会插入一段戏曲或交响乐，交融总能给人带来一些新鲜的刺激，虽众口难调、毁誉不一，但听觉上的感受丰富了许多。

糕粿其实就等同于其他地方的年糕，但制作时多了一些工序，而且不添加调味品。它用米浆蒸熟时不是一次完成的，而是把米浆先倒一部分在垫有白布的蒸笼中，蒸熟第一层，再倒入粉浆，蒸熟第二层，如此反复，一直蒸至有10厘米厚左右。把蒸熟的粿放置冷却，然后再切成三角形的小块。

煎制炒糕粿用的是一只平底锅，其实与日本的铁板烧的铁板相似，受热并不一样，前端与中间部分是主要受热点。糕粿先用重油（过去用的是猪油）煎得金黄，然后放置于铁板边上待用。有食客来，按分量拨出来煎炒。

炒糕粿不同的摊档的配料有些差异，但基本上是先朝着咸香的方向努力，会加入葱段、芥蓝、蚝仔、香菇、虾米、猪肉、鸡蛋等多种配料，再加入沙茶、辣椒酱、雪粉水、上汤、鱼露、酱油等调料。火候掌握好了，炒出来的糕粿才会外酥里软、鲜香扑鼻、咸里带辣，而色泽金黄艳丽，杂有红、绿、紫各种颜色，令人赏心悦目。本来这样的炒糕粿已经算是大功告成了，可潮汕的炒糕粿最出人意料的在最后——撒上白糖（或糖粉），这才是正宗的炒糕粿，咸、甜、香、辣兼备。

20世纪40年代，汕头市区新兴街"茂成号"就以专营炒糕粿闻名，号称"老徐炒糕粿"。店主名叫徐春松，刚开始他没有固定的店面，而是走街串巷叫卖。后来，名声越来越大，才开设了茂成号专营店。当年，茂成号经常门庭若市，座无虚席，而后它的传承者为新兴街新兴餐室。"老徐炒糕粿"2003年12月被评为"中华名小吃"。

因为炒糕粿用的其实就是铁板，后来也有人专门以"铁板糕粿"命名：在传统糕粿制法的基础上，吸取粤菜铁板的烹调方法加以改进，并打出"潮流、绿色"之类的旗号，在原料、配料上改为全素的搭配。使用番茄、菜心、芥蓝、青葱等蔬菜作配料，先炒制好再用铁板这一餐具装好上桌，起到保温作用。但总觉得不如原来的炒糕粿味道丰富，能给予食客多种不同的味觉刺激。

在饮食上，甜和咸往往是泾渭分明的，就像人的不同性别，承担的角色分工也似乎大不相同。但正是这种差异性让它们的结合有时也变得顺理成章，而且它们的暧昧交融还能创造出惊喜——炒糕粿就是这样一种极具想象力的美食。

香港著名美食家蔡澜先生也曾经这样描述炒糕粿："炒完的糕粿外脆肉软，口味重的话，不够咸可加鱼露，不够甜则请店家给你多一点黑酱油，加上蛋香、猪油香，细嚼之下，满腔甜汁，忽然咬到爽脆的口感，是刚炸好的猪油渣，这碟糕粿能让你上瘾，一碟未吃完，忍不住叫第二碟。"同时他也遗憾如今在香港已吃不到正宗的炒糕粿，有些酒楼甚至已根本不知道炒糕粿是怎么回事，明明点的是糕粿，上的却是萝卜糕，而且只是炒，不是先煎后炒的，通常搞得一塌糊涂；有些潮州馆子竟然用干炒牛河的方式来处理。于是他不由得感叹："看到样子就不想吃了。"

人到了一定的年龄不免怀旧，而一旦开始怀旧，也就说明这人已经到了一定年龄，年轻人会说："你老了！"

是的，怀旧不仅是感叹"物是人非"，其实所有的变化都会成为怀旧的对象和内容，包括记忆中的味道。清代杰出的文学批评家金圣叹，临刑之际给儿子的临终遗言是一味菜肴的配方。虽有不同的版本，一种版本是"花生米与豆腐干同嚼，有火腿滋味"；另一种版本是"盐菜与黄豆同吃，大有胡桃滋味。此法一传，我死而无憾也。"这位美食家临危之际仍然惦记着美食的味道，可见记忆中的味道对于一个人来说是刻骨铭心的！

我总记得小时候杏花村旁的炒糕粿摊，每次经过都不免驻足，那飘逸出来的焦香的味道令人陶醉，黑色的铁板上，落日余晖让糕粿金黄闪亮……边上的行人、自行车都仿佛消失了，同行小伙伴叫嚷着该回家吃饭，凝聚的味道像一只气球被针尖扎破了，飘散在空中……

百变主食

那乡愁滋味的糜

　　给我一瓢长江水啊长江水

　　那酒一样的长江水

　　那醉酒的滋味是乡愁的滋味

　　给我一瓢长江水啊长江水

　　　　　　——罗大佑《乡愁四韵》

　　潮汕人对于糜（粥）的感情是任何族群都比不了的。潮汕人出门几天，不管吃了什么山珍海味都会很快地感叹：吃碗糜比什么都好！以至于出现一个奇特的现象，不少有心的潮汕人出门，无论去国内国外，都会带上小型电饭锅和一袋米，自己煮糜！

　　潮汕人这个四海为家的族群，最能体会离乡背井的酸楚滋味，而糜这种简单的食物最能慰藉思念。一碗烫嘴的热糜，那升腾的不是水汽，是淡淡的忧伤；那黏稠的不是米汤，是浓浓的乡愁。

　　有人说："粥与中国人的关系，正像粥本身一样，黏稠绵密，相濡以沫；粥作为一种传统食品，在中国人心中的地位更是超过了世界上任何一个民族。"

　　潮汕人的一天是从糜开始，又以糜结束的。以至于在潮汕，人们把生活的林林总总都与"糜"联系在一起：把简朴的生活称为"食糜配菜脯"；把"挣口饭吃"称为"赚嘴糜"；把"别人吃肉我喝口汤"称为"食碗饮（音[am2]，米汤）"；潮汕俗语"困狗想食浓饮糜"，饿极了的狗想吃浓浓的米汤，意为"癞蛤蟆想吃天鹅肉"；而"行三家乞无碗饮"，走三户人家都讨不到一碗米汤，形容倒霉透顶；更有甚者，不管吃的是什么，把吃夜宵统称为"食夜糜"。应了明代诗人张方贤《煮粥诗》中名言："莫言淡薄少滋味，淡薄之中滋味长。"

杂咸　郑宇晖/摄

潮汕除了配各种杂咸的白糜闻名天下外，还有各种各样的"芳糜"名声在外。或许长期生活在潮汕地区的人还没有深切地体会到潮汕芳糜"墙内开花墙外香"的巨大影响力，但只要离开潮汕，在岭南的其他城市，就随处可见"潮汕砂锅粥""汕头砂锅粥"的招牌，像一个个他乡遇故知的老朋友在热情地招手。没错！潮汕砂锅糜正是潮汕芳糜的代表作，是专用砂锅煮出来的芳粥。糜是其外在表现形式，配料则有河海鲜、禽类，等等。

潮汕砂锅糜的兴起与潮汕的又一次人口大迁徙有关。20世纪七八十年代改革开放后，大量的潮汕人到以深圳、珠海特区为主的珠三角创业（据有关社团的统计，目前在广州的潮汕人约200万，在深圳的约200万，在珠海的约50万）。潮汕人的大规模流动自然把风俗习惯，包括饮食习惯也带到了当地。于是，80年代末潮汕砂锅糜在深圳地区率先兴起，随后红遍整个岭南、甚至华南地区。我在江西革命老区几个城市的街头也都见到了"汕头砂锅粥"的招牌。

在潮汕本地，砂锅糜的代表作当数海鲜砂锅糜，这是"靠海吃海"的缘故。而海鲜砂锅糜的代表作当数"蟹糜"和"过鱼糜"。在汕头市区，有不少专门的"蟹糜店"和"过鱼糜店"，向来生意兴隆。做蟹糜的一般选用牛田洋青蟹，而"过鱼"则是一种海底层石斑鱼，肉质肥美鲜嫩。

砂锅糜的制作并不复杂，但有其特点。它并非简单地把食材与米放在一起熬成一锅糊涂粥，而要根据食材的不同掌握好火候，这是芳糜能否好吃的关键。

做砂锅粥的米要先泡水，一般泡30分钟就可以，让米粒吸收水分而软化，这样不仅易熟而且颗粒分明，让糜又软又稠口感好。

砂锅粥都是现点现做，主料除了大米外，会根据主食材的不同分别处理。禽类的，如鸡肉糜，鸡肉要先腌制，还要加入预先煮好的鸡汤才对路；海鲜的，若是用海鲜干品来煮糜，如鱿鱼干，需先用水发过，然后连水和大米一起煮才入味；若是用新鲜海产，如鲍鱼片、象鼻蚌、鱼片、蚝仔等易熟的，基本不用和糜一起慢煮，砂锅有很好的保温功能，在大火翻滚之时，放入这些食材、再加些许收尾油即可熄火，以保证食材的鲜嫩。砂锅糜上桌时锅里依然是活腾腾的翻滚状态，当香气随着水雾弥漫开来，正是一幅活色生香的生活写照！砂锅糜的配料有冬菜、咸菜[1]、菜脯、芹菜粒、芫荽、香菇、蒜头油、葱油、鱼露、南姜末等，有充分的选择自由度。

其实，往粥里添加其他的食材一起煮由来已久，我国自古就有"春食荠菜粥、夏食绿豆粥、秋食莲藕粥、冬食腊八粥"之说，讲的是"四时食补"之道。可见粥亦可作为一种食疗的方式，体现营养价值和疾病疗效。例如，有首《南粤粥疗歌》："要想皮肤好，粥里加红枣。若要不失眠，煮粥添白莲。心虚气不足，粥加桂圆肉。消暑解热毒，常食绿豆粥。乌发又补肾，粥加核桃仁。梦多又健忘，粥里加蛋黄。"汉代医圣张仲景《伤寒论》述："桂枝汤，服已须臾，啜热稀粥一升余，以助药力"，说的就是粥的药用功能。南宋诗人陆游也极力推荐食粥养生，还作了一首《食粥诗》："世人个个学长年，不司长年在目前。我得宛邱平易法，只将食粥致神仙。"

而潮汕地区的芳糜，纯粹只为了满足口腹之欲，追求的是好吃而不是疗效。当然也不是都排除食疗功能，比如潮汕著名的"老菜脯糜"，行气、养胃、助消化，过去常作为病人的食疗之粥。因其味美，如今常作为大酒店宴席的压轴之粥。其味独具潮汕特色，为海外乡亲特别推崇，回到家乡必点上一碗"老菜脯糜"。要说它的食疗效果，不说别的，治心病、治乡愁是立竿见影！

---

[1] 皆为发酵性腌渍品，冬菜以白菜为主料、咸菜以芥菜为主料制成。——编者注

花样 "芳饭"

潮汕人说的"芳饭",即"香饭"。"芳"字来自古语,正如《说文解字》注:"芳,香草也。"("芳"在潮汕话中有"蜂"和"方"两个读音)。如何让米饭增添香味?自然是在米饭中添加各种佐料了。

潮汕人制作芳饭的方法不止于"炒",这从各种不同的叫法便可以体会到,除了叫"炒饭"之外,还有"焢芳饭""焖芳饭""煮芳饭"等。有将食材与米饭一起炒的;有类似煲仔饭把食材置于米饭之上一起焖熟的;有将食材另外制作后再与米饭搅拌一起的……

潮汕每年有两个节日必定要吃芳饭:一在重阳节,是为"转运";一在立冬日,是为"进补"。

潮汕的芳饭家族阵容庞大,花样翻新,一般会随食材而灵活搭配,基本上做到任何食材都可以入饭,较有特色的包括"咸鱼炒饭""哥栳饭""芥蓝牛肉饭""海胆饭""菜头(萝卜)饭""芋饭""腊味饭""猪脚饭""紫菜炒饭""橄榄菜炒饭",等等。

潮汕芳饭在食材上的灵活性给了经营者和食客无穷的想象空间和创新空间,所以有了"百花齐放,百家争鸣"的竞争局面。但与传统习俗结合在一起时,就会有特定的规矩。比如,立冬的芳饭就有一定的讲究。首先,古时民间习惯以立冬为冬季的开始,《月令七十二候集解》说:"立,建始也",又说:"冬,终也,万物收

芳饭

藏也。"冬天来了，自然界要储存食物，人也要积蓄能量，于是潮汕人称"补"，也就是补充身体的能量。在物资相对匮乏的年代，把珍藏的食物与米饭搁在一起焖熟了吃或许是不二的选择！立冬日的芳饭要下板栗，这和潮汕人庆祝收获的习俗有关，中国有民谚："八月的梨枣，九月的山楂，十月的板栗笑哈哈。"立冬正好是板栗上市时节，而且潮汕人认为板栗有滋补功效，会和蘑菇、花生、虾仁、猪肉等做成芳饭。这顿芳饭一般称为"焖芳饭"，因为板栗不易熟透，会剥皮后和大米一起放进锅里煮，有了盖上锅盖这一过程，所以称为"焖"；其他食材则是与米饭一起再翻炒的。立冬过后，不少地方很快还有另一顿芳饭要吃，就是潮汕地区俗谚说的"十月十吃焗饭"[1]，则是庆祝新米收获上市，这顿芳饭一般加的是当时的白萝卜、小蒜和猪肉。

---

[1] "焗"介于"炒"与"煮"之间，用铲子翻动食物，同时要下少许水。

板栗，俗称毛栗子，潮汕话称"厚力"。板栗是我国栽培最早的果树之一，它与李、杏、桃、枣并列为我国"五大名果"。在春秋战国时期，板栗的栽种就得到高度重视。它不仅含有大量淀粉，营养丰富，而且口感好、容易储存，可以作为粮食。三国时陆玑的《毛诗·草木鸟兽虫鱼疏》曰："五方皆有栗……唯渔阳、范阳栗，甜美味长，他方者悉不及也。"司马迁在《史记》中载"燕、秦千树栗……此其人皆与千户侯"，说的是当时一些国家甚至对栽种板栗的大臣予以重奖，栽种栗子千株以上者，就封"千户"。相传晋朝时期，有一次晋王率军追击敌人，粮草断绝。晋王便命士兵采摘当地所产板栗，蒸熟当饭。士兵吃后精力特别旺盛，部队随后获得大捷。

板栗具有较高的药用价值，《本草图经》曾称它为最有益于人体的第一果品。宋代文人苏辙晚年身患腰腿痛的毛病，常用食栗来治疗。有人教他一种慢嚼栗子的食疗方法：每天早晨和晚上，把新鲜的栗子放在口中细细咀嚼，直到满口白浆后分三次慢慢吞咽，就能收获极好的疗效。苏辙有感于此，特赋诗："老去自添腰脚病，山翁服栗旧传方。客来为说晨兴晚，三咽徐收白玉浆。"南宋诗人陆游晚年牙齿松动，也常食用煮得绵软的板栗，有诗为证："齿根浮动叹吾衰，山栗炮燔疗夜饥。"当然，宋朝宰相王安石也有"年少从他爱梨栗，长成须读五车书"的佳句。在清代，人们把风味独特的糖炒栗子称为"灌香糖"，在北方还流传有咏糖炒栗子的诗："堆盘栗子炒深黄，客到长谈索酒尝，寒火三更灯半灺（音"谢"，熄灭），门前高喊灌香糖"。

关于炒饭，我想应该多些自由发挥的空间。我见过一个香港电视片，一道简单的"潮州蛋炒饭"，两位名人做法不同又都坚持自己的才是正宗的：一个先煎蛋再下饭；另一个则先炒了饭再淋上蛋浆。其实不用争，关键是喜欢，不必拘泥而成为标准化的快餐。如果政府部门来制定所谓的生产标准，那实在是无聊至极。扬州就搞了一份"扬州炒饭"的生产标准，规定一份炒饭要三四个鸡蛋、要下海参……我要一个人吃能吃得了三四个鸡蛋？海参的品种品质千差万别，扬州的政府部门是否还得先弄个海参的生产标准？扬州的这一举措更像是一次争夺"非遗"的炒作。

早就有专家说过，扬州没有所谓的扬州炒饭，就像美国加州没有加州牛肉面一样。所以得依靠非常手段把扬州炒饭的所有权抢到手，于是有了"生产标准"，同时还举行了"最大份炒饭"的吉尼斯挑战活动，可谓费尽心思。活动声势很浩大，结果却很坑人。吉尼斯世界纪录的官方随后通知主办方：纪录挑战无效，原因是"最大份炒饭"有不当处理，违背了"大型食品记录中的食品最终要供民众食用，不得浪费"的规定。原来有约150公斤的炒饭被送至养殖场喂猪了——这就是"标准化"的结果？

个人认为，潮汕地区最有意思的炒饭当数中国潜艇之父黄旭华故居的"炒勝饭"。黄旭华故居位于揭阳玉湖镇新寮村，新寮炒勝饭别具特色，至今依然采用柴火炉灶，炒饭用的是生米，硬生生地将生米炒成熟饭，当真是费时费力，要半个小时以上，然后再加入五花肉、鱿鱼、香菇、豆腐干等配料，要的就是米饭不同寻常的口感，颗粒分明、富有弹性且独具油脂香。这份炒饭已成为地方美食的招牌。

新寮炒勝饭的诞生还有故事，传说当年黄家在清代连出三位武举人，刻苦练功之后吃的就是这份炒饭营养餐，所以炒饭也被称为"举人练功餐"。如今有不少应试的学子在考前特地来这里吃炒饭，希望沾点光，也能金榜题名。

年味腊肉饭

今年南方的冬天似乎全没有冬天该有的样子，气温让爱美的女孩子们着急，许多准备在冬天花枝招展一番的衣服最终没派上用场。气温总是降不下来，可恨的是，春天就这么悄无声息、迫不及待地来了！

年节的气息不需用鼻子闻，用眼睛就能看到，大街上到处是卖年花的摊档，姹紫嫣红，热烈得炫目。潮汕春天的气温似乎最适合花开了，本地的、外地的，国内的、国外的，在这个时节都争着展现自己的姿态。各种颜色，各种风情，娇美得让人心醉，恨不得都带回家，没办法就只好把手机的内存多占了！

一说到过年不知怎么就联想到腊味。或许是因为过去潮汕地区普遍只有过年才会有腊肉。腊肉是腌肉的一种，通常是在农历的腊月腌制，称作"腊肉"。它主要流行于四川、湖南和广东一带，沿海的潮汕地区过去以腌制海产品出名，肉制品并非特长，所以过年过节的腊肉主要来自外地。

上等的腊肉表里一致，煮熟蒸熟切成片，白肉透明发亮，精肉色泽鲜艳，吃起来有独特的味道。腊肉在中国南北方均有出产，南方以腊猪肉较多，北方以腊牛肉为主。腊肉种类很多，由于加工方法等的不同而各具特色和风味。

著名的品种有广式腊肉、湖南腊肉和四川腊肉。广式腊肉以腊腩条最闻名，是以猪的肋条肉为原料经腌制、烘烤而成。湖南腊肉亦称三湘腊肉，过去专选皮薄、肉嫩、体重适宜的宁香猪为原料，一般要经过切条、配料、腌渍、洗盐、晾干和熏制六道工序，特点是皮色红黄、脂肪似蜡、肌肉紧实、咸淡适口。凡家禽、野畜及水产等均可腌制，制作精细，品种多样，具有烟熏咸香、肥而不腻的独特风味。每年初冬就开始熏制，要吃到春节之后。经烟熏的腊味还耐保存，吃上一年没什么问题。四川腊肉则肉质红亮、香气浓郁，也带有烟香之味。腊肉和腊肠是四川人过年过节、婚姻庆典等宴席中必不可少的食品。一般是由猪肉腌渍数日，而后经柏树枝叶熏烤和晾干而成。四川还有一种腊肉叫"风肉"，是将腌制好的肉直接挂在高处风干，不经过烟熏，吃法与烟熏的腊肉相同。

广式腊肉

有人将腊味称为"冬天的味道"，我想是不错的。因为它一般在初冬腌制，越冬后才能食用。但对于我来说，可不管它什么时候腌制，关键是什么时候吃得到，所以认它为"过年的味道""春节的味道"。过去，潮汕的农村人家会在年后买上一条五花肉，一直挂在灶台之上以备不时之需。有客人来，炒菜时就摘下来热锅；平时就在灶台上接受烟熏火燎，只有重要日子才舍得吃。因为农村用的是柴火，所以也带有熏肉的味道。

腊肉与腊肠蒸熟了切片上桌，往往能招来一片欢呼声。过去我特别沉溺于咬上一口，让甘香的油脂滑溜溜地充溢口腔、直奔喉咙头的感觉。如今更喜欢它那腌制、晾晒后产生的独特"腊味"，下饭佐酒俱佳。就为了吃一盘腊肉，曾与两位朋友特地开了一瓶白酒，觉得白酒才是最好的搭配！

而腊肉饭更是一餐饭让人着迷的压轴。腊肉的油脂和香味在蒸饭过程中慢慢渗透到米饭中，煮好的米饭晶莹剔透，颗粒分明，一番搅拌就让它在味蕾上产生神奇的反应，让人不断回味。

制作腊肉饭过去用的是砂锅，如今用电饭锅也可以。用砂锅煮，米要先浸泡2小时，这样饭易熟而且颗粒分明；用电饭锅煮则只要将大米淘洗干净，放入电饭锅中，加适量清水、一小勺食用油，待水煮开，饭基本成型了，就可以将切片的腊肉均匀地铺在米饭上。有人喜欢加上土豆、番茄、萝卜、玉米粒、青豆、甘蓝等蔬菜，看个人口味，即使只有腊肉也没问题。盖上盖子继续煮饭，煮熟后再次打开热腾腾的饭时，腊肉的香味已扑面而来。最后撒上一把切好的蒜叶、青葱，倒入生抽和一小勺蚝油，也有人喜欢打进一只鸡蛋，让米饭更为润滑。用饭铲使劲搅拌均匀，腊肉饭大功告成了！

大米做成的丸子

潮汕特色食品尖米丸，与牛肉丸、鱼丸等概念不一样，是一种条状物。在潮汕的菜市场上，它与粿条、面同类售卖，可当主食。

关于它名称的来历有两种说法。一种认为是因其形状椭圆，两头尖尖，像一颗"尖米"；另一种说法是因其原料大米，也被潮汕人称为"尖米"，由尖米做成的丸子自然叫"尖米丸"。

据相关资料介绍，尖米丸起源于揭东县炮台镇，当地现在的关爷宫前依然有许多做尖米丸的食店，这里的尖米丸以传统的制作烹调工艺而出名。早在120多年前的清光绪年间，炮台已经成为繁华的商埠，当时位于镇中心的关爷宫前米市交易十分活跃，有了人流必然带动相关服务业的发展，首先要解决吃饭问题，所以，最先发展起来的一定是饮食业，许多小食摊档在此扎根经营，形成了竞争局面。为招徕生意，有小食摊因地制宜，米市最不缺的就是大米，于是别出心裁地创制出以大米为原料的尖米丸。

尖米丸的制作需要多道工序。首先用大米在清水中浸泡3~4小时，捞起放于石磨中，碾成米浆；用纱布过滤除去粗杂质，然后倒进锅里加温，用木棒搅拌煮成糊状，冷却凝成块状；配三分之一生浆，揉捏成团，再取凿满直径0.5厘米小圆孔的木板置于盛清水的锅上，慢火加温，至现"蟹目水"[1]即将浆团放于木板上揉搓，用力压米团

---

[1] 潮汕话，指快要烧开的水。"虾目水"和"蟹目水"都是指水烧开的程度，后者比前者的程度更大，以水中浮起的气泡如虾、蟹的眼睛一般而得名。——编者注

顺小圆孔滴漏入水中；挤下圆孔的丸体每段约2厘米，两头坠缩为尖状，经开水煮熟后便成为小巧玲珑的尖米丸。

鸡肉尖米丸

这种食物为什么有竞争优势呢？我想，常见的米饭，平时店家若早早准备不是怕凉了，就是怕准备多了或少了，如不及早准备等客人要了再煮又花时间；而尖米丸子本身是煮熟的，随时加热就能上桌，热腾腾的十分方便。潮汕有句俗语，表达了出门在外的人对饮食的基本要求，叫"无油无膀吃嘴烧"，意思是，希望能吃上口热饭，可见当年许多地方是无法提供热食的。另外，尖米丸可以进行烹调，一般情况下会组成尖米丸汤，可以随个人的喜爱加上其他肉菜的配料，丰俭由人且别具风味。于是顾客盈门，经营者也发了财！

据说，当年炮台流传着一句口头禅，叫"食'饮'（米粥汤）配'旦'（卤汤冻，即鱼、肉等荤味汤经冷冻后形成的结晶块状体）免钱"。当时，开设在关爷宫前的尖米丸店因经营尖米丸发了财。店主乐善好施，每有穷困乡下人到店乞讨，店主都施以稀饭，撒点豉油卤汁，或是配点零碎鱼肉一类的东西。

如今的尖米丸常常成为酒店待客的餐前小点，烹调就更讲究了。因丸体柔韧润滑、略有弹性，为保持爽嫩口感，酒店一般会先将它在清沸水中过一下，一是洗去杂味，二是加热的作用。而上汤、骨汤会先加热熬煮，加入肉末、鱿鱼、墨鱼脯、虾仁、肉饼、鱼胶、牛肉丸之类的佐料；煮好熄火后才将尖米丸倒进去，再调以鱼露、胡椒粉、香油等调料；最后，在清汤面上撒下几片青翠的香菜或葱珠，便是一场正餐之前迷人的前奏了。

而在薄壳收获的季节，无论是酒店还是家中，以薄壳米配尖米丸实在绝佳！有人甚至将这一搭配定位为潮汕的一种小食，百度百科就有"薄壳米煮尖米丸"的词条，称："薄壳米煮尖米丸是一道美味可口的汉族小吃，属于粤菜系潮州菜。先取清水煮开，放尖米丸、肉臊同煮，用鱼露、味精调好味；放入薄壳米煮透，加入小葱（先切成葱花）、金不换装碗，吃时撒点胡椒粉。"不过，我却认为不必死脑筋。倘若尖米丸是一个妙龄少女，虽与薄壳米挺般配，可只要一天没领证，你就不能束缚尖米丸继续寻找"如意郎君"的权利！

老妈宫粽球

有了互联网以后，关于食物南北差异的争论开始多了起来。其中有一项就是"粽子是甜的还是咸的"？

有网友晒出了潮汕粽子，当然，结果是完爆全场——"芋泥、豆

沙、咸蛋黄、香菇、红烧肉、南乳肉、栗子、糯米、莲子……你能想
象到的能做馅料的食材全都会包进去，集软糯鲜香甜咸于一身，不同
部位咬下去，有不同的味道和感觉，太猎奇有木有？刷新世界观有木
有？你想吃吗？"

　　潮汕粽子的出场使甜与咸的争论变得失去意义，因为潮汕有甜咸
一体的"双拼粽子"。它的代表就是潮汕最知名的粽子品牌"老妈宫
粽球"。作为一种享誉近百年的名小吃，老妈宫粽球在制作上自有过
人之处，其中，甜咸双拼的传统制法最为独特。

　　老妈宫双拼粽球的做法也与别的粽子不一样。首先要把糯米浸泡
12个小时，捞干后再用锅炒至七分熟。在炒糯米的过程中，一些调料
如猪油、花生末、葱油、白糖、八角粉、五香粉等同时调入。其他的
配料，包括煮熟加工过的虾米、栗子、莲子、香菇等也依次加入，一
般是以慢火炒20分钟左右即成。

糯米饭

栀粽

　　老妈宫粽球店制作的粽球都是采用甜咸双拼的做法。包粽球的时候要先用竹叶折成漏斗的形状，放入糯米饭，然后再加入经过腌制的五花肉等多种配料，这是咸味馅；粽子的另一角则是甜味馅，甜味馅一般选用莲蓉沙或乌豆沙。馅料都填进去后用竹叶包成菱形，再用咸草绳扎好，粽球就做好了。做好的粽球下锅再煮，将七成熟的糯米饭煮透煮熟。

　　由于有甜味馅，所以粽子不能煮太长时间，否则糖极易熔化渗透到整个粽子中去，这也就是它的糯米需要先炒至七分熟的原因。但这样做，个人认为其直接的效果就是竹叶的清香味不足。眼下市场上的不少粽子为贪图方便，大多采用的是竹叶包糯米饭的办法，做馅的糯米都是事先煮熟的，这样的粽子不仅味道有欠缺而且口感也差了不少，黏性和紧实度不够！我家自己做的粽子都是用浸泡过的生糯米，要在锅里煮上2小时以上，那样才入味！虽费时费力但却美味得多。

　　老妈宫粽球店是汕头市饮食服务总公司属下的一个门店，不过，它最初是由路边的一个小摊档发展起来的。20世纪初，老妈宫粽球的创始人张强德在汕头埠升平路头的妈祖宫附近摆摊经营粽球，后来，张强德的儿子在老妈宫对面的巷子里租了一间铺面，开设"顺德号"粽球店，这就是老妈宫粽球店的前身。到了1956年，经过公私合营改造后，老妈宫粽球店成为市饮食服务总公司的下属单位。改革开放后，老妈宫粽球店开始由公司的职工承包经营。

　　这家有着近百年历史的老字号在饮食文化剧烈变化的时代背景下，凭着单一的品种能经营到现在实属不易，这也说明这个小小的粽球还是有它独特的地方。难怪有句潮汕俗语称"老妈宫粽球——吃定正知"。

　　粽球店对面的老妈宫就是天后庙，与之毗邻的是一座关帝庙。诸神可以共存，是潮汕文化包容性的体现。甚至有的庙宇中，儒、释、道与关帝爷可以共处一室，这在其他地方是见不到的——各路神仙和平共处，共同接受烟火供奉。老妈宫所处必为沿海，对于沿海城乡而言，它地位极其神圣，不仅说明了这是老市区的港口，而且是经贸活跃的中心区域。而"粽球店"能在此处落脚，亦可窥其影响力及受众的欢迎程度。只不过，时过境迁，以前为充饥的主食该如何"华丽地转身"，成为讨巧的点心呢？

汕头肠粉

把汕头肠粉列入潮汕的地方特色小吃，应该没有问题。虽然它发源于广州，但汕头的肠粉早已形成了自己独特的风格。

肠粉是广府人最常见的早餐点心之一。有种说法是，由于店家供不应求，食客常常是排队候吃，故又被戏称为"抢粉"（粤语中"抢"和"肠"谐音）。

早在清代末期，广州街头就有肠粉叫卖，是沿街的流动摊贩经营的，因广受欢迎，后来才登上茶餐厅作早点。另有传说，乾隆皇帝游江南那会儿，就曾偷溜出去吃肠粉，并对这种"够爽、够嫩、够滑"的食品大加称赞，说："这米粉有点像猪肠子"，遂又有"猪肠粉"一说。其他名称还有"拉粉""卷粉"等。2003年12月，广州的银记"牛肉肠粉""鲜虾肠粉"还被中国烹饪协会认定为"中华名小吃"。

肠粉从制作方法上分为两种：布拉肠粉和抽屉肠粉。过去多为布拉肠粉，做法与潮汕的粿条相似，米浆淋在屉布上，然后上蒸笼蒸熟成型，取出后将屉布反扣于盘子上，扯下屉布，就是一张粉皮。布拉肠粉其实与潮汕部分山区的"卷菜粿"没什么两样，粉皮作为包装物，内里卷上蔬菜、肉末等。后来因为有了煤气炉，出现了专门的蒸肠粉设备，抽屉式肠粉基本上就取而代之了。

汕头的肠粉都是抽屉式的，由于配料不同，口味也与其他地区有较大的差异。有一阵子，肠粉还包揽了我的午餐。由于周末要上班，又常常赶不上单位食堂的饭点，我的午饭就用肠粉解决，在单位旁边有一家店，在汕头还小有名气。

汕头肠粉

汕头的肠粉不似其他地方小气，内容多、分量足，称得上肠粉中的巨无霸。当初，一份肠粉就足以当午饭，可以包猪肉、牛肉、香菜、蚝仔、鸡蛋、虾仁、油条段、豆芽、韭菜、香菇、葱花等，最外层还要撒上一勺香气四溢的炸菜脯粒，真是丰盛得让人有幸福感。后来，物价的飞涨使肠粉的身段日渐消瘦，一条吃不饱，要加一条粉皮，再后来要吃两条才能吃饱了。价钱也从两元一路攀升，那天要一条牛肉的，卖肠粉的老太太一脸严肃道："先说清楚，现在牛肉的最少要十五块，一般人都要十八块的，你啊要？"怕我不认账似的。我暗骂自己活该，这肠粉还不就是你一路给吃贵的！最近一次，老太太已经改口："一般人都要二十块的。"

肠粉不独广东有。饮食这东西是随着人流而传播的，汕头肠粉应该是改革开放以后随着港商而来，而内地城市、东南亚地区则是从广东流传开去。有些地区入乡随俗，也会有变化，比如在广东，肠粉的佐料多为生抽或辣酱加花生油；而在新加坡、马来西亚等地区，则会用上甜酱油、甜酱等，味道已大不相同。

有特色有口碑的汕头的肠粉都是街边店，大酒店是吃不到的。肠粉的制作其实很简单，关键是看店家的经营态度：用料是否新鲜，分量是否给得足，这就足够了。所以创业并不难，难的是如何在此基础上有创新发展。曾光顾过一家"黑肠粉"店，店家的米浆是用黑米磨制的，所以肠粉变成黑色的。虽然其他的配料没什么两样，但依然给了我新鲜的感受。

肠粉吃多了，有段时间曾想将来自己开间肠粉店，专卖特色肠粉。配料要有各色蔬菜、海鲜、肉类，品种要多；粉皮更要与众不同，一定要用各种蔬菜汁来调和，做成多种颜色的，赏心悦目。关键是做这些不需要什么特别的技术，只要有良心，好吃又健康，保准让大家喜欢。

在食物的安全问题越来越突出的今天，从业者的良心也在不断接受拷问。有一回吃到的粉皮霉味浓郁，后来才了解到，无论是肠粉还是粿条，有的商家竟然用的是劣质甚至变质的大米来碾磨，这实在让人无法容忍。就连最普遍寻常的米浆，如今也要靠经营者的良心了！

面条如线

有些人片面地认为南方人不吃面。其实南方人不是不吃面，而是由于南方更适合种植水稻，小麦种得少，所以面粉显得稀有，倒往往把面食做得精致。

历史上，潮汕地区也有种植小麦。据有关资料显示，种植面积比例曾经占总作物的10%左右，但这个比例很不稳定，可能与气候和产量有直接关系。有了小麦的种植，潮汕也就有了做面食的基础条件。

曾有好事者搞什么"南北面食对对碰"，其实，南方的面食终究不是主食，花样自然是难以与北方抗衡的。就传统而言，在潮汕，过去要吃顿面条没个什么由头是极其困难的事。只有到了现在物资丰富、交通发达的年代，才能想吃就吃，想怎么吃就怎么吃。

在深圳、广州等城市见到"正宗潮汕面馆"的招牌时，还觉得挺奇怪，好像潮汕的面食多丰富、多有来头似的。其实潮汕最出名的面不外乎汕头的干面和潮汕的咸面线。

几年前，北京的一位朋友本来要去往广州，因慕名潮汕美食，专程打飞的先到汕头吃东西。她从网上搜罗了一堆推介文章，按图索骥地逐一品尝。后来告诉我，吃到最后想吃面，但却未能如愿。我问，什么面？她说，你们传统的挽面。我说汕头传统的干面就很好吃，是不是干面啊？她说，是挽面，"挽救"的"挽"，听说也叫"绞面"。我差点喷饭，阿姐，潮汕的挽面可不是面，那是一种传统的美容术，潮汕话的"面"指的是脸蛋！难怪店家都不知道，用碗装了面来打发她！

挽面就是用浸湿的纱线绞去脸上的汗毛。有一首地方谜语："四脚相碰，四目相向，一人咬牙根，一人在忍痛。"说的便是"挽面"。从事这项手艺的多是一些中老年妇女。挽面时，两人相对高低落座，先往脸上扑粉，然后将一条两尺多长的纱线对折，中间在右手拇指上绕了两匝，一头用牙咬着，另一头拿在左手上，交叉绞动，把脸庞上的汗毛绞在两根线中然后拔掉。挽面也称绞面，文雅一点的称"修容"，对于将出阁的闺女则称"开脸"。按潮汕民俗，未出阁的女子不能挽面，要把脸上稚嫩的茸毛一直留在脸上，以示自己是"红花女"，等到要出嫁了才请人来挽面，所以叫作开脸，开过脸的女人从此可以挽面。

说回潮汕的面条。咸面线过去也是喜宴、生日宴之类的重大活动才吃得到。潮汕咸面线用麦面加适量食盐揉成面团，捏扯成线状，先蒸熟，在自然环境下稍作晾晒后，再自然风干。潮汕做的这种面条细长如线，柔韧有弹性，所以称"面线"。面线大都由手工作坊制作，制作工序较为繁杂。面粉、食盐、水和匀后，要经过揉、搓、甩、用竹竿拽等环节，蒸熟晒干后会像纱线一样卷成圈储存。

潮汕话"面"与"命"发音相似，因此长面有长命之意，咸面线亦称为长寿面。最适合在生日宴会中与豆芽、韭菜一起炒了上桌，有深刻的寓意：豆芽（潮汕话叫"豆生"）表示"生日"，韭菜代表"长长久久"，面线自然是祝福"长命百岁"。

潮汕的面条之所以要做成咸的，应该与潮湿的气候有关。因为不是做了立即吃，需要较长时间的存放，盐是南方最常见的保鲜剂，咸的不易发霉变质。有些地方的面线下的盐比较多，炒面时非但不用再下盐，还要先用清水冲洗掉一些盐分。咸面线因为是蒸熟了再晒干，所以还能直接食用。小时候，咸面线能当零食，抓一把放在衣兜里，嘴馋了，掏出一根来细细咀嚼，麦香浓郁。一束咸面线的头部都有一块面疙瘩，炒面时都要把它先拧下来，一般都会成为孩子的专利。那团面疙瘩嚼劲十足，比面线还好吃。

以前的咸面线都是直接用小麦磨的粗面粉加工而成，而且纯手工制作，面线颜色呈褐色，与如今在市场上看到的有些差异，口感也有较大差距，感觉已是"面"目全非。上市场一问才知道，如今咸面线用的是精面粉，而且全都是机器生产了。精面粉为麦粒经精加工而得，除掉了麸皮，只剩胚乳，还会添加一些可食用的化学物质，虽颜色洁白但营养成分低于原麦粒。

从外表上看，如今的咸面线洁白而且匀称，但却远不如当年的好吃了。世上的东西都一样，外表的改观并不意味着质量的提升。好比

面线垫排骨

脸部的整容或许能提高颜值，却改变不了素质甚至气质，提升的外表往往只是为了掩盖或弥补内涵的不足。

一坨干巴巴的面

　　汕头干面，曾有一段时间是我这个中午经常要工作的人最主要的选择。单位附近街头巷尾就有不少干面干粿的小店，用它来解决午餐问题方便快捷，而且价格便宜。我个人在饮食上属于"随遇而安"型，所以对于面食有相当的适应能力，而且由于长期吃食堂，特别享受面食干咽的那种实在满足感，大概是饥荒年代留下的后遗症吧！我总在想，当年的"爱西干面"在老市区的角色，大概与今天的干面干粿店差不多。因为在潮汕人的眼里，干巴巴的一坨面的唯一好处就是顶饥耐饿，比米食实在。

　　直到现在，"爱西干面"在价格和环境上似乎并没有大的变化。它最早的铺面位于汕头老市区的国平路，从20世纪30年代开始在那里摆摊，到现在已经有80多年的历史。由于品牌历史悠久，这几年在市区的其他地方还开了三家分店。在汕头，这种干粿干面店特别多，其中以爱西干面、潮阳塔脚干面、圆门拉面名声最响。2018年清明节后一个也无风雨也无晴的中午，我来到国平路的爱西干面店时惊讶地发现，它的门面又恢复了原来的残破模样，而去年刚刚进行了门面装修！此前，时任汕头市市长喜欢到民间去体验生活，多次只身来到爱西干面店吃干面，他发现这些老字号都比较残破，环境也不尽如人意，与特区的形象显然不符，于是做出了一个决策：由政府拨款，对汕头的一批老字号进行装修。这个想法正是在爱西干面店诞生出来的，后来由市旅游局牵头，分成几批共33家汕头的老字号各获得政府5万块钱的补贴，进行了店面的装修。爱西干面店作为第一批被资助的老字号，也翻修一新。老字号装修的实施单位是汕头市旅游局，可在这个时候，当地区政府正对老市区进行"穿衣戴帽"的改造，国平路也在改造范围之内，对街边的铺面要全部进行统一改造。于是刚刚装修完的爱西干面的铺面又被拆除了！

说到汕头的干面，虽然对外的名气不大，但是汕头人非常熟悉。一句话说得好："中国的任何地方都有自己的面食。"虽然像南方沿海汕头这样的地区并不以面食为主食，但它的面食也非常有特色。据说这种沥干面的做法还有一段机缘巧合的故事。有一位老人得厌食症，兴头所至要吃什么就得赶紧做来，晚了失去兴致又不吃了。一回说要吃炒面，可上哪找炒面？他孩子灵机一动，到楼下做面汤的小贩处要了一碗沥干面，自己回家拌酱料当炒面。没承想老人觉得好吃，以后又提出还要同样的面。那位卢姓的小贩由此大受启发，改做起了干面、干饺，果然生意风生水起。那个时代的生意人都信奉神明，卢先生自然也相信这是冥冥中神灵给他的某种暗示或发财的信息，于是请来风水先生租下店面并取名"爱西"，借潮汕民间俗语"门向西，钱银赚到无人知"之意。

汕头干面属于热干面的一种，它与闻名全国的武汉热干面有异曲同工之处。首先用的都是碱面。碱面是在面粉中加入碱，不仅可以去除面团中的酸味，而且是一种膨松剂，使面团膨大松软，达到良好的黏弹性，从而提升面条的口感。其次，都是把面烫熟了以后沥干，再加上一些佐料进行搅拌。而且酱料也有一些相似之处，主要是用芝麻酱，再加其他的调味品。在中国历史上，芝麻酱作为佐料绝对属于高大上的等级，所以无论是汕头干面还是武汉热干面，用芝麻酱为佐料都体现了对美食的一种高层次的追求。虽然干面是一种"下里巴人"的食物，但是有一颗追求"阳春白雪"的心。

汕头干面与武汉热干面的区别，主要有三点。一是汕头干面所用的面是生的，要用开水把它烫熟，制作时间稍长；而武汉热干面是先煮熟了晾着，需要时再加工、加热。二是在酱料上，汕头干面会加本地的特产沙茶酱。作为一种地方特色的拌面品种，沙茶酱是其必不可少的味道特征之一。而武汉热干面只用芝麻酱，听说武汉热干面也叫麻酱面，我刚开始还以为是"麻将面"，以为热干面是受搓麻上瘾不肯离座的麻友们的欢迎才得的名！第三，是荤素的区别。武汉热干面有"素面朝天"的追求，而汕头干面不是素的，在荤的方面多有体

汕头干面

现。汕头干面除了会加几片卤制的猪腱子肉和香菜叶子叠盘头，有时在拌面的酱里还会特意添一勺猪油，让拌出来的面味道更香。与干面相配合的还有一碗汤，这碗汤对于干面来说是一种绝配！一般可以有两种选择，最常见的是猪肚咸菜汤；另外一种是自己选择搭配的鱼丸、肉饼或猪杂汤。有了这碗汤，干面才算完美。

汕头的干面店大街小巷随处可见，干面、干粿、干饺是相伴而行的，供大家随意选择。但是我个人觉得干面的味道比干粿更好，因为干面有嚼头。近些年，也有一些年轻人围绕着干面、干粿进行一些创新。但是在干面的创新上，对于拌面本身没什么改进的空间，于是把目光盯在了汤上。曾经有所谓的创意汤面店将一碗汤做到两百元，专门用上等的海鲜食材，如螺片、鲍鱼、海参、龙虾等制作配汤，可想而知这种极不协调的"天仙配"最终会是什么结果？当然，现在也有一些店面会选择比较高档的食材来做配汤，一碗汤有的也做到几十块钱的，但它的优势在于自由选择度高，配料是可以自由选择的，丰俭由人。目前，多数干面店一碗面加一碗汤一般也就十几二十块钱，就很丰盛了，所以受到了市民的追捧。

爱西干面的国平老店能够坚持80多年，自然有它的秘诀。老市区的很多老店原本吸引的都是一些老年人，也就是对于老市区有深刻记忆的人。可近些年，随着新媒体的发展，年轻人的寻根意识空前高涨，现在在老市区走动的年轻人与日俱增。连续两年，汕头小公园片区成为汕头排名第一的旅游景点，光顾老字号的食客结构发生了质的变化。从精神层面上讲，不仅在老市区生活过的老人们会去寻找昨日留下的足迹，年轻人也在寻找他们与生俱来的深嵌在生命里的基因密码信息！

外地回到汕头的老乡，特别是海外的乡亲们都喜欢到老市区走走，到国平路头吃一碗干拌面。虽然在其他地方也可以吃到干拌面，但是人们还是会寻到这里。有时候，食物的价值不在于满足人们的口舌之欲，味觉的感受也可以是一种对逝去时光深深的眷恋和回味。坐在老店里，听着街上传来"豆花、草粿——"的吆喝声，阳光透过油污玻璃的折射让人眼前恍惚，仿佛几十年的光阴被抹平了！有种进入"时光隧道"的错觉，感受着老市区在时间轨道上经历的繁华与衰落，以及与之相伴的人事交替和情感交集。这时候，我们吃的不是面，而是一座老城区的历史，一段人生浓缩的记忆，一种割舍不去的情怀。

有北京的朋友来，惊讶于在这座以海鲜大排档闻名的南方海滨城

市，一家做法简单的小面馆竟然能顽强地生存80多年，且生意红火！当天恰好有几位从马来西亚来的乡亲来吃面，年龄都不小，衣着也明显带着东南亚风情特色。刚开始他们用我听着都很吃力的潮汕话和马来语高声地说着各自的往事，显得有些激动甚至吵闹，但后来就静默无声了。他们吃面的动作就像电视里的慢镜头回放，一抹淡黄色的夕阳透过玻璃窗户照在一位老人脸上，我看到他的眼圈红湿着！我对北京的朋友说，过去北京冬天只有冬储大白菜，还叫"爱国菜"，我一个外乡人吃不惯，但你们老北京一直一直念叨着"酸菜白肉"，这干面就是老汕头人美食记忆里删不去的"酸菜白肉"。

朋友说："我懂了！"

汕头乡村的"吃桌"盛宴　韩荣华／摄

贪嘴小食

潮州春饼

　　说起潮州的小吃必提潮州春饼。春饼经常吃，可到著名的店家实地参观还是几年前的事。说实话，本来是冲着"腐乳饼"而去，结果，咕咕叫的肚子首先被飘香的春饼给俘虏了。

　　近来，潮州春饼因上了央视的《舌尖上的中国2》而名气更盛。春饼，顾名思义，为迎春食品。而这种迎春的习俗恰恰源于中原文化，潮汕先民自中原而来，一直较好地保有一些中原传统的文化习俗，直到现在。

　　"迎春"历史可以追溯到远古的年代，为表达祈求丰收康乐、吉祥幸福的心愿，自古以来，在立春日这天，我国民间有喝春酒、吃春饼、打春牛、咬萝卜等习俗，俗称"咬春"或"打春"，有喜迎春季、防病去灾、祈盼丰收之意。《清稗类钞》称："春饼，唐已有之，捶面使极薄，熁热，即置炒肉丝于中，卷而食之；亦有置于油中以煎之者，初为春盘所设，故曰春饼，后则至冬即有之"。潮汕人吃春饼的习俗正源于此，春饼亦称"春卷"，在潮州古时又叫"春盘"。旧时立春日，潮州人有吃春盘之俗。

　　而今，沧海桑田，世事变迁，一些传统的习俗逐渐被简化甚至遗忘。春饼则独立成为一种地方美食，不过与春天的祝愿早已没什么关系，任何时候都能品尝到。对于人多地少、长期饱受物资缺乏之苦的潮汕来说，也许，物资的丰富才是真正的人间"春天"。

春饼

春饼形状呈长方形，金黄美观，外酥里嫩，饼馅主要是绿豆瓣、韭菜、豆芽、芹菜等新鲜时蔬，再佐以肉丝（鸡肉、猪肉）、香菇、粉丝、豆腐丝等。在民间，馅料相对随意包容，主要是以春卷的"卷"来体现其存在形式。

据潮州的同行介绍，春饼的定型其实是近代的事。清代以前，它的存在形式是一种在大街小巷盛行的"薄饼卷炸虾"，即用薄饼皮卷着炸香的小虾，蘸着甜酱吃，吃法类似今天的北京烤鸭。这种小食主要是路边的小摊卖给小孩吃的。到了清代末年，其馅料才由炸虾逐步改为菜头粒、韭菜等蔬菜类，再加进猪肉丝等，而且变为整个儿油炸。

现在说起春饼，潮州人都知道"胡荣泉"的品牌最出名。但据潮州电视台的朋友介绍，在抗日战争时期，潮州则是以南门的"凤阳"

春饼为佳。凤阳春饼的饼皮做得极好，薄且炸得香脆。饼馅开始用绿豆、大蒜白，加上小块鲜肉丝，有时也加点香菇，馅料已经定型，和现在的春卷一样了，炸过后皮脆馅香。凤阳春饼当年特别受好评的原因还在于处于特殊历史时期，潮州沦陷期间，物资极度缺乏，食物供应少，像凤阳春饼这样仍能坚持经营的食摊本身少之又少，能找来这些食材实属难能可贵，已经算得上"高大上"，甚至有些奢侈了。在那个岁月，还奢求什么呢？于是"凤阳春饼"的名声十分响亮，但终究"一枝独放不是春"，那个时间段经营上的困难也可想而知。可惜，今天"凤阳"已不复存在了。

如今最出名的当数"胡荣泉"春饼。"胡荣泉"是潮州小吃的老品牌，经营各种地方小吃，其中春饼最为出名，以选料考究、制作细腻闻名遐迩。只见一只只春饼做得精致规矩，大小几乎一模一样，首先是为其手工技艺所折服。春饼一经油炸香气四溢，极富诱惑力。刚炸出来的春饼，管不了烫不烫嘴，咬上一口，饼皮脆而香，内馅咸香烫嘴，吃得口忙手乱，口中呼着热气却不愿停下来。

都说春饼制作难度最大的当数制作薄饼皮，不过我现场看过，其实并不神秘，与汕头制作糖葱薄饼的饼皮没什么区别。前段时间，在新广厦市场外有一个卖糖葱薄饼的小摊，女摊主的饼皮都是现场制作，常见客人只买饼皮不买糖葱，原来，人们买饼皮自己回家做春卷、煎菜卷或包片皮鸭。

薄饼皮制作是门手艺，将面粉加上等量的水揉成一个湿面团，手抓面团快速地在锅中刷一圈，薄薄一层湿面粉就粘在烧热的锅面上，烘干了即成圆薄饼皮。总觉得这是熟能生巧的手艺，一回在边上看，只见大姐手抓面团不停地在两只圆柱形的热锅上翻甩腾挪，犹如舞蹈一般，动作极快却潇洒自如。她气定神闲地边烙饼边与顾客说话，一挥手，一张薄病就从铁锅上"飞"起来，一会儿工夫就叠成小山，不禁令我看呆了！

制作薄饼皮

潮汕朥饼

　　中国的著名饼食中，潮式饼食与苏式、京式、沪式、广式等并称。潮式饼食是指产于潮汕地区的特色饼食。饼食的功能不止于充饥，它是在解决了温饱后对口舌之欲的更高追求，也从侧面显现出当年潮汕地区经济活跃繁荣的一面。潮汕的饼食种类花样颇多，有朥饼、五仁饼、芋泥饼、豆沙饼、腐乳饼、葱饼、宝斗饼、老婆饼、酥饺以及其他以面粉、米粉、芝麻、花生、糖等原材料制成的点心甜食。其实，它们在潮汕都只有一个角色，便是潮汕工夫茶的"茶配"。

膀饼

寿桃

曾经，老市区饼铺林立，但也随着时代更迭发生了变化。如今，除了安平路、永平路相对有多家饼铺集聚外，饼食店基本呈散状分布。

潮汕人制作的月饼称为潮式月饼，本地人称为"膀饼"。"膀"，潮汕方言指猪油。顾名思义，传统的潮汕月饼是用猪油制作的，所以有猪油的香味。但前些年，由于舆论对动物油脂健康问题的口诛笔伐，这些饼食的主要消费群体中老年妇女易受舆论影响，不仅听风就是雨，甚至还往往会不自觉地添油加醋、煽风点火。于是，潮汕朥饼的市场一度严重萎缩，甚至在本地的龙头地位不保，让广式月饼占据了主导地位。但近来，似乎舆论又有反转的迹象，微博、微信中大有替猪油平反的趋势，于是以前站在健康对立面的"猪油"再度成为好"同志"。与此同时，潮式月饼的市场也明显复苏，有点"成也萧何，败也萧何"的味道。

据有关资料记载，潮式月饼最早的生产者应该是潮阳贵屿的"薛源合"饼铺，创建于清康熙年间。当年贵屿朥饼申请"非遗"，我还特意为此向主管部门作了推荐。

老字号的潮汕朥饼有贵屿朥饼、苏南朥饼、意溪朥饼三大品牌。其中澄海苏南朥饼始于清同治年间，当时有一家叫"坚裕"号的糕点店，在当地已小有名气。到了第三代传人，也就是清光绪年间，店主人年轻好学，喜欢"搞搞新意"，也许是自己的饼子吃腻了，整天想点子和方法来革新产品，其中最大的贡献就是发明了"陈年馅"——当然，不是被央视曝光的那种回收的、发霉的馅料！我猜测店东家是好酒的，才从酿酒工艺中得到启示：窖藏可以使酒变得香醇，那么作为馅料的豆沙是否也可以窖藏呢？他总觉得平常使用的豆沙馅料不够细腻润滑，磨得再细也有颗粒，又不是做"豆沙包"这样的初级产品，所以口感上有待改进。我猜想，他作为一个追求完美的人，有时不免需要借酒消愁，而创新往往就在于突破惯性思维之际，借鉴酿酒的窖藏方法没准就是酒酣耳热时的"异想天开"。他还能因地制宜，利用每年冬至前后池塘抽干捕鱼的机会，命工人将磨制好的豆沙放进大水缸，然后密封埋入池底。池塘重新放水养鱼、种莲，倒成了天然的冷库，饼馅可以在较低温的环境下存放，待第二年池塘再度抽干后再取出制饼。

这一大胆的创新果然取得奇效，经过一年池塘底下的蛰伏，豆沙的口感大不一样。消了火气，软了颗粒，像一个饱经风霜的人被现实磨平了棱角、温顺了脾气一样。经过窖藏后豆沙入口凉爽、润滑无渣，这一方法后来也为潮汕其他饼店借鉴学习。要不潮汕话怎么说"会吃才会做"，其实于饮食一道，会玩的家伙才有创新的能力和动力。我倒是很想知道，在当时的条件下，一个大水缸埋在池塘底下，是如何做到一年内都不渗水的？大概那些号称拥有先进的机械设备，却一直无法彻底解决房子漏水问题的房地产企业会比我更感兴趣吧？

近几年来，潮汕月饼的馅料也有不少创新。比如芋泥朥饼就很有特色，还有莲蓉的、紫薯的、红豆的、甚至水果的，等等。但由于保存时间较短，一般都不是大批量制作。老香橼的虽有"朥饼"之称，但其实是用了花生油的素饼。

不过在许多潮汕人的心中，记忆里最深刻的当数"潮汕月"。汕头解放初期，小公园里曾有过"大阳观"饼食店，制作的月饼很出名，但最终还是国有企业一统江山。汕头糖果饼干食品总厂生产的"潮汕月"毫无悬念地成为潮汕月饼的标志。"潮汕月"工艺配方既遵古法制，又能根据现代食品工艺原理进行改进。当年注册有供出口的"珠江桥牌"和内销的"鮀岛牌"两个商标。"潮汕月"在1986年获首届中国食品博览会银奖。至今，许多上了年纪的人每到中秋依然念念不忘"潮汕月"，而且月饼的包装设计也是"几十年一贯制"，至今依然沿用"嫦娥奔月"的老土主题，却也深入人心，真正做到"老人无齿也能吃。""潮汕月"几十年来"饼"性难移，基本上没什么变化，不知这对于国有企业来说，是保守还是坚持？

潮汕朥饼还通过民间故事被赋予"爱国爱乡"的属性。有人评价《水浒传》是"打打杀杀"和"吃吃喝喝",潮汕朥饼的传奇也是二者的结合。据说元兵攻占潮州城时,为了巩固其统治,实行联户制三家一保,也就是每三家人要供养一个元兵,只准养胖不准养瘦。晚上元兵想睡在哪家就睡在哪家,谁家要娶媳妇,新娘头天晚上也只能与元兵同房。这种无节操的欺凌是要命的,于是在忍无可忍的情况下,乡亲们筹划在八月十五那晚起义。当日,家家户户拜月娘的供桌上都多了一盘朥饼,那是起义谋划者事先安排好的。朥饼底下垫着一小块四四方方的白纸,乍看是防油渍的,其实上面写着暗号"杀"字——当元兵忘乎所以、毫无防备地吃着月饼时,大家一起动手杀敌。结果一夜之间,那些作威作福、十恶不赦的元兵被斩尽杀绝。当然,传说终究是传说,而且极有可能是为某个集团的利益服务而编出来的故事,大可不必当真。不过,这倒是提醒大家:饭不能乱吃!吃饭有风险,入席需谨慎!

因祸得福腐乳饼

腐乳饼算得上是潮汕朥饼中的另类。它造型小巧,有独特的南乳、蒜头和酒的香味,甜中带咸,甜而不腻。分为红白两种,外表红色的由红曲染成,也可以分为辣与不辣的。

腐乳饼的独特味道源于制作材料使用了腐乳。腐乳因地而异称为"豆腐乳""南乳"或"猫乳"。把腐乳称为"猫乳"的主要是湖南长沙,因"腐"与"虎"长沙地区发音一样,而吃"虎"为大忌,遂将"虎"

改称为其兄弟"猫"。腐乳是一种二次加工的豆制食品，也是我国所特有的发酵调味品，不仅在国内，国外有华人的地方就能看到腐乳的身影。它既用于佐餐，也用于烹调。据资料记载，腐乳至今已有1500多年的历史，早在公元5世纪，北魏时期的古书上就有"干豆腐加盐成熟后为腐乳"的记载。唐代《本草拾遗》中详细记述了腐乳的制作方法："豆腐又名菽乳，以豆腐腌过酒糟或酱制者，味咸甘心。"我国无论南北皆出产腐乳，制作方法及成品大同而小异。传统制法是先用大豆制成豆腐，然后通过接入菌种，进行发酵贮藏而成。

腐乳饼

腐乳在烹饪中作调味料，是取其特殊气味，如腐乳肉、腐乳蒸蛋、腐乳豆腐、腐乳糟大肠等。其中代表作当数腐乳肉，是一道全国各地都能见到的菜肴，个人认为，其味较那更有名的东坡肉有过之而无不及。做法是先用火炙烤整块肉的肉皮，再放入水中刮去烧焦部分；在砂锅中将肉煮至半酥时取出，有的切成片，有的故意来个藕断丝连，只切开肉却让皮粘连在一起；接着在砂锅里加入葱姜和几块红豆腐乳，也可调入些许黄酒，和肉小火慢慢炖烂后，加入冰糖即成。腐乳肉肥而不腻，腐乳香味扑鼻。我偷懒的做法是将猪蹄或切块的五花肉汆水后，放进高压锅加入配料压上10分钟，图个方便快捷，味道八九不离十。揭阳民间有一道腐乳汁炒粿条，用的是红腐乳汁和压碎的腐乳，炒出来的粿条为暗红色，加上大段的葱段和鲜红的西红柿，不仅颜色鲜艳而且腐乳香还能诞生出"肉香"，让素寡的粿条产生荤肉的联想。汕尾的腐乳汁焗小鱿鱼也值得推荐，独具风味，是配米饭的佳品。

而对于腐乳的应用，最出人意料的当数潮汕的腐乳饼，腐乳与潮汕传统的朥饼制作工艺结合可谓神来之笔。潮汕腐乳饼的诞生有一段有趣的传说，清代末年，潮州有一户制作饼食的商户，老板只想着自己发财，对工人百般剥削，就像今天没有订立劳动合同的黑作坊，老板总是想着各种法子甚至下套来克扣工人的工资。有一年年关将至，在饼坊打工的一位老师傅已经好几个月没拿到工钱，在讨薪不成又没有劳动部门可以投诉的情况下，越想越气，于是做出了报复性的过激行为！所以说，老百姓的许多过激行为往往是在走投无路情况下的无奈之举！当然，生性温和的潮汕人不会"打砸抢"，更不会绑架勒索，也就是搞搞破坏发泄一下心中的不忿。他在一个傍晚收工后将作坊里所有能找到的食品和配料，包括花生、芝麻、猪肉、蒜头、南乳、面粉、糖、油、酒等等一股脑儿倒进一个大缸里，并使劲搅拌，然后卷起铺盖卷愤然离开。

随后几天，老板到处找不到这个老师傅，生意做不下去了。也亏得潮汕媳妇是"上得厅堂入得厨房"，老板娘只好亲自上阵做饼。当她打开作坊门时，一股特殊的味道扑面而来，那是从老师傅鼓捣的那缸"大杂烩"里传出来的。经过发酵，那真算得上是"五味杂陈"，说不上是香是臭。抠门吝啬的店家自然不愿浪费，便把缸里的原料作馅，制成饼食来卖。不承想，阴错阳差，做出来的饼芳香异常，作为一种创新产品被抢购一空，生意竟十分红火。这真是"未婚先孕——意外之喜！"

此后这家小店便依样画葫芦制馅做饼，因做成的饼南乳味特别突出，故称为"腐乳饼"。可恨的是无良饼家却因祸得福，窃取了人家的知识产权变成自己的独门秘方。所以，有评论说做生意成功的人秘诀在于"坚持，不要脸，坚持不要脸"，反正社会的评价标准就是"成王败寇"。

腐乳饼这种潮汕特有的饼食几经改进，如今据说馅料多达十四种，可说是用料较多的小食之一。但十多种馅料并非简单地搅为一团，各种原料的加工颇为考究。比如，糕粉是糯米焗熟之后磨成的细粉，花生仁是炒熟后磨成小粒，水晶肉得用白糖腌制过，等等。而且投料先后有序，也有固定的比例。至于腐乳饼的饼皮，也不仅仅用面粉，还得加入一种叫作"糖油"的配料。曾听制饼师傅介绍，是用糖、麦芽糖和水一起熬成的。饼馅中，含腐乳块2.5%，酒2%；白猪肉经过精选，切成肉丁，占18.2%；粉糖占27.5%，还有蒜头等，配料比例有规矩。馅料准备好，制饼皮的面团揉好，包起来，戳上饼印，腐乳饼才基本成型。其后的烤焙也有章法，在烤饼之前，得刷上一层薄薄的蛋浆；烤到一半时还得再刷一次。刷蛋浆是为了让饼皮有光泽，外表靓丽且口感松脆。珠三角地区有一种"鸡仔饼"，在味道上与潮汕的腐乳饼相似，但在制作工艺上远没有腐乳饼精致。

腐乳饼的传说，令人不禁感慨世事有因祸得福的奇妙。《老子》第五十八章："祸兮福之所倚，福兮祸之所伏。"祸与福相隔壁，可以相互转化，在一定的条件下，福会变成祸，祸也能变成福。从腐乳饼的身上不仅能感受制作上的智慧，更能体验到其中蕴含的人生哲理。

落汤铜钱

落汤钱是以糯米粉为原料的潮汕传统特色小吃，以前在民间流传甚广，许多人在家里做。不过现在家里已极少人会自己做了，只能在酒楼里才吃得到。

事实上，如今酒楼里的"落汤钱"已经没办法让人联想到它名字的来历，因为经过改良后，早已不复最初的模样。以前家庭妇女做落汤钱的方法很简单，就是将糯米粉加水捏成粉团，然后抓出一小团捏成铜钱的造型放进开水中煮熟，捞上来蘸糖粉就可以吃了。落汤钱做成铜钱的造型，不仅是为了取个好意头，也是为了容易煮熟。煮的时候，一片片白色的糯米团缓缓下沉，就像白色的铜钱掉到了汤水里，这就是"落汤钱"叫法的由来。

潮阳的一些地方也称为"钱仔粿"，是农历七月初七"七夕节"的应节食品。孩子们边吃边唱歌谣："钱仔粿，软绵绵，老人奴仔都爱尝，芝麻花生蘸满满，一口钱粿一口香；钱仔粿，甜滋滋，免包免馅省工夫，阿娘亲手做好粿，阿奴食好去读书。"

如今落汤钱几经改良，虽不复原来的模样，但却成为一道迎合现代人饮食习惯而又不失传统特色的美食，登上了大雅之堂。

由于条件所限，传统的落汤钱做法比较简单，对于口味越来越刁钻的现代食客来说，用开水焯糯米团吃起来口感一般。为此，人们尝试着将煮过的糯米团再放入盆中反复擂搅，使糯米粉有韧劲。糯米粉单纯煮熟没什么弹性，而通过擂搅，糯米的黏性就显现出来了，就像人的成长，经过了磨砺锤炼从幼稚走向成熟，人也会变得坚韧。不过，为了使这道小吃更加可口，酒楼一般会将糯米团再加工一下，用薄油再煎过，使表面有一点脆，吃起来口感更好且添了焦香。上桌时将煎好的糯米团置于盘中，撒上糖粉、花生末、芝麻，一道香甜软黏的落汤钱就完成了。

落汤钱

作为一道独具特色的传统小吃，落汤钱在潮汕民间有着悠久的历史，也有着种种传说。在潮汕的农村地区，到了农历七月初七的七夕节和农历七月十五的中元节，过去普遍会用落汤钱作为拜神的供品。

而在部分地区，也会在农历十月十五"五谷母"生日的时候，用落汤钱来拜祭这位主管五谷的女性神灵。为什么要用落汤钱作为五谷母的供品呢？因为民间认定"五谷母"为女性，怕"五谷母"话多嘴快，人类心思多，也把俗念安在了神明身上，希望通过落汤钱的黏性来粘她的嘴、用糖来甜她的嘴，让她上天汇报时多为民间说好话，多说"五谷丰登"之类的话。当然这是一厢情愿，但对于人来说也是尽力而为的一种心理暗示和安慰。（在潮汕地区，农历十二月廿四日是"神上天"之日，下界诸神要升天向玉皇大帝朝贺述职，报告一年来下界人间善恶诸事。人们在这一天会举行一些祭祀活动，而祭拜"五谷母"则选择在她生日那天。）

其实，"五谷母"应该是"五谷神"。周代以稷代表谷神，和社神（即土地神）合称"社稷"。土地神和谷神是以农为本的中华民族最重要的原始崇拜对象，由此延伸其词义，社稷也指代国家。后来人们亦称"神农氏"为五谷神，《潮州年节风俗谈》一书也这样描述："据说五谷神即是神农氏，这天的祭拜是纪念他教民耕种的劳苦……然而这是从一般知识分子的口中得来的。农民则大多只懂得祭拜而已。"[1]正因为农民只知其然而不知其所以然，把"五谷神"当成女性，有些地方将"五谷母"又以讹传讹成为潮汕话谐音的"五角母"，于是，祭拜时还会用五个角的东西，比如阳桃、五角的粿品等。

从前，农历十月十五这一天，农民用新米装满米筒，插上从田地里采摘的五条大谷穗，供在香案上，做香炉用，并用红纸贴米筒一圈，便算是五谷神位（在潮阳一带还有以绘制神农像的小玻璃镜，长年作牌位供奉）。有意思的是，潮汕人把五谷神称为"五谷娘""五谷母"。潮汕有俗语"五谷爷告无状"讲的就是相关的掌故。传说五

[1] 沈敏.潮州年节风俗谈[M].中南书局，1996.

谷爷被呼为五谷母，觉得很难为情，便向观音菩萨投诉，观音笑道："我观音大士不也被人称观音娘娘么？只要受百姓尊敬，是男是女，又有何关系呢？"五谷爷无奈又向玉帝告状，并把观音大士被称为观音娘娘也一起上告。玉帝看后大笑："卿所奏二例属实，然称男称女于本人无损，也无伤大局，何必耿耿于怀？岂不闻潮汕人有句口头禅'父是天，母是地，老婆是玉上皇帝'么，朕可当百姓的老婆，何况尔等呢？"五谷爷只好谢恩打道回府。民间继续以"五谷母"唤之。

如今，落汤钱已经摆脱了拜祭供品的主要功能，还特别受到海外华侨的喜爱。

汕头脆麻花

我相信，当年分批从中原背井离乡、一路南迁到海边开始创业的潮汕先人，即使身上没什么行囊，但脑袋瓜却是充实的。首先，他们的理想和希望没有破灭；其次，他们并非平庸等闲之辈，否则今天寻找古时的中原文明，也就不会总在这个称为"省尾国角"的地方发现了！他们带来了许多北方文明的成果，这在一些小小的食物中也能体现，比如麻花。

麻花虽然种类不少，但外形与用料基本一致。出名的有天津麻花、山西稷山麻花、陕西咸阳麻花、湖北崇阳麻花等，大多产于北方，到了长江一带也就是苏杭麻花。可是从苏杭跨过中间地带，来到了潮汕又有麻花，这种跨地域的现象往往跟人群的迁徙有关系。

麻花在古时候是宫廷食品，后来才流传到民间。麻花因其制作简单、食用方便，也曾被文人墨客所赞誉，在民间还有传说。相传很久以前，河南大营一带毒蝎横行，为了诅咒消灭毒蝎，每年阴历二月二，家家户户把和好的面拉成长条，扭作毒蝎尾状油炸后吃掉，称之为"咬蝎尾"。久而久之，这种"蝎尾"就演变成今天的麻花。我由此还联想到，"油炸鬼"（油条）的由来是否正是这一创意的延伸和启发？后来看到清语言学家范寅在他的著作《越谚》中说："麻花，即油炸桧"。一下子又犯糊涂了！其实不管谁借鉴了谁，麻花和油条在做法上的确相似，我暂且这样来区分：麻花的味道是甜香的，面里加的是糖；油条的味道是咸香的，面里加的是盐。而且北方的麻花普遍是由三股面条拧在一起炸成的，油条永远只有两条面。

潮汕人则根据其形状和制作过程，将它形象地叫作"油揉"（揉，原意为"用手指按"，这里引申为"拧"）。

不要小看这种看似简单的食品，在北方各地的旅游区，你随时随地都可以看到用塑料袋包装的各色大小麻花在出售，中国产业信息网发布的《2014~2019年中国休闲食品市场评估与投资前景预测报告》中认为："近几年麻花行业快速发展，预计未来几年行业将保持12.5%左右的年复合增长率，2016年我国麻花市场规模达到60.03亿元。"

汕头的油揉也有相当的历史。汕头电视台曾经拍过一个专题片，介绍过一位"油揉兄"。他一家原在市区小公园内街经营糖饼零食的批发零售，也制作麻花出售。解放后公私合营，当年这条著名的"物食街"的经营者，包括他的父母全部进入汕头糖果饼干食品厂工作。改革开放之后，他与老婆两人重操老辈人的旧业，在这里经营糖果，他自己制作的油揉尤其深受顾客喜爱。

汕头的麻花制作与北方基本一致。将面粉加入花生油、发酵粉、干酵母，用力揉到柔软而有韧性，静候其发酵。发酵好后将面团揪成小块，揉搓成两条粗细适中的面条，将两股面轻轻拧在一起，"油捼"就成型了。接着就是将做好的油捼坯下油锅炸成金黄色。这里大家注意到，与北方的麻花不一样，汕头的油捼只用了两股面，而不是北方的三股。其次，油捼的个头小，属于精致型的，这与另加的一道工序有关，个头太大了做不了。

炸好的油捼其实已经是北方麻花的成品了，但油捼的不同在于最后一道工序。这也是潮汕脆麻花独特口味的关键所在，甚至可以说是当年显摆富有蔗糖资源的方式——糖多、嘴刁、任性。这道工序叫作"返糖"，就是把白糖熬成糖胶，加入葱花和芫荽后将炸好的麻花倒入锅里，通过反复搅匀使麻花披上糖衣，待冷切之后，就变成"黄衣使者白衫儿"，精神气十足。这才是标准的汕头"油捼"。

当然，给麻花上糖北方也有，如北京的蜜麻花，又称"糖耳朵"。因成形后形状似人的耳朵而得名，前人有诗云："耳朵竟堪作食耶？常偕伴侣蜜麻花，劳声借问谁家好，遥指前边某二巴。"这种麻花据考证为清真所制食品，与汕头油捼的不同之处在于外加的糖的状态，油捼是干的，而蜜麻花是黏糊糊潮湿的！蜜麻花绵润松软，甜蜜可口，1997年被评为"北京名小吃"和"中华名小吃"。当然，最绝的还数著名的天津十八街麻花，它在白条和麻条中间夹一条含有桂花、果仁等内容的酥馅，创造出的什锦夹馅大麻花。

麻花总让人不由得联想到悠悠的茶香和斑驳阳光下的闲情，又是一件有情调的茶配！

油炸酥饺

　　曾经的岁月里，酥饺是潮汕人家庭必备的过年食品，无论城市或乡村。后来，琳琅满目的各色糖果取代了酥饺，在人们的不经意间，它似乎悄然消失了。而今，作为一种地方小吃，它又在一些饼食店出现，多少给人历史轮回之感，又不免添一些感叹和回忆。

　　酥饺，顾名思义，外形似饺子，由于经过油炸，外皮是酥脆的。与北方常见的饺子不同，酥饺是甜食，馅料基本是碾碎的花生、芝麻和白糖。那时候家家户户都是自己做的，我读小学时就能做酥饺，并且还能技术输出，帮助邻居家做酥饺、炸酥饺。

　　最初，酥饺面皮用的是面粉加水，再调入食用油制成。这样的饺皮炸出来较脆，但有些硬，颜色也深。后来都会再加入鸡蛋，这样的饺皮就比原来的松脆很多。最有意思的是酥饺的大小，面皮用擀面杖擀成薄片后会用圆口器皿压出圆形饺皮，所用的器皿各不相同，做出来的酥饺也就大小各异。我们家一般用罐头盒子，压出来的饼皮也就手心大小；也有人用碗的，面积翻了一倍！

　　我见过最为袖珍的是当年住在同一个大院里的邻居做的。阿姨是一名护士，印象中极爱清洁。谁到她家做客，客人一走她就会拿出消毒水或医用酒精擦拭客人坐过的椅子，小孩儿到她家玩经常也会享受酒精擦手的待遇。如今想来阿姨多少是有些洁癖，外人来了就差直接拿出消毒水喷洒消毒了，后来孩子们都不敢上她家玩。

护士家做的酥饺极为精致，用喝工夫茶的小茶杯来压饺皮。做出来的酥饺也就拇指大小，装在玻璃罐中，一束阳光照在窗前的茶几上，玻璃罐中的酥饺整齐优雅地排列着，让孩子向往！

酥饺包馅是个技术活，要先整齐地对折捏紧，然后在边缘上捏些褶纹的花边，像是女孩的麻花辫子。酥饺的口子一定要捏紧，饺皮干的话还要在边缘抹点水。而且馅料一定要包干净，外皮不能沾有糖，否则用油炸的时候，漏出来的糖会熔化成黑色的糖浆，像酥饺表面长了黑斑，基本上就算失败了。

炸酥饺最重要的是掌握火候，火候好炸出来的酥饺才能既好看、又酥香。别的饺子都是做好了趁热吃的，酥饺则要放凉了才能吃。

酥饺和鼠曲粿

酥饺在潮州的一些地区称为"炸油角"。而潮汕的一些地区除了过年，中秋等大节日也会做酥饺，总之，原本属于节庆的食品之一。由于酥饺要捏上好看的花边，有人说其形状像"荷包"，所以还讲究包得饱实，这样炸出来的酥饺就会变得圆圆鼓鼓，取"钱包鼓胀"的好意头。

每年做酥饺也是家庭热闹的事，工程量不小，孩子们也会来帮忙。其实也像一种家庭的游戏，孩子们往往是帮倒忙，有时刻意包出一些个怪模怪样的饺子来，大人们总会说："等下先炸你这个，认好了，到时自己吃！"其实不是批评，是对孩子参与劳动、敢于创造的一种鼓励。大人们也会专门做一两个规格奇特的酥饺，比如圆形的、四方形的给孩子吃，哄孩子们开心。就这样，一家大小边干活边打闹，一派其乐融融的氛围，"天伦之乐"不外如此！如今许多人都在感叹当代的中国家庭缺乏温情，也难怪，如今一进家门就是低头看手机、抬头看电视，或许缺的就是这种集体的体验活动了！

在潮汕农村家乡有一个传统，炸好酥饺后要先拿给家里的长辈品尝，同时还会给厝边头尾（邻居）、亲戚朋友送上一些。所以，每户人家的酥饺最后都会变成大杂烩，充分地展示了潮汕人邻里之间的和谐关系。

而到了过年，各家各户的茶几上都会摆着一两盘酥饺，有亲朋好友来拜年，便是极好的工夫茶配。

潮汕人说"金厝边银亲戚"，讲究邻里和睦，这是一种有利于社会稳定的价值观。2005年，汕头电视台与一家公司合作筹拍潮汕话室内情景剧，由我帮忙撰写和筹集剧本，我觉得潮汕最有特色的人情关系就是"邻里关系"，也有取之不尽的题材，所以给系列情景剧起名《厝边头尾》。十几年过去了，名字一直沿用着！

瓜册瓜丁

在潮汕地方的特产中，棉湖瓜丁是排得上号的。

瓜丁和瓜册是同一种东西，只是形态不同而已。瓜册呈片状，瓜丁呈条状。它以揭西县棉湖镇出产最著名，民间有"棉湖瓜丁，酥甜无粕"之说，据考证已有超过300年的制作历史。

瓜册或瓜丁，用冬瓜瓤肉为原料蜜饯而成。制作瓜丁瓜册的冬瓜，不是夏天作汤菜的稚瓜，要选质地纯良种于秋后收成的老瓜，俗称大冬瓜。墨绿色，瓤厚皮硬，每个可重三四十斤以上。瓜丁瓜册的制法是，先刨去冬瓜外皮，按规格切成条或片，置石灰池里泡十几个小时，捞起放入清水池浸泡多次，尽去杂味；再捞起煮熟，放入煮化了的糖液里蜜饯多次；最后，冷却过筛。

在整个制作过程中，最具特色的就是石灰水的应用。石灰是用石灰石、白云石、白垩、贝壳等碳酸钙含量高的原料，经煅烧而成。石灰是人类最早应用的胶凝材料。公元前8世纪古希腊人已用于建筑，中国也在公元前7世纪开始使用石灰。至今石灰仍然是用途广泛的建筑材料。而在中国，它也在医药领域得到广泛使用。明朝于谦有一首著名的励志诗叫《石灰吟》："千锤万凿出深山，烈火焚烧若等闲。粉骨碎身浑不怕，要留清白在人间。"刚煅烧出来的"清白"其实是生石灰，它在空气中吸收水分或加入水后变成熟石灰，在医药上使用的基本上为熟石灰。

冬瓜册

　　我国古代医书多有记载它的用法和药性。《本经》："味辛，温。主疽疡疥瘙，热气，恶创，癫疾，死肌，堕眉，杀痔虫，去黑子息肉。"《日华子本草》："味甘，无毒。"《本草纲目》："疗髓骨疽。治疥癣，蚀恶肉。止金疮血，甚良。生肌长肉，止血，白癜疬疡，瘢疵痔疮。妇人粉刺、产后阴不能合。解酒酸，沾酒毒，暖水脏，治气。堕胎。散血定痛，止水泻血痢，白带白淫，收脱肛阴挺，消积聚结核，贴口，黑须发。"而石灰水往往会被用于泡制中药材，有凝固、消毒、去除杂质、防虫等效果。所以，我对于潮汕先人在300多年前就懂得用石灰水来泡冬瓜使其硬化感到十分的惊奇。可以说，没有这道工序就没有瓜丁瓜册的存在，而通过石灰水的作用，冬瓜不仅能硬化成型可以保存较长时间而且本身也增添了药用功能。

　　瓜丁瓜册的产生与潮汕当年作为蔗糖的主产区也有密切的联系。正是有丰富的蔗糖，才有了这些以糖为基础原料的特色食品大量出现。加上在传统的种植业中恰好"棉湖出名大冬瓜"，因缘巧合之下，两者珠联璧合孕育出了"顶呱呱"的棉湖瓜丁。这看似巧合，实则是必然的结果。上乘的瓜丁瓜册晶莹透亮，清甜爽口，润喉清肺，既可直接作为茶食、零食，也可作为潮汕饼食、甜汤等的原料。

外婆喜欢吃甜食，我小时候在棉湖时，外婆常常一见我就会掏出用皱巴巴的纸包裹着的瓜丁瓜册来。那已经是难得的零食了，常常是母亲专门买给外婆而不许我们小孩偷吃的，结果外婆又舍不得吃，转了一圈又让孙辈们瓜分了。

瓜册瓜丁如今常常被用于泡水，特别是与草药同煮，基本等同于糖的作用，但潮汕人认为它有清热解毒的功效，所以特别受欢迎。

说起来有意思，在童年的记忆中，瓜册瓜丁并不在美食的行列里，倒是与喝中药紧密地联系在一起。它常被用于喝苦凉水（中药汤）之后的"煞嘴"，"煞嘴"就是指调节口腔的味觉。以前用于"煞嘴"的不外乎两样东西：一是甘草水泡的各种水果，颜色馋人，口感酸甜，有"煞嘴甘草货"之说；另外一种就是瓜丁瓜册了。喝完中药后，吃一块瓜册或瓜丁，让甜味代替弥留在口腔中的苦味。

但说法上其实还有讲究。有些大人对小孩说："把药喝下去，补你一块瓜册。"小孩往往不肯喝；有些大人则说："勇敢地把药喝下去，奖励你一块瓜册。"小孩往往乖乖就范。虽是同样的一件事，表达方式不同会有不同的效果。你看，奖励和补偿是完全不同的两回事！

无烟芋泥

金秋时节，暑气未尽。阳光一点儿都没有示弱的意思，依然晒得人皮肤发痛，这个时候，潮汕的芋头开始大量上市了。

潮汕常把番薯和芋头合称"番薯芋"，两者都是当年重要的粮食。它们像孪生的兄弟，上餐桌也往往形影不离。潮汕著名的甜点"金银条"就是翻砂番薯和芋。但是，芋头在食材的搭配上显然比本身就有甜味的番薯"戏路"要宽得多。

牛田洋芋头给我留下深刻的印象。可能是因为曾在那里工作过，对于那里的一道名菜"鱼头芋"一直念念不忘。牛田洋位于汕头内港，那里曾是一片海滩，出没于潮涨潮退之间，面积足有万亩。20世纪60年代初期，人民解放军响应毛泽东主席的号召，进驻牛田洋围垦造田。1969年7月28日强台风来袭，553名解放军战士和学生为保护堤围而英勇捐躯。牛田洋军垦基地虽未得保全，但他们"人在大堤在"的豪迈精神，在当时得到了"北有珍宝岛，南有牛田洋"的赞誉。如今的牛田洋早已不是农场，而是海产养殖基地。见证那段"战天斗地"的历史的，是寂寞的一座"七•二八不朽烈士"纪念碑。

芋头煎、炸、煮皆可，与肥猪肉的结合更是美妙，那种一片红烧肉一片芋头的"芋头蒸肉"是年轻时最解馋的家常菜。

当然，潮汕有"芋味三绝"的说法，指的是芋酥、翻砂芋和芋泥。

芋酥，是将山芋切成小薄片，晾干后放入油锅中炸酥；捞起后滤去油渍，投入滚烫的白糖水中；再捞起冷却，均匀地撒上炒熟的白芝麻和切碎的芫荽便成。

翻砂芋的由来据说与抗击元兵（胡人）有关。潮汕"胡"与"芋"同音，老百姓将芋头当作胡人的脑袋，切成条状，放入油中煎，捞上来后，加些糖吃掉，以解心头之恨！后沿袭成潮汕的一种风俗——中秋节吃翻砂芋。中秋食芋在不少地方寓意辟邪消灾，并有

"不信邪"之意。清乾隆《潮州府志》记载："中秋玩月，剥芋食之，谓之剥鬼皮。"连鬼都不怕！剥其皮而食之，大有钟馗驱鬼的气概。

芋泥是另一绝。芋泥在筵席中往往是作为最后一道菜上桌的，与开头的甜汤相呼应，取"头甜尾甜"的意思。用芋头蒸熟后捣成泥，加入糖而成，因芳香润滑而广受喜爱，甚至是许多喜欢甜食的朋友的挚爱。芋泥的做法并非潮汕独有，它也是福建省闽菜中的传统甜食之一。以芋头煮熟捣烂，加红枣、樱桃、瓜子仁、冬瓜糖、白糖、桂花和熟猪油等辅料制成的"八宝芋泥"，往往是闽菜的压轴。凭着闽南与潮汕密不可分的人缘和文化联系，两地都有这道菜肴也不奇怪。

翻砂芋

芋泥白果

传统上"芋泥"是要吃热的，不吃冷。刚蒸好的芋泥还会淋上滚烫的猪油，所以滚烫的芋泥并未见烟雾，若贸然大口入嘴，则会有被烫伤的危险。潮汕饮食俗谚中有"无烟无烟烫死人"之说。

传说大清洋务大臣李鸿章曾专门宴请洋人吃"八宝芋泥"，以此作为对洋人的不敬的报复。梁启超曾作如此描摹："李鸿章待人接物常带傲慢轻侮之色，俯视一切，与外国人交涉，尤轻侮之！"虽然国弱，但对于洋人，李鸿章并非卑躬屈膝，而往往是"有仇必报"。有一次他到法国访问，一位法国官员敬他一支雪茄，但没告诉他怎样吸，李鸿章看外国人放在嘴上一点就着，他也照着做，就是点不着。原来吸雪茄前，必须将烟头切去才能点着。李鸿章认为对方是故意使他难堪和损伤大清国威。后来，那位法国官员到李鸿章住处回访。李鸿章也令手下敬烟，李鸿章接过水烟袋咕噜咕噜吸起来，那位法国官员也学着用嘴去吸，没想到这需要技巧，因用力过大吸进一大口烟水，苦辣难忍，但拘于礼节又不好往外吐，只好咽下。

另有一次也跟"烟"有关，李鸿章被邀请出席洋人宴会，筵席上端上一小碗冒烟的小菜，李鸿章用匙子舀起来后，不经意地用嘴轻轻一吹，即引起洋人哈哈大笑。原来，那是冰激凌。遭到嘲讽之后，李鸿章不会就此罢休，他心生一计，特意回请那帮洋人，宴席上特选用精美雅致的瓷碗盛放着刚蒸熟的八宝芋泥，也不说话就放到各人的桌前，顿时芋香四溢。客人迫不及待拿起汤匙舀着，因看不到冒热气，欣然入口，个个被烫得龇牙咧嘴，叫苦不迭，狼狈不堪。

李鸿章的这一招才叫"以彼之道，还施彼身"！

糖葱卷薄饼

糖葱薄饼作为一种儿时常见的小食，被重新从味道的记忆中唤醒，应感谢央视的美食纪录片《舌尖上的中国》。该片对潮汕这一传统小食的制作做了详尽的介绍，通过灯光的专业布设，镜头拍得美轮美奂，让人眼见嘴馋。

由于该片的影响力，不仅外地人认识了糖葱薄饼，也让这一小食重新回到本地人的视野中，卖糖葱薄饼的摊贩明显地多了起来。

我想着买些尝鲜，正巧就在市区乌汀街道发现了一家专门制作糖葱薄饼的店。店家说，他们是专营批发的，卖给摊贩沿街去贩卖，四个煎薄饼的铁炉子从早到晚不停歇地烙着面饼。可想而知他们一天要烙多少饼皮，可见糖葱薄饼是多么受欢迎。

糖葱薄饼，顾名思义就是由"糖葱"和"薄饼"组合而成的。薄饼是一张圆形的薄面饼皮。制作薄饼用纯面粉调水，调成稀面团，抓起一团往热锅上旋一圈，就会有一层薄薄的面粉黏附在铁锅上，揭下来就是一张极薄的饼皮了。在乌汀街道的专营小店里，操作的人可以

薄饼

糖葱

同时用两个炉煎饼，动作极为迅速，像玩杂技一般手起手落，一张张薄饼就飞起来垒在了一起。糖葱是用白糖做成的、布满细孔的葱状糖块。糖葱制作的质量是小食的关键，质量好的糖葱要松脆酥甜，入口即化又不粘牙。白糖要用大鼎熬成饴，再趁热像拉面一样反复拉扯；在这过程中，空气的进入会在糖块中形成排列有序的小孔；糖在冷切的过程中会变成乳白色且脆化，切断成小段后，就成了小食的核心组成部分"糖葱"。

据了解，糖葱薄饼起源于潮南区陈店镇的福潭村。村子原名"鸭潭"，所以过去也有人把糖葱薄饼叫作"鸭潭糖葱"。传说古时村东有一深潭，潭里有一群金鸭（也有说是一对翡翠鸭，其实我深度怀疑那是鸳鸯），金鸭还会潜水，被视为神鸭。人们用尽办法，就是抓不到。这口潭深不见底，久旱不涸，所以这里被称为"鸭潭"。解放后潮汕地区规范整理地名时，觉得以"鸭"命名不雅，于是改为"福潭"。潮汕话俗语中有"鸭潭寨门——天生榕（成）"之说，讲的是鸭潭乡的寨门上长有一棵榕树，不是人工种植的，而是自然长成的独特景观。福潭村如今依然有糖葱薄饼的制作。

糖葱薄饼还会在糖葱上撒上炒熟压碎的花生米、黑白芝麻。最有意思的是最后还要加上一根芫荽才正宗，不仅增了香，而且在视觉上添了彩。

儿时出门游玩时常可以吃到糖葱薄饼，吃的时候总是小心翼翼，生怕糖碎掉了可惜。咬上一口时可以清晰地听到糖葱碎裂的声音，是一种幸福得心碎的声音。孩子们平时在街上听到小摊的吆喝声，总被吸引过去，通常是买不起的，于是就跟小贩对着吆喝。小贩喊："糖葱薄饼——糖葱薄饼——"小孩子们集体吆喝："糖葱薄饼——吃了不会生仔。"小贩赶紧回应："糖葱薄饼——吃了愈生雅。"总是惹得孩子们哄堂大笑，这一唱一和变成了一种固定的游戏！

如今市场上的一些糖葱薄饼摊，不知从何时起打上了"泰国糖葱"的旗号，多少让人有点迷惑。就像橄榄菜明明是本地的特产，非得打着"香港橄榄菜"的牌子。仿佛所有的食物，有了进口身份，就涨了身价一般。

香脆炸虾饼

炸虾饼在汕头原来是一种街头小吃，现在街头却不易见到，反而成为许多高档酒楼的特色菜。

记得几年前，一位潮菜大师说要在他的菜馆增加几个特色菜。开始以为是什么精细菜，问清楚后才知道是几个传统的潮汕小吃，就包括炸虾饼和虾枣。那是他到潮汕各地乡间走了一圈以后的决定，那次采风回来以后，他颇有收获，发出不少感慨。他反复念叨了很久的意思就是：如今市场上大批量生产的各种小吃经过不断的所谓"改良"，有的已经面目全非，在本质上发生了变异，只有乡间出品的还能保持原汁原味。

在乡间的小吃采风让他明白，最本土的或许就是最有特色的，而且经过了历史的考验。这些特色的小吃既然有如此旺盛的生命力，自然有它存在的充分理由。后来他对酒楼里的小吃来了一次大清理，有不少他认为不正宗的被清除出队，虾饼由此得以增补转正。

而今，炸虾饼这种小吃在汕头不少酒楼都有供应，各自有些配料、细节上的差异，但本质上差不多，倒是多少有点复古的味道。

炸虾饼一直流行于江南地区，只是虾的选择和处理上有些差异而已。关键是该地方得有新鲜的虾出产。潮汕虾饼自然名声在外，与汕头同处南海边的湛江也有特色的虾饼引以为豪。而在江苏省常州市，由于虾饼的形状类似腰鼓，又被称为"铜鼓饼"。在泰国也有炸虾饼，近几年泰式炸虾饼也出现在汕头，与东南亚菜一起受到一些喜欢尝鲜的年轻人的青睐，但泰式虾饼与国内的相比就有较大的差异。泰国是一个水果出产丰富的国家，处处可见水果入菜，虾饼也不例外。浆料中除了加入各色水果，还有猪肉、糖和泰国酱油等，从味道上辨识，虾的特色并不明显，而且有点像饺子的做法，皮包馅，配料并非浑然一体的。

据说虾饼距今已有近200多年的历史。清代文学家袁枚在《随园食单》中介绍了两种虾饼：一种是"以虾捶烂，团而煎之，即为虾饼"；另一种是"生虾肉、葱、盐、花椒、甜酒脚少许，加水和面，香油灼透"。潮汕的虾饼与上述两种都有区别，把虾捣烂或取虾仁来制作的，在潮汕地区称作"虾枣"或"虾滑"。

潮汕虾饼与外地的不同之处在于虾的选择上。潮汕虾饼并非取虾仁，而是选择中小只的沙虾，先将沙虾的头和尾用剪刀剪掉部分；加入精盐、葱粒、五香粉拌匀腌制，然后加入面粉、生油，用清水拌匀成虾饼浆；将鼎烧热，倒入花生油，待油烧热后把虾饼浆淋在锅铲上，逐个放进油鼎炸至酥脆；捞起，用刀切成块装盘。有的酒楼会用白醋、白糖、番茄酱、红辣椒酱、麻油等制作成蘸料，和虾饼一起上席。

其实，从历史上看，潮汕的虾饼也有好多种。首先从原材料上区分，有淡水的溪虾、河虾与海虾的区别。关键是看当地的出产，靠海吃海，靠江河自然就吃淡水虾了。另外还有制作上的不同，过去潮州府城内有一种虾饼，是用面饼包裹小虾然后煎炸的，最终演变为后来

炸虾饼

的春饼。在汕头常见的虾饼三四十年前似乎针对的目标消费者是小孩儿，它往往与煮熟的钉螺、风吹饼等一起售卖，小摊都摆在学校的门口，小碗口大小，薄薄的一片，炸成圆形，香脆可口。长长的虾须和尾巴是不剪掉的，有消费条件的孩子炫耀的时候常常拎着突出的虾须，像凯旋的猎人拎着猎物一样——那种心理满足感可想而知，犹如今天的富二代拿着父母的钱买辆豪车载着小妞招摇过市！

潮汕虾饼采用小虾制作的原因，我想不外乎小虾吃起来不方便，油炸可以让外壳酥化，吃起来容易。潮汕处理海鲜方面有不少类似的例子，比如油炸三黎。三黎味道鲜美而骨刺极多，于是一炸了之，连骨带肉一起吃掉。汕头市区福合埕有一家大排档，常年有一道招牌菜——油炸虾仔，用的也是小沙虾，炸得外酥里嫩，也是同样的道理。

另外，据营养学分析，虾皮可是好东西，营养丰富还能补钙，就当吃补了！

豆花飘香

　　夏天一到，潮汕城乡街头巷尾总能听到"豆腐花、草粿、冻草粿——"的叫卖声。只不过过去是小贩扯着嗓子叫喊，因口音声线各异而别具特色，如今都换成了录音喇叭，少了个性化的情趣。潮汕的豆腐花与草粿是"孪生姐妹"，在走街串巷的小贩眼里，它们几乎是永远的伙伴。

　　豆腐花与草粿，白色的是豆腐花，黑色的是草粿，价钱都一样。黑与白是自然界中最为简单和朴素的搭配，但也由此而给了人们许多哲学想象空间。在古人眼里，黑白代表阴阳——无极生太极，太极生两仪，两仪生四象，四象生八卦。在小贩的车架子上，豆腐花与草粿的组合，一黑一白，一阴一阳，一乾一坤。真不知当初是怎样的机缘巧合让它们相遇，如今看来是如此和谐，而且在满足顾客的不同需求上相得益彰。

　　潮汕传统的豆腐花（常简称为"豆花"）加工精细、磨浆讲究，乳白细腻，润滑如脂，清香爽口。其原料必精选优质大豆，漂洗干净后，用石磨均匀地推磨，下豆及加水合理配比，浆滴洁白；滤浆、煮浆过后，均匀地加入石膏水，加盖密封，静置5~10分钟；最后切成一小片一小片，装入碗里，撒上糖粉即可。价钱便宜，食用方便，使人食后顿感清爽消暑，凉喉解渴，裨益健康。

　　潮汕民间流行着一句民谣："夏日豆腐遍街头，串巷叫卖四方行。清口解渴适时令，呼卖声调如潮乐。"形象地描绘了潮汕夏日民俗风情一景。自古以来，豆腐花是潮人夏日清凉解渴的传统小吃，清香滑润，惹人喜爱。它还传播到海峡对岸去，恰好看到一位台湾朋友写的在台南品尝"德记汕头豆花"的感受："首先咱们先吃一口豆花，我个人觉得，一入口时整个就化掉了，真的就给它化掉了……后来查了一下数据才知，原来老板每天现磨现做的豆花，不是用我们想象中的黄豆哟！反而是用毛豆做的，更加健康！"可见，豆腐花在台南也创出品牌了。

过去的豆腐花多数是盛在桶里，由小贩挑着或绑在自行车两边沿街吃喝贩卖。想吃的人只要喊一声"豆花"，小贩就会赶过来，拿起一片铁片把温软的豆花一片片地"刮"进碗里。除了糖粉，有的还会撒上花生碎和芝麻末，吃起来味道更丰富。

在汕头人民广场附近的公园路上，有一家经营30多年的豆腐花店颇有名气，人称"广场豆腐花"。不少"吃货"慕名而去，生意红火。他家的"潮式豆腐花"有几种不同的口味，可以选择单独添加红糖、白糖或花生碎，也可自由搭配其中两三种。那里的豆腐花略显淡黄，与常见的白色豆花有些不一样，显得比较"结实"。别的地方的豆花搁上一阵就会慢慢地水化，等到吃完豆花，碗里也有了很多水，而这里的豆花不会"生水"。这家店经营至今已是第三代，每天早上8点半就开门迎客，直至下午5点左右。但你若想吃上一碗香甜的豆腐花，还得趁早——店家生意太好，豆腐花经常等不到收摊就售罄了。

潮汕豆腐花其实并非原产，豆腐制作工艺本来是由北方传入，普遍认为是元末陈友谅的军师何野云传授的。何野云在潮汕隐姓埋名并做了不少好事，后来潮汕人封他为仙，称"虱母仙"。

甜豆花　　　　　　　　　浮豆干

　　潮汕的豆腐花与北方的豆腐脑很相近。在国内的其他地区，一般是这样来区分：豆腐脑是做豆腐最先产生的东西，用筷子难以夹起，需用汤勺盛用；等到再凝固一点，就是豆腐花，与豆腐脑相比口感凝滑，可用筷子夹起；豆腐花放入模具里压实，更加凝固之后就是豆腐了。

　　所以，豆腐脑也算得上是花样年华的豆腐，那叫"豆腐花"倒是更顺理成章的贴切！

　　依据各地口味不同，豆腐脑还有咸甜的区别，由此还引发了网络上的争议。

　　这种争议很有意思。从心理学上分析，当一个人坚信自己的观点（或喜爱或价值判断）与大多数人一致时，就会忽视与自己不同的意见；当不同意见出现时，就会自觉地支持、强化自己的观点，以维护自己对于周围事物的理解。明朝冯梦龙的《古今谭概》中有"罚人食肉"的故事：唐朝皇族后裔李载仁不吃猪肉，认为吃猪肉是可怕的，而且别人也是这么想的。有一次下人打架，李就罚这俩人吃肉夹馍，还警告其他人说，谁要是敢再犯就往猪肉里加上酥油，恶心死你们！结果，之后下人们饿肚子了就打架玩。正是出于这样的心理，网络上才会有"豆腐脑是甜的还是咸的"这样的伪命题得以长时间地"唇枪舌剑"。

事实是，北方多爱咸食，而南方则偏爱甜味，还有四川等喜爱酸辣口味的豆腐脑。咸的一般是加入肉馅、芹菜、榨菜、黄花菜、木耳、海带、紫菜、虾皮等，甜的一般是加入糖浆或砂糖、红糖。夏天通常将豆腐花放凉了吃，冬天则加入热糖水或姜汁。南方不少地方会加入绿豆、红豆甚至各色水果，还有与芝麻糊一起做成"双拼"的。

说到底，各具风味，谁让咱们"地大物博"，地方口味差异这么大呢！

五果的祝福

潮汕人甜汤的鼻祖是"五果汤"。其他的各种甜汤都是在它的基础上发展而来的。

五果汤原是潮汕地区春节期间的年俗食物。农历正月初一是岁首，各家各户都会放鞭炮，还在门上贴门神。不论男女老少，不论贫富都穿新衣、穿新鞋，停止一切劳作，一家人团聚过年，晚辈向长辈敬茶祝福。孩子向老人请安之后，老人家都要舀一碗五果汤给全家大大小小，保佑全家人平平安安。在客人、亲朋好友来访时，也都是要舀上一碗五果汤，作为接待客人的食品。

五果汤一般以桂圆、白果、莲子、薏米、百合组成，但其原料远不只是五种，那些具有食疗作用的食材随个人喜好而加入。在一些传统的小食店，不仅有地方小吃，也同时经营五果汤，其中的"五果"可随食客的口味选择搭配。会有柿饼、芡实、姜薯、番薯、芋头、红枣、银耳、木瓜、绿豆等可选择，但不管如何搭配，这些食材都是有益健康、具有一定药用功能的食品，普遍具有调理脾胃、润泽肌肤的功能。

甜汤之五果

五果甜汤

汕头电视台曾做过一个关于五果汤的节目，节目中福合沟无米粿店的老板介绍说，这些年来，他也在不断尝试"五果汤"的新原料。以前他父母做的时候，一般就是白木耳、百合、绿豆，再加上一些薯粉丸。薯粉丸潮汕人叫"酥脆丸""清心丸"，为了让其酥脆，过去人们会在里面添加硼砂。现在一般都做了改进，不再添加这些有害物质。

以前的酥脆丸非常受顾客喜爱，但出了卫生安全问题怎么办呢？店家找到了一种理想的替代品。它是一种热带植物的种子叫"亚达籽"（有地方也称为"海底椰"，可由泰国进口、灌装，香港、台湾地区甜品店常见），"亚达籽"看起来形状就像"酥脆丸"，里面透明的，吃起来感觉比较润，而且清口，还能起到解暑降温的作用。同时，这家店还发现把原料放在一起煮口感不是很好，于是改进了烹调方法，将五果汤的材料分开处理，该蒸的蒸该煮的煮。根据客人的要求来个渊渟泽汇，加上甜汤即可。这样不仅使豆类、莲子里的一些粉状物质不会流失到汤水里，而且可以根据客人的喜好自由搭配。

五果汤既具有诸多食用价值，又寄托了新年的美好祝愿。过去在农村，从初一到十五家家都煮有五果汤，若有客人来拜访，必以五果汤待之，有祝愿"五福临门""五子登科""子孙满堂"等深切寓意。

从古时候开始，潮汕人吃桌，头尾多用甜品，民间多用五果汤收尾，有甜甜蜜蜜、生活越过越甜蜜的意思。吃桌就像一场大戏，剧情渐次展开，中间剧情起起伏伏最后总会达到一个高潮，所以潮菜对于上菜的程序特别讲究，这是中国其他菜系所不如的，上菜要相互搭配、相互衬托，秩序井然，而最后的甜点就相当于高潮过后舒缓的谢幕。让人喘口气舒缓心情的同时又回味，让咸与甜的交错延伸出甜蜜的新感受……五果汤正是盛载了这样的美好祝福，它的存在与传承其实更像是一种礼仪。

潮汕俗语说"食饱食巧"，后来潮汕地区甜汤的发展变化和队伍的壮大，是在物资供应相对丰富了以后。人们吃饱了才有讨巧的劲，在饿得发慌的年代，潮汕人不仅吃野菜、树皮，还吃过观音土，那时候谁有那讨巧的工夫？

蔬菜念想

漫话 "菜合"

菜合（音"甲"），看到这个词，许多人会以为我说的是一种小吃。北方有一种特色小吃叫"菜合"，也叫菜盒子，是源于河南的一种小吃。首先摊上煎饼，然后把准备好的菜放在煎饼上，只放一半，另一半折起盖着菜，在边上浇上稀面糊，再加热煎熟了就可以吃了。其中以鸡蛋韭菜合最为出名。

其实，我说的不是小吃，而是潮汕对一种食材相配套的配菜和佐料的总称，"菜合"就是与主食材相合的配料。

潮汕人会做生意是出了名的，作为中国传统的商帮之一，潮商是唯一长盛不衰从未间断的商帮。潮汕人做生意不仅诚信精明，而且大气，不会斤斤计较。就拿饮食而言，潮汕人懂得抓大放小。别的餐厅，你一进门什么都给你算钱；潮汕酒楼是例外，先送个点心免费的，上桌后除了点的菜，其他小菜、茶水、餐巾纸、连米饭、白粥都是免费的。汕头还有专营燕翅鲍的酒楼，你点个主菜，其他的菜一律免费，能吃多少你点多少，点得再多一样地热情服务。这就是潮汕人做生意的独到之处，抓住重点，其他的配套服务是理所当然的。

这种服务方式也表现在日常的肉菜市场中。在汕头的肉菜市场，你买份肉买条鱼，摊主都会送你菜合，也就是为你在家做菜配好配料，让你不必为那小配料而烦心。比如买份牛肉会送你生粉、沙茶酱、蒜头油；买贝壳类的会送你"金不换"（也称"九层塔"）、辣椒；买条鱼会送你葱、芹菜或者南姜；买份蔬菜送你葱和芫荽，以备你做汤用。若你喜欢吃羊肉、牛肉火锅的，买肉就行了，其他的豆腐、香菜、南姜及各种佐料、蘸料都会给你备好备足。

酸菜鲈鱼，买鱼送菜合

菜合有两大好处，一是免了买菜的人为相关小配料的奔波之苦，不必为一根葱、一头蒜跑市场，而且这些配料多是买得多、用得少，顾客自己买往往造成极大的浪费。二是教会顾客怎么搭配做菜、什么是最佳的搭配选择，常上市场的人都会成为专家。潮汕有句俗语"捡到一块南姜，去掉一只鸭母"，说得十分生动，南姜是鸭母常见的"菜合"，为了一块南姜，只好去买一只鸭母来熬汤，比喻因小失大。

而潮汕人的这种"送菜合"的销售方式，也随着潮汕人的生意向外传播。近年来，许多城市纷纷兴起"买菜送葱"的实践，例如在苏州，"送葱"或"不送葱"还作为新闻登上报道，引发市民讨论。有一篇文章记载了苏州菜市场送葱的情况："已经记不清，菜场小贩是从何时开始送葱的。自从达人秀中'菜花甜妈'出现，才得知'送葱'这种原始的营销手段，已是相当范围内菜贩们的做法。过去一般到菜场买菜，一直都要自己买葱的，从两分、五分到后来一角、两角，甚至五角一把。如今去买蔬菜，菜贩几乎都会以送葱行为，来吸引回头客。那天我去菜场买了条鲈鱼，转了大半个圈子没发现有卖葱的，却看见一蔬菜摊内有半塑料袋香葱，掏出两毛钱向摊主购买。对方道：不卖的。为什么？又答：是送的，你买我的菜，我就送。只得买了他三个茄子，送了我三根小葱。我一直想不明白，为什么送葱者均为蔬菜摊主，而卖肉、卖水产类者倒不送葱？蔬菜利润低、生意小还送葱，你卖荤菜的倒不送葱，有点说不过去，况且炒蔬菜一般也不用葱呀。"

之所以摘录这一大段，是想让大家从中感受到，内地的"送葱"与潮汕的"送菜合"是有着本质区别的。在苏州，"送葱"是一种营销手段，有的送有的不送。有得赚的反而不送，因为不必搞促销；利润低、生意小的则被迫相送。葱是菜可有可无的赠品，犹如买手机送耳机、买汽车送隔热纸、买计算机送打印机、买奶粉送玩具、买大衣送内裤一样。而当葱与菜捆绑销售，甚至成为变相的强卖手段，就引起了舆论的反感。我很同意当地一则评论的看法："企业会根据产品的特性与成本来考量如何选择赠品，但是消费者会自行评论这个赠品送的有没有道理……所以赠品营销就有很多买卖双方的心理拉锯行为在其中。"

苏州的这种"送葱"有时吃力不讨好，毕竟是营销行为；而在潮汕，它是一种普遍的自觉行为，大家都这么做也就无所谓营销了，更多的是体现一种服务。让顾客觉得舒服的服务，不管您买不买菜，跟菜摊摊主要根葱要把蒜，保准摊主会爽快地送。要不怎么说潮汕人会做生意，即使"羊毛出在羊身上"，你都愿意。

最近看到网上又出极品男，情人节也给女朋友"送葱"。女朋友急忙上网求助问"什么意思?"有网友圆场说:"太神奇了!希望你像大葱一样水灵、苗条;希望更聪明,能理解他,明白他的心意。"我想圆场的一定是位男网友,而且正为下一个情人节送什么礼物发愁!

菜之美者

网络上盛传一个"潮汕妈妈十大家常菜"的帖子。"牛肉炒芥蓝"荣登榜首,可见潮汕人对芥蓝的喜爱。

芥蓝,为十字花科一年生草本植物,也写作"芥蓝"。它以肥嫩的花苔和嫩叶供食用,质脆嫩、清甜。苏轼《雨后行菜圃》有诗云:"芥蓝如菌蕈,脆美牙颊响",形容芥蓝有香蕈的鲜美味道。广东、广西、福建等南方省份多有种植。查阅相关资料才发现,芥蓝的原产地就是潮汕的揭西县。难怪,如今市场上的芥蓝仍公认来自揭西的为最佳,尤其以红脚芥蓝为上品。

红脚芥蓝,产于揭阳市揭西县棉湖镇,茎外表呈紫红色,故得此名。有一种说法,该品种之所以茎部呈紫红色是因为当地土质含铁量高,所以别的地方种不出来,是否属实不得而知。但红脚芥蓝口感爽甜无渣,以香脆而闻名。《揭阳县志》也曾记载称:"芥蓝:叶如蓝而厚,青碧色,菜之美者。一名芥兰,以其味与芥类,花与兰类也","揭产以棉湖为最"。母亲的老家就在棉湖,对于红脚芥蓝再熟悉不过,过年回去往往弄一大捆回来,还是习惯用猪油、鱼露来炒,吃不厌!生的红脚芥蓝茎外表是暗红色,但受热炒熟后是深绿色的。有酒楼炒出芥蓝带着红色的汤水，说是棉湖的红脚芥蓝。绝对是赝品，我甚至怀疑是染色的，可不要上当！

在潮汕，同样叫芥蓝，但品种的差异性很大，这可能与各地的水土有关，不同的水土产生了不一样的品种，也让各地的人有各自的骄傲。比如揭东的桃山黄花芥蓝，当地人就认为不逊于揭西的红脚芥蓝。芥蓝一般都是开白花的，唯独揭东炮台镇桃山村的芥蓝是开黄花的。那里栽培芥蓝已有300多年的历史，有丰富的栽培经验，周边的村镇都向他们取经，黄花芥蓝的品种也就传播开来。

关于桃山芥蓝的由来，民间还有传说。据《揭阳县志》记载，六祖法师未出家时，不茹荤血，云游采摘野菜。一次，腹中饥饿，看见农家有以锅熬野味的，乃将野菜置其竹篮中，与野味同锅，隔开煮之而食。这种野菜后来为农家广泛种植，被称为"隔篮"。"隔"与"格"音同，"篮"竹字头改为草字头，以表菜名。这种蔬菜在潮汕地区就叫"格蓝"，后演变为"芥蓝"。清乾隆《潮州府志》记载："芥蓝，甘辛如芥，叶蓝色，炼之能出铅，又名隔蓝。"《广东通志》："隔蓝，菜之美者。"从上述传说中可以发现桃花芥蓝的另一种吃法"煮"，所以拿芥蓝做汤也唯有桃花芥蓝，皆因其质地硬实。

好东西只要有些年代，就会有故事，以满足人们对于其由来合理性的解释。传说总是充满想象力的，常常与神鬼或帝王联系在一起，关于桃山芥蓝的另一个传说就与清朝乾隆帝有关。微服私访是乾隆皇帝的招牌行为，所以南方的许多美食传说都跟他搭上关系，哪怕有些地方他在历史上根本没去过！话说乾隆皇帝南游至桃山村，晨起漫步，这位风流天子到哪儿都有艳遇，恰好见到楼台上一位美貌村姑将洗脸盆的水泼向楼下格蓝菜地，触景生情随即吟诗："山僻村姑赛天仙，惹朕情牵意流连。堪羡格蓝多艳福，得沾美人脂粉香。"得到帝王的羡慕，桃山格蓝从此味道更"好"、知名度更高，而且菜叶上还沾着一层薄粉，像美人的脂粉。

就品种而论，芥蓝有黄花种、白花种、红脚种、高脚种、香菇种、大头种等，其实各有各的特点。过去炒芥蓝讲究"厚膀猛火"，芥蓝要切开了炒，猪油香与芥蓝的菜香最能下饭。如今讲究健康，一般用油热锅，芥蓝整棵放进去，淋上点水加盖焖熟即可，吃的是芥蓝本身的清香。

其实对于澄海的大头种，个人更喜欢腌制、凉拌作为小菜。方法非常简单，芥蓝头去皮切片，用盐腌20分钟，捞出沥干，再加入辣椒丝、适量酱油、陈醋、香油即可。也可将芥蓝头切片，直接用鱼露腌制，第二天即可食用，还能放置较长时间，加上几滴香油，早上配白粥极好。

菜饺

看到一位美食家文章讲"拔芥蓝"的经验，觉得甚为好笑。采摘芥蓝是不能连根拔起的，以前直接用指甲掐，现在大多用刀子割。这样采摘后会长出新芽，一般能采上三四茬，越采越细嫩。

好东西总是比较出来的，以前常吃并不觉得红脚芥蓝有什么特别，如今要吃上新鲜、不施农药的红脚芥蓝可不容易。棉湖老家的亲戚来走动，知道母亲喜欢乡下的蔬菜，特别是红脚芥蓝，总会带上几把，我见了总是催促赶紧炒了吃掉。

橄榄菜怀想·之一

看到母亲泡洗一大脸盆的橄榄就会很期待。果然，从中午到傍晚满屋子飘香，连楼下经过的人都伸长了鼻子，赞叹两句"真香"；而下了班赶着回家的人不免张望一番，勾起了食欲，更添了饥饿。

那是母亲自己动手在熬制橄榄菜。

母亲知道我们喜欢吃橄榄菜，所以不厌其烦地亲自熬制橄榄菜，她总嫌弃市场上的橄榄菜用的油不好。食物的差异是在对比上产生的，挑剔的美食家对味道的敏感往往是由严谨而智慧的母亲从小培养的！母亲在传统做法的基础上还有自己的创造，所做的橄榄菜也有家庭独有的味道。

潮汕的橄榄这些年被炒上了天价，特别是三棱橄榄。对此，父母一直很不屑，认为物非所值，说当年在农村，什么橄榄没吃过？

母亲会选择买福建橄榄，一斤才两块钱，用来做橄榄菜再好不过。别看价格低，其实福州橄榄也颇负盛名，唐朝时就曾就被列为贡品。橄榄别称"青果"的来源就与福州橄榄有关，福州橄榄从生到熟始终保持青翠的颜色，与潮汕品种成熟后变成金黄色略有不同。福州橄榄还被称为"福果"，据说是海外华侨起的名，这既说明了福州历史上橄榄产量多，也表达了侨胞对乡土的眷恋之情。

橄榄菜的制作工艺可追溯至宋明时代，每年夏天，肆虐的台风刮过之后，橄榄林里总会落下一地的"橄榄花"。橄榄花就是尚未成熟的青橄榄，这时距离秋冬的采摘期尚远，橄榄果个小、色青、肉嫩、核稚，吃起来黏稠、味涩。相传有一位巧媳妇，舍不得让橄榄花在地里烂掉，就拾了一篮回家熬煮，并加入一些剁碎的咸菜尾，美味的橄榄菜就此诞生了。民间的美味往往都是无意间的偶得，有些还是迫不得已的峰回路转。

橄榄菜由于是黑色，也叫"乌橄榄菜"。不少人误会是由乌橄榄熬制出来的，其实它用的是青橄榄。熬制后变黑是因为橄榄含有橄榄树脂，而且当年用的都是铁锅，只有铁锅才能熬出墨色来。

橄榄菜如今已成为汕头颇具知名度的地方特产，也有了不少生产厂家，但质量参差不齐，还有打出"香港橄榄菜"名号的，其实压根没香港什么事。用橄榄菜作为小菜，甘香怡人；用小菜做成大菜，特色浓郁。橄榄菜作为佐餐的小菜特别开胃，而且还可用作烹饪的配料，比如酿豆腐、蒸鱼、炒豇豆、蒸肉饼等，都别有风味。我也曾多次作为礼物送给北方的朋友师长。

个人最喜欢母亲做的橄榄菜炒饭。母亲做的橄榄菜有独有的配料，她在熬制橄榄菜时创造性地加入大蒜、香菇、花生等，使橄榄菜的味道更丰富、更多样化。有时没回家吃饭，晚上就会有剩饭。潮汕人常说"为天地惜物业"，强调不能浪费，所以家里的剩饭不会倒掉，谁吃剩的谁负责解决。于是，我第二天早上常用橄榄菜炒饭，最后不忘加一小把"金不换"叶子，一上午口中都回味着橄榄香。

以前不觉得珍贵，岁月经年，有一次出门在酒店早餐上看到橄榄菜，十分高兴，但又没出息地怀念起橄榄菜炒饭，觉得那是人间最为美味的早餐了。

说起橄榄菜，让我不由自主地联想到韩国泡菜。在韩国的许多传统家庭中，一坛泡菜的原味卤汁可以传几代人：曾祖母传给祖母，祖母传给母亲，再由母亲传给儿媳。所以，韩国泡菜被称为"用母爱腌制出的亲情"，岁月愈久，味道愈浓，以至于韩国人把泡菜的味道称为"妈妈的味道"。其实，韩国泡菜与中国有着深厚的渊源，它源自重庆市江北县。唐朝将军薛仁贵被朝廷发配到高丽（今韩国）时，随从有多位是重庆市江北县人，会做家乡的泡菜。于是重庆泡菜的做法逐渐在当地流传，进入百姓家庭。如今，泡菜在韩国的意义已经远远超出了一道佐餐菜肴，而升华成了一种传统和文化。我觉得韩国的确把泡菜发扬光大并注入了新的文化内涵，难怪他们会一门心思地为泡菜申遗。

"妈妈的味道"这个说法我很喜欢。看过一部韩国电影，忘了名字，记得一个情节是犯罪逃亡在外的孩子明知警察埋伏仍然潜回家里，只为吃上妈妈的泡菜。最后被捕，警察也允许他吃过妈妈做的饭菜后才带走他。在韩国，"泡菜"其实是亲情的代名词了！

想起仓央嘉措《我问佛》里的诗句："我问佛：为什么每次下雪都是我不在意的夜晚/佛说：不经意的时候人们总会错过很多真正的美丽。"世间美好的东西，在平时总会被不经意地忽视。

橄榄菜怀想·之二

对于食物的利用，潮汕人的聪明才智往往能发挥到极致。

橄榄除了新鲜食用外，还可以做成蜜饯、晒成果脯，也能入菜熬汤。而潮汕几乎家家户户都会藏有一罐"橄榄糁"以备不时之需。据了解，这一传统可追溯到明朝。立冬日，家家户户用石臼把橄榄槌压破碎，根据"三碗橄榄一碗盐"的口诀，加适量南姜末搅拌腌制，然后装入干净的陶罐或玻璃瓶罐，密封贮藏于阴凉之处。腌制过的橄榄会有些变黑，年份越久越好，是家中应急解毒、缓解腹泻的第一选择，同时也可助消化、增进食欲。

潮汕还出产一种乌橄榄，它与橄榄是不同的品种。乌橄榄不能生吃，要经水煮或热水浇淋后，浸入浓盐水腌成杂咸食用。榄核是以前潮汕孩子们得意的玩物之一，既可当弹珠玩，又可取其仁食用。"榄仁"也是岭南制作糕点的高级馅料之一，广式中秋月饼中的"五仁"就包括榄仁。

最有名的橄榄食物，还属"橄榄菜"。过去有外地的朋友来，每每以橄榄菜相赠，总给人留下深刻的印象。这些年出差到外地，发现各地的宾馆早餐基本都有来自汕头的橄榄菜供应，让一碗白粥吃得津津有味。在熬制橄榄菜的过程中，颜色和味道的改变是由于一个重要成分——"橄榄树脂"。它使得黄色的咸菜尾和青色的橄榄变成乌黑的橄榄菜，而其中的关键技术是熬煎。

乌橄榄

橄榄菜

据专家考证，这项技术的发明及应用，潮汕先人们至迟在唐代就已经掌握了。唐朝刘恂在《岭表录异》中是这样记载的："橄榄树，身耸枝，其子深秋方熟。闽中尤重此味。云：咀之香口，胜含鸡舌香。饮之解酒毒。有野生者，子繁树峻，不可梯缘，但刻其根下方寸许，纳盐于其中，一夕子皆自落。树枝节上生脂膏，如桃胶，南人采之，和其皮叶煎之，调如黑饧，谓之橄榄糖。用泥船损，干后，坚于胶漆，著水益干耳。"这里提到，橄榄树的枝节皮叶会分泌一种乳脂，经过熬煎之后，变成黑色的饧状物，也就是"橄榄树脂"。它是船舶的黏合剂，解决了船舶制造的关键技术问题。

明末清初散文家、史学家张岱在《夜航船》说到橄榄树："此木可作舟楫，所经皆浮起。"有了橄榄树，造船所需的木材和黏合剂就都能够解决，为船只的长时间远航奠定基础。据《壮族科学技术史》书中记载，唐代广西北海的造船工艺中的黏泥挤缝技术，采用的便是橄榄树脂。把它和棕榈丝混合在一起制成膏状，凿入船板缝中防漏，在当时已经是最先进的造船技术。这或许正是古代潮汕商人能够纵横四海的原因吧！

橄榄树脂品质好的，还能成为香料或药材。宋代周去非《岭外代答》中就提到一种"橄榄香"，说其由"橄榄木节结成，状如黑胶饴，独有清烈出尘之意，品在黄连、枫香之上"。

这橄榄树过去是宝，一身都是用处；现在是宝，只因橄榄已成"水果贵族"！

"豆"你玩儿

有些东西的名字与由来有密切的关系，但有些纯属"拉郎配"，一不小心就会上当。比如著名的"中国油橄榄"其实跟中国没有关系；"法国梧桐"原产地并不是法国，而是英国人从我国西藏移植过去又"出口转内销"，留洋镀金回来整了个洋名；"荷兰猪"的祖先根本不是猪，是来自南美洲的一种豚鼠；"朝鲜蓟"是地中海沿岸生长的植物；而近年来被广告奉为神奇藏药的"藏红花"则来自希腊！

潮汕有两种常见的食物都冠名"荷兰"，一为"荷兰薯"，一为"荷兰豆"。它们的名字真的是"逗"你玩儿，都不是发源于荷兰。

"荷兰薯"就是马铃薯，别名土豆。马铃薯是现今人类社会的四大粮食作物之一，仅次于水稻、玉米和小麦，是餐桌上的常客。关于马铃薯的身世也有多种说法，但普遍认为它来自南美洲。而更有意思的是"荷兰豆"，中国也叫豌豆、菜豌豆、兰豆、雪豆等。苏联的专家认为豌豆起源中心为埃塞俄比亚、地中海和中亚，演化次中心为近东；也有人认为起源于高加索南部至伊朗；也有认为它发源于中国南部的，它有一个英文名字恰恰叫"Chinese snow pea"（中国雪豌豆）。

对于物种，各地往往都恨不得把所有的东西说成是自己的，就像韩国人拼命地抢注中国的传统文化节日，还恨不得把中国的历史文化名人都变成韩国人。对于豌豆却是一个特例，无论是中国还是荷兰都谦谦相让，大显君子风度。似乎作为一种食物，还不至于沦落到如此被人嫌弃的程度吧？其中必有内情。

我隐隐觉得，无论是"荷兰薯"还是"荷兰豆"，潮汕人这个叫法的背后可能并非真正的君子风度，而是腥风血雨、刀光剑影的殖民历史。这两个物种都是大约明朝时传入中国的，而那正值荷兰侵略殖民台湾时期，潮汕与台湾地区一水相隔又往来密切，这两种东西以"荷兰"命名，其中会有什么联系呢？在《方言与中国文化》中有一段话印证了我的推测："明朝初期荷兰人在台湾和南洋的活动是很频繁的。所谓'荷兰薯'应该是跟在这些地方活动的荷兰人有关的。"[1]台湾人也称马铃薯为"荷兰薯"，据中国农业博物馆闵宗

---

[1] 周振鹤，游汝杰.方言与中国文化 [M].上海：上海人民出版社，1986.

殿先生在《海上丝绸之路和海外农作物的传入》所述："马铃薯传入我国的时间大约为17世纪前期。1650年，荷兰人斯特儒斯到台湾访问，在台湾见到栽培的马铃薯，称为'荷兰豆'。大陆上的栽培晚于台湾，最初见于福建康熙《松溪县志》：'马铃薯，叶依树生，掘取之，形有大小，略如铃子，色黑而圆，味苦甘。'"[1]因此，大陆的马铃薯是从台湾辗转引种。"荷兰薯"原是台湾话，福建话、潮汕话应是在大陆引种时连同台湾叫法一并引进来的，而且吃法也同步引进。潮汕传统的土豆做法"荷兰薯粿"，是将土豆煮熟、捣成泥后进行深加工，这一吃法更接近于西方。

据资料，古希腊和罗马人公元前就开始栽培褐色小粒豌豆，后来又将豌豆传到欧洲和南亚，16世纪欧洲开始分化出粒用、蔓生和矮生等品种并较早普及菜用豌豆。16世纪后期高濂著《遵生八笺》中有"寒豆芽"的制作方法和菜用记述，"寒豆"即豌豆。有一次我到开封出差，尝到一种绿色凉菜，有些特殊的味道，得知是"豌豆苗"大家都有些诧异，都是第一次吃。现在看来吃"寒豆芽"竟已有至少400年的历史，我们显得无知而大惊小怪了。此后我走南闯北，到哪里都会遇到这种豌豆苗的凉菜，竟也不算哪里的标志性特产。

这种"相见不识"，让我想起曾在某个聚会上认识了一位聊得来的朋友，相互印象深刻，留了微信电话。此后在工作生活中总是无意中经常碰到，后来说到工作生活竟有许多交集，只是过去不认识，所以从不曾留意。人生匆忙，人的信息接收系统是真正的"挂一漏万"，虽千帆过尽却可能视而不见。

[1] 闵宗殿.海上丝绸之路和海外农作物的传入 [M]//"联合国教科文组织海上丝绸之路综合考察"泉州国际学术讨论会组织委员会.中国与海上丝绸之路.福州：福建人民出版社，1991.

于是，认识了豌豆苗之后，到哪儿都能吃到。只不过它到了潮汕地区该叫"荷兰豆苗"吗？遥想当年，潮汕地区豌豆的引种应该与马铃薯为同一时期、同一途径，才会以"荷兰"名之。

荷兰豆是一种我认为可以隔顿吃的蔬菜，第一顿吃的是爽脆；第一顿吃不完，第二顿翻热了吃，则绵软入味。荷兰豆本身味淡，所以要加味道浓郁的食材一起炒，北方最常见的菜式是"腊肉荷兰豆"，而南方常见的是"咸肉炒荷兰豆"。潮汕人通常的做法更妙——咸菜炒荷兰豆。咸菜既有咸味又带有酸味，与荷兰豆一起炒，吃到嘴里还能听到清脆的声音，爽口下饭，虽为素菜却味道丰富。

留命食秋茄

有段时间流行食疗，说什么"吃出健康不吃药"，口号响亮得让人兴奋。老人总是特别容易受到蛊惑，轻易地相信那些所谓的"养生专家"的信口开河。对于父母的一腔热情不能生硬地回绝，于是被逼着生吃了几回茄子，说是能吸油脂、降血脂，幸好持续的时间很短，要不然可能把对茄子的美好印象全毁了。

茄子的确会吸油脂，但那是因为它本身水分不多，煎煮时会吸取大量的水分和油脂，这也就注定了茄子的特性——具有海纳百川的胸怀，擅于兼收并蓄，能假借其他食材的味道。

这在北方的许多茄子做法中能得到充分体现，如肉香茄子、鱼香茄子、红烧茄子，等等。其实都是虚拟出来的味道，似是而非。过去在北京读大学，学校食堂的肉香茄子很受欢迎，外表就像一块块红烧肉，味道也让人浮想联翩，其实茄子还是茄子。把茄子去皮，切成块状，放进油里炸成金黄色，让外皮微焦而变硬，捞起后再炒过，拌上虾米，淋上淀粉和酱油等调成的酱汁，就变成"肉香茄子"。从名字和外形开始哄骗你，最终却能征服你的味蕾。

其实茄子单独吃是寡味的。《笑林广记》上记载了这样一则故事：一户人家请了一位先生，一日三餐供他下饭的都是咸菜。先生见东家菜园中有许多茄子，却从来不给他吃，觉得委屈难忍，于是题诗示意："东家茄子满园烂，不予先生供一餐。"不想从此以后，天天顿顿吃茄子，连咸菜的影子也不见了，这位先生到底吃怕了，只好续诗告饶："不料一茄茄到底，惹茄容易退茄难。"可见茄子虽长得好看，味道却是一般，故在烹调茄子的过程中，十分讲究工艺，需要佐以其他配料。常见的是与肉类搭配，酿茄子、炸茄盒是北方常见的做法。即使拿来炒，一般也要有荤油、大蒜、虾米、腊肉、咸肉等与之搭配。

潮汕人家做茄子与北方不同，喜欢先用沸水烫后再炒，再加入香菇、虾米、肉末等辅料。最为经典的是"咸鱼茄子煲"，那是下饭的绝佳菜式，每次到珠三角出差，路过汕尾吃午饭，几乎必点这个菜，

烤茄子

因为当地出咸鱼，这是拿手菜，虽简单但却美味。另一个潮汕特色的茄子菜是"豆酱炒白茄"，豆酱是潮汕特有的普宁豆酱，要先把豆酱搅碎了，所以上桌后看不到豆酱。这个菜的最大亮点在于最后下了大量的"金不换"，即罗勒叶子。白茄与墨绿叶子清雅相衬，而金不换的浓烈香味又使茄子面貌一新，显得清新怡人，也有酒楼唤作"金不换炒白茄"。

潮汕农家种植茄子历史悠久，民间称为"落苏"。明代《澄海县志》记载："蔬之属有茄，有紫、白、青、黄数种，一名落苏，以紫、白为尚。"宋代黄山谷诗中提到"君家水茄白银色"，指的是白茄；紫色的茄瓜则相传是隋炀帝最爱，由于它色彩艳美，故赐其名为"昆仑紫瓜"。

我国民间无论南北皆有"吃秋茄"一说，茄子的确是健康食品。明代李时珍《本草纲目》中称："茄，气味甘寒无毒，散血止痛，消肿宽肠。"据现代医学分析，茄子维生素 P 的含量高，这是许多蔬菜水果望尘莫及的。维生素 P 能使血管壁保持弹性和生理功能，所以经常吃些茄子，有助于防治高血压、冠心病、动脉硬化和出血性紫癜。国外研究结果还表明，它的抗癌性能是其他有同样作用的蔬菜的好几倍。

不少人都知道潮汕话有"留命食秋茄"的说法。由此认为"食秋茄"能"留命"，秋茄具有保健的作用，误矣！"留命食秋茄"后面还跟着一句"留目看世上"，意思是要有耐心、有坚持，才能看到事物变化的最终结果。茄子是一种粗生植物，一般无须精心打理，也极少有病虫害。茄子春植夏收，一般蔬菜的最佳赏味期是在刚出的时候，但潮汕的白茄有点与众不同。秋天的白茄已是黄叶残枝，倒成了稀罕物，这种茄子长不大，一般为细长型，皮薄而且基本无籽。味道不重要，难得的是"物以稀为贵"，"留命食秋茄"就是留着命等着吃这稀有的东西。

留着命等看结果，是一种感慨，也是一种"走着瞧"的无奈。俗语其实与茄子的味道没有一点关系，反映的是人们的一种期待：善有善报，恶有恶报，世间凡事万物终得有个结局。

蔬菜版"丑小鸭"

"护国菜"是潮菜中的经典名菜，但却是以最低廉的食材作为主原料的菜。

正宗的护国菜用的是番薯叶，后来还有用苋菜叶、菠菜叶、通菜叶或厚合叶（君达菜）的。甚至还有用番茄叶、苦瓜的，但那已经偏离远了，一般会直接叫"菜羹"了事。

番薯是明代万历二十一年，福建华侨陈振龙从吕宋（菲律宾）偷传回福州，并与其子陈经伦推广的，开始只有闽、粤少数地方种植。潮汕也是最早的种植地之一。对于当时已经人口众多的潮汕地区来说，番薯的推广种植意义重大。明清时期它使东南沿海日益严重的人口危机得以缓解。由于番薯不争地，山坡旱园、海边沙田均可种植，产量又高，通常每亩可收数千斤，这就解决了众多人口的口粮问题。清施鸿保《闽杂记》载："闽粤沿海田园栽种（番薯）甚广，农民咸籍以为半岁粮。"歉年，番薯的作用更大。清吴震方《岭南杂记》载："粤中处处种之，康熙三十八年（1699），粤中米价踊贵，赖此以活。"

以前，潮汕地区的番薯叶一般都是煮了喂猪，何时成了美食无从考证。而传说中的"护国菜"源于宋帝昺逃亡潮汕的历史。相传在公元1278年，宋朝最后一个皇帝赵昺逃到潮州，寄宿在一座深山古庙里，庙中僧人看到他疲劳不堪、饥肠辘辘，便采摘了一些番薯叶子，制成汤菜。少帝狼吞虎咽后大觉美味，于是就封此菜为"护国菜"。这个传说自然不靠谱，番薯进入中国还要等300多年之后，但这种"拉郎配"的传说不在少数，潮汕一种圆尾的田螺传说也是为了给宋帝昺充饥而主动献身，变成无尾螺，故事相似。传说往往寄托的是某种美好的愿望，大可不必细考。或许当年确有其事，只不过用的不是番薯叶，而是其他什么野菜。

以前，人们种红薯是为了收获埋在地下沉甸甸的地瓜，对于红薯叶，也就当废物熬成饲料喂牲畜。但随着红薯的保健价值被发现，红薯叶也跟着沾光。有机构进行研究后发现，红薯叶竟然具有其他蔬菜无法比拟的保健功效，也难怪当年养的猪都健康长寿！有香港的杂志还将番薯叶称作"蔬菜皇后"，有点"鸡窝里飞出金凤凰"的味道，简直就是蔬菜版的"丑小鸭"！

如今经过人工选择培育出了专供食用的叶茎类新品种红薯，更被冠以"蔬菜皇后""长寿蔬菜""抗癌蔬菜"等耀眼的光环。拥有来自十几个国家约250位专家的亚洲蔬菜研究发展中心将红薯叶列为高营养蔬菜品种。眼下这些新品种结出的块根倒成为多余的副产品，为了长叶子，研究人员还创造性地帮红薯"节育"，让它们基本上只长叶子不长块根。

而由红薯叶子制作的"护国菜"也跟着发迹，受到许多外地食客的青睐。护国菜在潮菜酒楼一般都有出品，制作护国菜要先把薯叶茎丝抽掉，再用热的纯碱水焯过，然后用冷水漂几次，使薯叶呈碧绿色，并且没有苦涩味。当然护国菜的美味还需要草菇、火腿、鸡汤、干贝等配料，这些配料就不寻常了，各家的酒楼还会另添些独家配料以有别于他店。

番薯叶

护国菜

护国菜的品相也独特，一般表面会勾勒成太极图案，更增添其文化气息，往往会让初次品尝者有探寻其来历的兴趣，于是宋帝昺的传说又得以传播了！

在潮汕本地，人们更喜欢像炒空心菜那样处理番薯叶：简单地大蒜热锅，再加普宁豆浆调味，稍微翻炒一下，味道爽口、清甜还在空心菜之上。其实，番薯叶的吃法多样，前些时候吃过一道"游水番薯叶"，至今念念不忘，做法也简单，就是用番薯叶在滚烫的高汤中汆过，捞起即食。

番薯叶是要趁热吃的，但护国菜上覆盖有鸡油，上席时明明滚烫却不见热气升腾。正所谓"无烟无烟烫死人"，所以，要小心烫嘴。

不过，有时想，番薯叶本来是猪的专利，现在变成了人的美食，这无异于猪口夺食嘛！

哥�炒饭

如果统计潮汕地区每年产量最多的蔬菜，我觉得非卷心菜莫属！

农民喜欢种卷心菜是因为它产量高而且管养简单，种植起来省心省力。近些年，澄海多次出现冬种卷心菜丰收卖不出去的情况，大片的卷心菜在田里烂掉，"为天地惜物业"，看着让人心疼。为此，汕头电视台曾策划了"爱心菜"活动，利用媒体的影响力发动社会力量帮助农民卖菜，还在电视节目中介绍各种关于卷心菜的菜谱；组织社团进行实地调研，为农民种植其他经济作物提供技术指导等。但到了来年，农民们又习惯性地种上卷心菜，又是一年的供大于求。农民常年积累下来的习惯要改变真的不容易。

卷心菜，别名包菜、包心菜、圆白菜或洋白菜，潮汕称为"哥栌"。它和芥蓝、菜花是堂兄弟，同属一个甘蓝大家族，可见这个家族在潮汕地区势力何等的强大！

潮汕为什么会将卷心菜叫"哥栌"？它是一个外来词不错，但怎么来的就有不同看法。中国农业博物馆研究员闵宗殿在《海上丝绸之路和海外农作物的传入》一书中写道："结球甘蓝，又名洋白菜，卷心菜，原产地中海至北海沿岸，18世纪传入我国。传入的途径有三条，通过缅甸传入中国云南，通过苏联传入中国黑龙江和新疆，通过海路传入东南沿海地区。"这种被引进的蔬菜在闽南被称为"高丽菜"，意为来自高丽的菜。《闽南方言大词典》载有词条："高丽菜：包心菜，学名叫结球甘蓝。"汉语中以外来物种的引进地或引进人群命名是很常见的，如"高丽参""荷兰豆"，等等。"高丽"的闽南话发音和潮汕话的"哥栌"基本一致，所以不少学者认为，作为闽南方言的分支，潮汕话"哥栌"应该是"高丽"的谐音。而维基百科的资料显示，此菜的拉丁文为"caulis"或"colis"。这个词在欧洲各国语言的发音极为相似，国际音标为"/kole/"，与潮汕话"哥栌"的发音也相近，所以，潮汕叫法或许是直接来自海外的音译，毕竟卷心菜在沿海地区就是由海路传入的，而汕头是当年中国沿海较早开埠的重要口岸。

由于卷心菜的产量高，在经济困难时期，它也是最常见的蔬菜品种之一。在那个讲求产量不讲究质量的年代，什么产量高就推广什么，它能在一定程度上弥补粮食作物的不足。

或许正是大量种植的原因，许多潮汕人喜欢上卷心菜。当年常见的品种叫"大阪哥栌"，也不知与日本有何关系。还有一种可能，

"大阪城"的姑娘嫁不出去，于是采取了宣传推广等营销手段，创作了一首宣传主题歌《大阪城的姑娘》，另外采取"娶一送一"的促销方式，娶了一个姑娘还能捎带上她家的特产，就是当地的卷心菜种子，于是姑娘一时成为抢手货，大阪卷心菜全国遍地开花……当然这是胡编的！

卷心菜也是世界各地都广泛种植的一种蔬菜，西方人还有用卷心菜治病的偏方，就像中国人用萝卜治病一样。德国人甚至把卷心菜称为"菜中之王"，认为多吃卷心菜能强身、治病。哥栳富含叶酸，并含有其他蔬菜极为少见的维生素U，对治疗胃溃疡有帮助。在吃法上，西方人更倾向于生吃，特别是那种叫"紫甘蓝"的紫色卷心菜；潮汕基本上没有生吃蔬菜的习惯，一般都是炒了吃，还常被用于炒粿条、薯粉条、米粉，等等。在汕头，你点个"炒素粿"，基本上就是用哥栳炒粿条。虽说哥栳炒熟了会造成营养流失，但这东西不是药品，好吃更关键。流失怕什么，多吃就补回来了！

而让我印象最深刻的当数"哥栳炒饭"。这是潮汕农村地区集体活动最常见的招待餐。我曾在农村工作过两年，农村是最基层的地方，各种工作和活动最后都会落实到街道、村居。上级部门可以通过开会的形式来层层"贯彻"，有开会、有记录，这工作就算完成得七七八八了；可最基层的单位必须和群众实打实地打交道，所以，加班加点是常有的事。有时人多，就餐也成问题，于是，哥栳炒饭常常成为第一选择，不少村居都有经验——委托村民们帮忙，由几户人家在家里做完了再用铁桶挑到指定的地方来。哥栳炒饭不怕捂，铁桶上盖上木头盖子或棉被就能保温。炒饭一般会先煎五花肉，煎出猪油后再与切碎的哥栳一起翻炒，再加入米饭，有的最后还会加入油炸过的花生米，操作十分简单，但味道香郁。

　　那会儿在农村工作常有所谓的"突击行动"，为了保密事先是不打招呼的，直到下班前才通知不能回家。后来大家都有经验了，只要下班前闻到某个地方飘来哥柄炒饭的香味，就知道今晚又不能回家吃饭了。

　　至今，每次吃哥柄炒饭都会在脑海中浮现当年在农村工作时的情景，落日余晖下人们匆忙的脚步，或照在石板路上的手电筒灯光惊起的狗叫……

甘苦同味

　　苦瓜又名凉瓜，是葫芦科植物，每年春夏之交开花，雌雄同株。

　　目前在东南亚、中国和加勒比海群岛均有广泛的种植。苦瓜的原产地在哪儿存在争议，有人认为是中国，但也有不同意见。因为我国明代以前医书并没有关于苦瓜记载，直到明代《本草纲目》等才出现，以此推断，有专家认为可能是郑和下西洋时从南洋群岛移植过来。清代王孟英的《随息居饮食谱》说苦瓜："清则苦寒。涤热，明目，清心。可酱可腌……中寒者勿食。熟则色赤，味甘性平，养血滋肝，润脾补肾。"即是说瓜熟色赤，苦味减，寒性降低，滋养作用显出。小时候自己家种苦瓜总要留几个育种，会等它熟透，鲜红色的瓢是甜的，可当水果尝鲜。但作为蔬菜，谁都不会吃熟透的苦瓜。

　　苦瓜身上一粒一粒的果瘤，是判断苦瓜好坏的特征。颗粒愈大愈饱满，表示瓜肉愈厚；颗粒愈小，瓜肉相对较薄。如果苦瓜发黄就已经过熟，果肉柔软不够脆，失去苦瓜应有的口感。种过苦瓜的人都知道，苦瓜还怕蜂蜇，被蜂蜇过的瓜就会变成畸形，被蜇的地方瓜肉变硬长不开，整个瓜的味道也变得苦而不甘，只是很奇怪：不知蜂与苦瓜有何瓜葛，为何像有深仇大恨似的？

潮汕本地产的苦瓜质量上乘，是果瘤颗粒密布的那一种，比起海南产的果瘤成条状的苦瓜价格要高不少。海南产的苦瓜没有本地产的香味，而且表皮较硬；本地产的又以南澳的珠瓜最出名，呈乳白色，像白玉雕刻出来一般，看着就让人动心。前不久看到《读库》上一篇介绍台湾农业的文章，文中提到，苦瓜在台湾也属高值的果蔬，因受食果蝇侵袭，如今一结果就必须套上纸袋子，产出的苦瓜变成乳白色的，市场上能卖得最高的价钱，对于食物而言也是需要颜值卖相的。

苦瓜酿肉

潮汕人都喜欢苦瓜，于是一到夏季，苦瓜便在潮汕菜里变出了百般花样。苦瓜炒鸡蛋、苦瓜虾仁汤、苦瓜鸡汤、苦瓜水鸭汤、白肉酿苦瓜、苦瓜排骨煲、苦瓜甲鱼煲、黄豆苦瓜煲，等等。不管是夜宵的大排档还是菜馆、酒店、火锅店，都少不了苦瓜，随便点个关于苦瓜的菜，随叫随到。

据专家说，苦瓜里含有贵如黄金的减肥特效成分，叫"高能清脂素"。有报道甚至称：常吃苦瓜就能减肥，它能有效地消耗掉多余的脂肪，不必吃药也不必大量的运动。这对于女人来说，想叫她们不爱苦瓜都难。

而我记忆最深刻的是一道"苦瓜鲫鱼汤"。因为有一段时间总是过敏，夏天身上长红包，又痒又肿，有朋友介绍了一位潮阳的老中医。老中医除了开几副中药外，建议食疗，方子就是"鲫鱼煮苦瓜"。老中医介绍说，以鲫鱼与苦瓜相配，具有健脾利湿、清热解毒之功效。做法很简单：鲫鱼去内脏，苦瓜切片，并两片五花肉，加水用大火煮沸后调中火；再加两颗腌酸梅，另调入醋、冰糖、生姜、精盐等调味，再煮10分钟撒上葱段即成。此汤咸、酸、甘、鲜、甜五味调和，味道鲜美，即使不为了食疗也是夏季消暑的美味。

这道苦瓜鱼汤我坚持吃了较长的一段时间，不清楚是不是因为它起了作用，过敏的症状后来再没出现。

另一道我觉得有意思的苦瓜菜是"螃蟹苦瓜煲"，用小螃蟹即可，要的是螃蟹的鲜味，潮汕称之为"蟛蜞"的小螃蟹也不错。汤中融入苦瓜的苦甘、螃蟹的鲜甜，甘鲜在唇齿间回味……

清初，屈大均的《广东新语》中说苦瓜："一名君子菜。其味甚苦，然杂他物煮之，他物弗苦，自苦而不以苦人，有君子之德焉。"本人特喜欢苦瓜的清苦味和由此神奇变化出来的甘味，甚至会矫情地喜欢它所蕴含的"节操"，这是别种蔬菜所不及的。

"水牛角"的印记

肉菜市场是我喜欢去的地方，还曾骗年幼的儿子一同去，哄他说是水族馆。汕头肉菜市场中卖高档海鲜的全是玻璃水箱，还真有点水族馆的味道。小孩稍大一点就不再上当，嫌弃市场的味道。

我逛市场不仅仅为了买食物，有时是揣着一颗逛公园的心。隔三岔五漫无目的地走一圈，在热闹的人群中感受勃发的生活气息，更重要的是通过售卖食物的变化感受季节的变迁。这对于如今远离土地和田园的人，是通过想象去填补视野乃至心灵的缺憾。比如六月，买两枝莲花回来，插在长颈玻璃瓶中闻香；第二天煮了莲花水，满脑子浮现的就是阳光下莲花娇羞半开、莲叶随风摇曳的景象，那可是夏天的典型印象。学过摄影的人知道，这在电影术语上叫作"心理补偿"，就是有些镜头不必全部放出，人们会依据心理习惯将镜头脑补出来。举个例子，从远处疾驰而来的汽车只要开到画面的三分之二处就可以接下一个镜头了，但给观众的印象却是汽车一直开到头、开出了画面；反而如果电影的每一个镜头都是完整的，会给人拖沓冗长的观感。这或许正是艺术的神奇之处，专业与否也往往体现在这些细节的处理上。

我们常说"应时之食"，食物是有时令的，也代表了时令。虽然如今反季节的食物层出不穷，但自然界的规律性不可逆转。据说，日本人至今保留着通过品鱼来迎接四季的习惯，夏季是香鱼，初秋是鲣鱼，深秋是秋刀鱼，冬季则是河豚。鱼类的上市就是时光的印记。潮汕地区也有此传统，有一则渔歌可以为证："正月带鱼来看灯，二月春只假金龙，三月黄只遍身肉，四月巴浪身无鳞，五月好鱼马鲛鲳，六月沙尖上战场，七月赤棕穿红袄，八月红鱼做新娘，九月赤蟹一肚膏，十月冬蛴脚无毛，十一月墨斗放烟幕，十二月龙虾持战刀。"

我则喜欢以植物，如蔬菜、瓜果来唤醒时间的记忆。就水果而言，是春季的枇杷，夏季的杨梅、龙眼、荔枝、西瓜，秋季的石榴、阳桃、林檎，冬季的橄榄、柑橘。而蔬菜也一样有季节的代表性，初春的菠菜、韭菜，夏季的竹笋、黄瓜，秋季的莲藕、秋葵，冬季的大芥菜、萝卜、白菜。每当新出的蔬菜瓜果上市，都能给我带来喜悦，犹如好友重逢。

而遇到煮熟的菱角就如同见到儿时的玩伴，不仅是意外之喜，更勾起了许多回忆与话题。

菱角的叶子和莲花一样长在水面上，所以潮汕人称之为"莲角"。莲角约在五月开花，但花只在夜里开放，一般六月可上市。它的果实有好几种：无角、两角、三角、四角。潮汕出产的是两角弯弯似水牛角的那种，果壳坚韧、两角结实而锐利，小伙伴们私下起名为"水牛角"。菱角在江南的种植历史悠久，而且常给人以美丽的想象，刘禹锡的《采菱行》："白马湖平秋日光，紫菱如锦彩鸾翔。荡舟游女满中央，采菱不顾马上郎。争多逐胜纷相向，时转兰桡破轻浪。"许多文学作品描写到采菱、采莲的几乎都是妙龄少女，现代的影视作品更直接明了，穿着绿短裤红肚兜的少女，一边唱歌一边翘着兰花指采摘菱角，让人恍如进入了梦境。南朝梁江淹的《采菱曲》有"紫菱亦可采，试以缓愁年"句，说采菱可以缓解忧愁，大概也是在做这种白日梦吧！而事实上，如今的年轻人不愿下田种地，我在郊区遇到的采菱和采莲的，全是清一色皮肤晒得乌黑锃亮的干瘦老头，在水中作业。一身的泥土却动作麻利，犹如泥鳅翻滚于泥泞之中，丝毫没有浪漫想象的空间，只会有辛勤劳作的感慨，绝对可以让人对影视作品的"红肚兜"彻底死心。

菱角

　　总记得小时候挑着担子穿街过巷卖莲角的小贩，那莲角是用盐水煮熟的，要自己动手剥开来吃。一般用手或牙齿先把莲角分成两半，然后把一半放在嘴里咬，让果肉受挤压落到嘴里。此时，莲角壳的咸涩味与暗紫色的汁液会率先抵达味蕾，接着与甘香的果肉混合成一种特殊的美味。更让人难忘的是最后的扫尾工作，壳中残留的果肉要用另一半壳的尖角挑出来，这种慢工细活充满乐趣——当那些洁白的果肉残渣最后被挑出来时，犹如完美主义者完成了最后一块拼图，充满了神圣的仪式感，这当然也使果肉变得更有滋味！

　　如今商贩的服务工作做得细致，市场上卖的都是剥好的莲角肉，吃起来当然方便，但似乎缺了点什么。原来莲角的牛角模样见不到了，总让人感觉味道也大不如前了。就像吃大闸蟹，没有了剥弄的繁杂过程，似乎也就不成其为大闸蟹，所谓"蟹肉羹""蟹肉棒"之类的根本让人提不起兴致。我们总习惯于用儿时味蕾的记忆来评判眼下的食物，并为"回不了从前"而耿耿于怀。乍看不太理性，但仔细想想还是有道理的，人的感官并非孤立的，它们之间有着内在联系，这就是吃饭要讲气氛、讲环境、讲心情、讲对象等的原因。辛苦劳动所得的食物，总是格外的美味；而在悲伤或恐惧的气氛中，任何美食都会变味！

人们对于童年的记忆是对纯真、无邪、亲情、友情等美好情感的不自觉向往和追求，包括味觉和食物。

这辈子，"水牛角"的名字已经在我的记忆中烙下了抹不去的印记。

吃一芡，长一志

季节交替总是食客们最为活跃的时候，因为有食物的辞旧迎新，自然有了更多的觅食理由和基础。

一进入秋天，说到应时的食物会联想到与"莲"有关的水生系列植物：莲藕、莲子、莲叶、莲蓬、莲角（水菱），等等。有人会提到芡实，殊不知它也是莲家族的成员，许多人只见其"今生"未见其"前世"，只认得它剥开的果实，没见过它的植物原型。

芡实又名鸡头米、水鸡头、鸡头苞、鸡头莲、刺莲等，为睡莲科植物芡的成熟种仁。它也是较常用的中药材，在我国现存最早的药学专著《神农本草经》中就有记载，能益精气，强志，令耳目聪明。其实，芡实有南北之分。南芡为人工栽培，北芡多野生。与人的性情一样，南芡香糯，北芡糙硬，入药的大多为北芡。

李时珍《本草纲目》对芡实的形象有细致的描述："芡茎三月生叶贴水，大于荷叶，皱纹如縠，蹙衄如沸，面青背紫，茎叶皆有刺。其茎长至丈余，中亦有孔有丝，嫩者剥皮可食。五六月生紫花，花开向日结苞，外有青刺，如猬刺栗球之形。花在苞顶，亦如鸡喙及猬喙。剥开内有斑驳软肉裹子，累累如珠玑。壳内白米，状如鱼目。深秋老时，泽农广收，烂取芡子，藏至困石，以备荒歉。"

但就备荒而言，本人心存疑问，或许这是对于富贵人家而言吧！芡实的采摘实属不易，产量也十分有限。潮安东凤镇下张村是潮汕著名的芡实之乡，种植面积超过6千亩，当地人把采收芡实称为"割莲"。由于刺莲处处长有尖刺，所以采摘十分辛苦，即使戴上几层胶质手套、穿上水鞋，农民还是经常被扎破皮肤、鲜血直流。每人一天能采摘约100斤的芡实苞，而100斤的芡实苞仅能剥出10斤的芡实米。剥芡实米的过程更加烦琐和艰难，先将芡实苞切开取出芡实仁，芡实仁外层的黏稠物质要用煤炭灰揉搓才能去掉，坚硬的芡实壳则需要特制的刀具来撬开，取出其中的芡实米。即使熟练的农民一天也仅仅能剥两三斤，且一不小心就会把手指扎破，常干这一行细活的农民手掌全是黑褐色的，那是植物的黏液在皮肤上留下的洗不掉的印记。

江浙一带有"水八仙"的说法，就是将当地的水生植物进行排名，有鸡头、茭白、水芹、莼菜、茨菰、荸荠、水菱、塘藕。其中，"鸡头"独占鳌头。"鸡头"就是江浙一带芡实的俗称，因海绵质浆果形如鸡头而得名。当地习惯这样称呼，说"芡实"他们反倒觉得陌生。而在排行中名列第一也可见"芡实"的地位。不要小看这种排行

芡实

榜的作用，它是提升事物价值的有效手段。三国时，蜀国实力最弱，可因有了"五虎上将"的排行榜，似乎连兵多将广的魏国在武将实力上都相形见绌；而领导的讲话总结来个"三四五六七"，立即连篇的废话也显得有了条理，有了文化底蕴；各方都喜欢搞什么"十大""八大"的评选活动，无非就是要弄出点声势，有的名不副实、弄虚作假、暗箱操作的，结果弄出事了！

苏州鸡头米在江浙一带久负盛名，其中又以南塘地区为最佳，每年中秋前后上市，在苏州有"南塘鸡头大塘藕"的美誉。清沈朝初《忆江南》云："苏州好，葑水种鸡头，莹润每疑珠十斛，柔香偏爱乳盈瓯，细剥小庭幽。"

古药书中说芡实是"婴儿食之不老，老人食之延年"的补品，所以，历来位列上等食材，古时没个把银子是吃不起的。《本草纲目》中说："芡可济俭歉，故谓之为芡"，这个说法我倒觉得有点"欠抽"，因为芡实向来是有钱人的专利。江南有一首《采鸡头》诗："采鸡头，采鸡头，清波渺渺摇轻舟。年年采得如琳球，玳筵罗列陈珍馐。年来谷贵鸡头萎，但采鸡头根济馁。"原来穷人填补粮食不足的，是"鸡头根"！其实李时珍在介绍"鸡头"时的确说到"鸡头根"可食："其根状如三棱，煮食如芋。"就像当年粮食不足，潮汕人处处种芋头，可芋头的收获又有多少？不够吃，于是连芋头叶子的茎部也当粮食！1959~1961年的"三年困难时期"，中央政府还曾发动全国人民采集和生产代食品，包括农作物的秸秆、根、叶、壳及野生植物的根、茎、叶、皮、果实等，如榆树叶、树皮、芭蕉芋、魔芋、野苋菜，还有小球藻等浮游植物等都被当成食物，但那都是迫不得已的选择！

幸运的是，现在普通人家都能吃上芡实了，联想到它的不凡身世，有"吃一芡，长一志"的自我满足感。无论煮汤、做菜或做甜品，吃起来都别有滋味！

把酒嚼麻叶

现在吃的麻叶感觉与过去的不一样，到农村一看才知道，品种完全不同了。

过去潮汕农村种植的黄麻高高的像一根根竹竿竖在地里，叶子其实不多，孤零零地随风摇曳，让人不由得联想到"地中海"式中年秃顶男。如今的食用麻都长开了，矮墩墩的，叶子繁茂蔓延开来，一副待字闺中又恨不得早嫁出去的模样，让我想起那英唱的一首歌："静静地等待是否会有人采摘？"

从前种的黄麻是为了剥麻皮。麻皮剥下来晒干，与东南亚种植剑麻的功能一样，可以打麻绳、织麻布、做麻袋。过去乡下人的蚊帐都是用麻布做的，虽然颜色多为黑褐色，且粗糙得有些扎手，城里的孩子见了会有些害怕，但结实耐用。

剥了麻皮后剩下的麻秆可做柴火，但孩子们会把它当成玩物。麻秆洁白松软，当成"武器"打闹最为适合，轻便又不伤人。

"桑麻"自古对于农家及社会稳定发展的意义不言而喻。植桑饲蚕取茧和植麻取其纤维，同为古代农业解决衣着的最重要的经济行为，因其重要性还被泛指为农作物或农事。晋代诗人陶渊明《归园田居》有诗句云："相见无杂言，但道桑麻长。"唐代孟浩然《过故人庄》也有"把酒话桑麻"的名句。

选摘麻叶

过去的黄麻叶苦涩味很重，入食会先过水去除涩味，再用咸菜汁"咸纠"，进一步冲淡其苦涩味。而后储存起来，待到要吃的时候，再用大蒜爆香炒食。集咸、酸、苦于一体，咀嚼后有点滑口而存余香。因为要保存，制作完成的麻叶特别咸，一般作为配粥的杂咸，更是甜腻的番薯的最佳拍档。

现在汕头市场上的甜麻叶没有过去的苦涩味，一了解才知道，它多数来自汕头潮南区的两英镇禾皋村，这里的农户原来就有种植黄麻的传统和经验，后来随着现代工业发展，麻皮已渐渐没有市场，黄麻的种植也基本中断。前些年，当地一台胞从台湾引进了一种优质的甜麻种植成功，于是形成规模。这种甜麻是专为采麻叶食用的，种麻从此有了质的变化，成为蔬菜种植。同时，为了鼓励和帮助农民种植甜麻，当地政府还拨出专项资金，对农民种植甜麻每亩奖励钾肥100公斤，由此甜麻叶成为当地的特色农产品。目前每亩年产量可达1吨，是很有代表性的高产高值蔬菜作物。产品供应给遍布全国各地的潮汕酒楼。

潮汕如今种植的甜麻品种来自台湾。而在台湾，吃麻叶也有悠久的历史，其中台中就有一样著名的小吃叫"麻叶羹"，当地人自称是"乡野小吃"。其做法是将麻叶叶脉抽出，边用水冲边用力搓揉，将苦水揉出，然后加水和淀粉煮成羹状，也可加入鱼肉、番薯、薏仁等一同熬煮。其品相其实与潮汕的护国菜相似，是台中人引以为自豪的一种小吃。台中人爱食麻叶有其地理和历史原因。清光绪年间，纤维是当地运销大陆的主要货物，当时该地居民多在稻田中种植苎麻、黄麻，也顺便种植可以食用的甜麻。久而久之，食麻的习惯就形成了。台中现仍有不少地名带有"麻"字，如麻园头、麻糍埔等，都与当年种麻的历史有关。

如今市场供应丰富，既可在蔬菜摊档买到新鲜的麻叶，偶尔也能在市场外见到农民挑着担子贩卖已经"咸纠"好的麻叶。我个人还是偏好买咸纠好的麻叶，但往往嫌它下的粗盐太多，直接炒了吃太咸，要回家洗过、晾干再炒来吃。晾干过的麻叶更有嚼劲，可以体会微苦、黏稠、回甘的渐次演变。因其味道独特且北方少见，总会给首次品尝者带来神秘感，有北方朋友小声问道："这是大麻叶子吗？"我说："差不多，会上瘾！"

现在的酒楼都是直接用蒜泥爆炒完事。我还是喜欢淋上点咸菜汁或加上咸菜丝，像一个老人在寻找古早味。

树上长"鸡肉"

在北京生活的那段时间喜欢上一个北方菜叫"木樨肉"，一般情况下是由四样东西炒在一起的——猪肉、鸡蛋、黑木耳和玉兰片（笋片）；也有以黄瓜片代替玉兰片的。

可能是在南方的汕头很少吃到清脆润滑的黑木耳的缘故，这个菜我最喜欢其中的黑木耳。甚至在很长一段时间里误认为"木樨"就是指黑木耳，因为有些地方将"木樨肉"写作"木须肉"，而将黑木耳称为"木须"也没什么不妥，遂以为该菜最主要的原料就是黑木耳。

直到后来才在学习中了解到，木樨指的是"桂花树"，原作"木犀"，"樨"和"犀"同音义，所以也写作"木樨"。北京有地名"木樨地"，意思就是"桂花之地"。因炒熟的鸡蛋色如桂花，老北京话中又忌说"蛋"字，故用"木樨"替代鸡蛋。于是，鸡蛋汤称"木樨汤"，于是鸡蛋炒肉也就叫"木樨肉"了。我一直把黑木耳当成"木樨"，差点闹了笑话。

树上长"鸡肉"

但这并不影响我对黑木耳的喜爱。黑木耳因长在朽木上、外形似人耳而得名，又名黑菜、桑耳、云耳等，属于野生食用菌，古时称为

"五木耳"。我最喜欢它的一个别名叫"树鸡"，说它味道鲜美堪比鸡肉，就颜色而言，恐怕还是"树乌鸡"更形象。据考证，"树鸡"是古时南楚人的叫法，可见古人对它的评价有多高！"南楚"指的是五代十国时期的楚国，它是以今湖南省为中心建立的王朝。"楚"字是象形字，代表一个人走出森林，由此可见"楚地"是森林密布的地区，而湖南省正是我国出产黑木耳最多的地区之一。

世界上生产黑木耳的国家不多，主要为亚洲的中国、日本、菲律宾和泰国等，其中以我国产量最高。20世纪50年代，我国成功地培育出黑木耳的纯菌种，并应用于生产。70年代以来，我国的黑木耳生产采用段木栽培和代料栽培两种方法。2021年年产量达到近730万吨，占世界黑木耳总产量的九成。我国黑木耳出口曾占世界贸易总量的三分之二。

黑木耳主要有两种：一种是腹面平滑、色黑，而背面多毛，呈灰色或灰褐色的，称为"毛木耳"（通称"野木耳"）；另一种是两面光滑、黑褐色的，称为"光木耳"，多为人工培育。就质量而言，毛木耳个体较大，但质地粗韧，价格低廉；光木耳不仅滑而脆，味道更鲜美，而且营养丰富，所以在市场上更受欢迎。

一般认为，由东北大小兴安岭和长白山上一带出品的黑木耳质量最佳。该地林业资源丰富，气温和湿度条件最适宜黑木耳等多种食用菌的生长。除此以外，四川广元、云贵两广的云岭和横断山区也是重要的黑木耳产区。还有秦岭巴山、伏牛山神农架、大别山、武夷山等地，可见我国黑木耳产区分布之广，而且不乏好品种。哪里的最好其实见仁见智，有原始森林的地方，保准就有好木耳。但有一点不错，黑木耳并非以大为好，比如原产东北的一个优质品种叫"老鼠耳"，是一种野生菌，因个小如老鼠耳而得名。广东人把上等的木耳称为

"云耳"，而"老鼠耳"就是黑云耳中质量最好的一个品种，所以有不少食客以为"老鼠耳"产自云南。

黑木耳古时有"素中之荤""素中之王"的美誉。据学者研究发现，有一段时间黑木耳甚至是上古时代帝王独享的食品。而现代人吃黑木耳不仅因为口感、味道佳，往往与保健有着密切的联系。

我国的医书早就记载，黑木耳有润肺和清涤胃肠的作用，可将残留在消化道中的杂质、废物吸附排出体外。而现代医学研究发现，黑木耳能抗血凝、抗血栓、降血脂，可降低血黏度，软化血管，使血液流动顺畅，减少心血管病发生，同时对胆结石、肾结石也有较好的化解功能。因为它所含的植物碱具有促进消化道、泌尿道各种腺体分泌的特性，植物碱能协同这些分泌物催化结石，润滑肠道。

有一个故事，是关于科学家发现黑木耳能减少血液凝块、预防冠心病的。美国明尼苏达医科大学的哈默斯·米特在做人体血液实验时，偶然发现一份血液没有按正常情况凝结，于是找到这份血液的主人，了解到那人在抽血之前吃了一道中国菜：木耳烧豆腐。米特得到启发后让另外4个人也进食这道菜肴，8小时后发现他们的血液同样凝结很慢。经过实验和研究，哈默斯后来在《新英国药物杂志》发表了研究成果："黑木耳经常和大蒜、大葱一起用，将对冠状动脉粥样硬化起缓和作用。"

黑木耳要好吃当然得和肉片一块炒，有了油脂的滋润就会润滑香脆，但与人们追求的保健效果又似乎不一致，我个人是这么看的：相互抵消总比油脂被大量吸收好吧！其实黑木耳最常见的吃法是凉拌，葱蒜、酱油、香油和醋就能拌出美味的凉菜，它在潮菜馆常常被当成小菜，我还喜欢加上芥末，让味道更刺激些。

过去，潮汕人讲究黑木耳要早上吃，不能晚上吃，说它"搅"，其实说的就是黑木耳清洁肠道的功能。这在肚子里没油水的年代或许有道理，但在油水过剩到怕高血脂的当下，真恨不得黑木耳能多带走点油脂，什么时候吃都是吃，自然不必讲究吃黑木耳的时间了。

我曾吃过一种汕头本地的煎饺，馅用的是黑木耳、潮汕咸菜、香菇和猪肉，好吃得咬舌头，可惜主人不肯透露原料的搭配比例，后来再未吃过那么爽口的煎饺。

水果或蔬菜

中国文学讲究意境与中国文字有关，汉字内在结构可以用"六书"来概括：象形、指事、会意、形声、转注、假借。汉字的神奇在于每个符号都有丰富的内涵并能给人无限的想象空间，与干巴巴生冷的英文字母有天壤之别。

于是，中国的菜名也充满了国人的智慧和幽默，从形到意，联想或意淫各取所需。"龙凤呈祥"实为蛇鸡炖煲，菜名中充满了传统理念的喜庆祥和，但也有人以男欢女爱视之；豆腐青菜汤改为"白玉翡翠汤"，充满了丰富美好的想象；罗大佑经典的歌名"穿过你的黑发的我的手"其实只是发菜炖猪蹄；"火辣辣的吻"其实是辣椒炒猪嘴；潮菜中著名的"西施舌"，更将历史典故与食材联系在一起，也有暧昧的性暗示。

以前在北京，经常会点的一道凉菜是"雪飘火焰山"，实为白糖凉拌西红柿，形象而生动。

食材由于南北习惯的不同，在做法上往往会有较大的差异，但我发现，对于西红柿的做法，南北基本上没有变化。唯一区别的是，南方把西红柿当蔬菜，而北方有的时候会把西红柿当水果，就像黄瓜、心里美萝卜一样。

西红柿的正名是"番茄"。番茄名字中的"茄"字确实贴切，它跟茄子是一家，同属茄科植物。原产于南美洲的安第斯山地带。在秘鲁、厄瓜多尔、玻利维亚等地，至今仍有大面积野生种番茄的分布。番茄属分为有色番茄亚种和绿色番茄亚种，前者果实成熟时有多种颜色，后者果实成熟时为绿色。在16世纪初，欧洲人刚刚踏上南美大陆的时候，就对这些长着漂亮果实的植物产生了浓厚兴趣。据记载，当时英国有个名叫俄罗达拉里的公爵把它带回了英国，作为稀世珍品献给他的情人伊丽莎白女王，以示对爱情的忠贞。此后，番茄便有了"爱情果"的美名。然而，因为一本植物书上一条错误的记载，番茄被打上了有毒品的标签，并且被命名为"狼桃"以示其"毒性凶猛"。在欧洲，番茄长期种植在花圃而不是菜园中，只用来观赏。直到18世纪，相传一位嘴馋的法国画家实在憋不住了，带着"冒死吃河豚"的心态，以英勇就义的姿态吃下了一个，并躺在床上等待死神的降临！而"奇迹"出现了，随后的结果可想而知，番茄于是成为餐桌上的美味。

17～18世纪番茄由欧洲传入亚洲。清代汪灏在《广群芳谱》（1708年）的果谱附录中有"番柿"："一名六月柿，茎似蒿。高四五尺，叶似艾，花似榴，一枝结五实或三四实……草本也，来自西番，故名。"当时也仅作观赏植物。在中国的大面积种植较晚，约在20世纪初才大量栽培。

但西红柿是蔬菜还是水果却一直是个模棱两可的概念，而这事还真在100多年前的美国闹上了最高法院。事件源于美国1883年的关税法，其中规定进口蔬菜要缴纳高达10%的税，而水果则不用。于是，做进口西红柿生意的商人将纽约港海关税收员告上了法庭，他们认为西红柿应该归为水果，要求返还被征收的税款。此案一路闹到了美国最高法庭，官司共打了6年之久，法庭才做出最终裁定。法官一致站在了被告一方，裁决番茄是蔬菜而不是水果。尽管番茄完美符合植物学中水果的定义，但是人们通常将之作为主菜，烹饪食用，而不是作为甜点。从大众观念和日常吃法而言，它还是更像蔬菜一点。蔬菜和水果本就不是一个科学的分类，更多的是一种习惯。水果之所以为水果一般得具备三个必要条件：可生吃、多肉多汁、包含种子部分。蔬菜可以烹调做菜，一般取自植物的根、茎、叶等部分，还囊括了各种因为不能生吃、不够甜等被驱逐出水果家族的植物果实成员。其实西红柿满足水果的三个必要条件，但因为人们多将之烹熟食用而成了蔬菜。

到这里就不得不提被认为是汕头澄海区特产的小番茄了。作为番茄家族的一员，小番茄也美其名曰"圣女果"，因为多被生吃已变成真正的水果。其实小番茄不是什么新品种，反而是最原始的番茄品

圣女果

种。原本野生的番茄就是小个头的,人们称之为"樱桃番茄"。从番茄加入蔬果队伍开始,追求更大更多的番茄果实就成了育种的主要目标。随后,不断地杂交选育,才让番茄的个头越来越大了。

番茄的好处不少,近年来备受推崇,认为是男人四十岁之后的最佳食物。它饱含的番茄红素是目前被发现的最强抗氧化剂之一,因此美国《时代》周刊把番茄红素评为21世纪十大健康品之一。意大利西部海岸苏莲托小镇被称为"好男城",据说这里的男人英俊潇洒、体格强健且精力充沛,即使到了中老年,也很少患某些男性易发病,后来学者调查发现,这正与当地主食———番茄馅饼紧密相关。是番茄给了男人健康和力量!这个滨海的美丽小镇多么让人向往,让人联想起那首闻名世界的经典歌曲《重归苏莲托》:

"看,这海洋多么美丽!多么激动人的心情!

看这大自然的风景,多么使人陶醉!

看,这山坡旁的果园,长满黄金般的蜜柑,

到处散发着芳香,到处充满温暖。

可是你对我说'再见',永远抛弃你的爱人,

永远离开你的家乡,你真忍心不回来?

请别抛弃我,别使我再受痛苦!

重归苏莲托,你回来吧!"

花痴与吃花

《灿烂人生》是一部长达6小时的意大利电影,影片2003年上映

获得巨大的成功，不仅获得好的票房，之后还收获了许多奖项。电影虽分为上下集上映，但每集3小时的长度得花上半天时间，可见意大利人的生活节奏并不那么紧张，也难怪欧洲的美食排名，无论是城市还是酒店还是单个食物，意大利都是绝对的霸主！有足够的空闲时间，与艺术的创作，包括美食的创造是密不可分的！有评论称《灿烂人生》"是一部非常真实的意大利的文化和历史影片，是一部史诗电影。"影片中主人公兄弟俩命运的跌宕起伏缘起于一位被关进精神病院的"自闭症姑娘"乔治娅，而乔治娅的出场让我印象深刻：走出病房像被陪护"遛狗"（电影原话的比喻）一样地散步，当她走到几株不知名的植物前停住了，眼睛死死地盯住正盛开的白色花朵，突然她神速地抓起花瓣往嘴里塞，生怕别人抢夺或阻止……充分咀嚼之后，她一直紧张的神情终于放松下来……这段表演堪称精彩，通过"吃花"，她身上的"正常"与"不正常"都已一目了然，据说这位女演员正是凭这部电影红起来的！

我喜欢各式各样的花，从乡野僻静的角落到富丽堂皇的花园，首先是由于其多变的色彩，其次是自然有序的结构。我对组织结构的敏感还包括其他事物，比如海螺、花椰菜等的横切面令我着迷，当然不止食物，盘旋而上的楼梯、密密麻麻被侵蚀风化的古城墙……在不规则中寻找规则，往往令我兴奋！只可惜我当年没条件学习绘画，而作为职业的电视工作者，又会为电视画面天生的不完美而痛苦不堪。

自从智能手机出现，我的手机相册基本被各种花卉照片占据。每次因手机内存不足罢工而进行清理时，就会爆发选择困难症，对我来说不亚于选秀节目上选择留灯的女孩！后来才狠了心，要删全删，当断则断，不能留恋，真所谓"有一种爱叫作放手"！何况我的朋友圈、微博上已经全是花花草草。我当时给微博起了个小号"潮花仙子”，阅读量还算可观。有一回与一帮狐朋狗友聚会，看了我的微博，朋友投以鄙夷的目光："潮花仙子就是你？一个大男人起这么一个娘了吧唧的名字？"原来这位老兄也关注了我的微博！哈哈，回头仔细分析微博的粉丝，可能绝大多数都是与这位一样的中年猥琐男，都是因为对微博名的误读而被吸引过来的，细思极恐，赶紧改名！

但无论怎么想洗白都来不及了，还是被朋友授予了"花痴"的光荣称号！

花痴与吃花是完全不同的两回事！真正喜爱一种东西，是发自内心地有保护、呵护的冲动。我总觉得"吃"说到底是一种自私的行为，有点"我得不到也不让别人得到"的无赖。

说起吃花，马上让人联想到《书剑恩仇录》里的香香公主。香香公主是金庸笔下的第一美女，连正在打仗的士兵都可以因为她的容貌而淌着口水放下武器，魂都被勾走了。香香公主有奇癖——爱吃花不吃肉。这种"不食人间烟火"的神人也注定不会是一个正常人，所以在饥肠辘辘之际，因为陈家洛给她摘下雪莲花，她就立即感动落泪，似生命重生，接着无以为报只能以身相许！你看，这好像不是正常人干的事！若是有这等好事，我楼下花店送花的小伙子就不用天天为找对象发愁了。

人类早期作为素食动物，除了瓜果外，想必也曾是吃花的。不过就花的量而言，若以鲜花为食不是饿死就是累死，而且还难免中毒而死！因为植物的花卉不少是有毒的，而且越是色彩斑斓毒性往往越强。由此，古人也常常以鲜花喻女人，总结出"红颜祸水"的千古名言。不过，一些古籍特别是药典有关于吃花的记载，我个人也有吃花的经历。第一次吃花应该是小时候吃的南瓜花，记得是裹上面粉后油炸。已经忘了是什么味道，只知那个时代所有油炸的东西都是好吃的，因为有难得的油脂！另外就是南方常见的针菜，那是一种百合科植物的花朵，晒干了基本上看不出原本花朵的样子，古人称它为"萱草"，又叫"忘忧草"。唐代白居易诗句"杜康能解闷，萱草能忘忧"，说的就是针菜。针菜带有酸味且有一定的毒素，所以一直不喜欢。而真正让我记住花的味道的，是一道"上汤夜来香"。此夜来香并非"我为你歌唱/我为你思量"的那种，香味浓得发腻，一如打扮得像十六岁的六十岁女明星；用以食用的是来自珠三角，含苞欲放的那种。滚烫的清汤上桌前撒上夜来香，不必蒸煮，用高汤的高温烫熟即可。浮在汤面上的花苞青翠间白，入口爽脆，一缕清香轻飘出窍外……真让人有点把持不住，导致行为失常。

关于吃花，我的理解分为两种，一种是直接作为食材；另一种是作为代茶饮或调味品，当然也包括药用。在这里得声明一下，我特别厌烦那种用于装饰摆盘的鲜花。好好的食物，摆那些毫不相干的鲜花做什么？为即将入口的食物送别吗？

与岭南的其他地区一样，潮汕地区历史上就有喝凉茶的习俗，其中会用到许多花卉。一般在酒楼里坐下来，服务员会问你喝什么水。除了茶水，还有各种时令的饮品供选择，不少是花卉煮的"凉茶"，常见有枇杷花、莲花、桂花、金银花、菊花等。茶与花的结合不仅流行于南方，北方也有譬如茉莉花与绿茶的交融。潮汕最出名的单丛茶，也是从烘焙出来的茶叶具有什么样的花香、口感和持续度来评判优劣。20年前的一罐桂花香，至今余香仍在我的口腔中回甘。

用花来泡水，我个人最为怀念的是栀子花和茉莉花水。小时候住在一个有高墙电网的保密单位里，院子坐落在一片水田中央。夏夜伴着虫鸣蛙叫，在高大的栀子花树下，大人喝茶聊天，小孩儿们可以喝上一杯用树上刚摘下的栀子花或茉莉花冲泡的糖水。那时候多么适合

菊花盅

作"明月清风长作伴，高山流水永相知"的感叹！可惜当时年幼，只知道味蕾的低层次满足，未能作情感的升华。

其实，南方人喝凉水既是充分条件，也是必要条件。这让我想起当年苏东坡被贬岭南，在认识了岭南的风土人情后的一段感叹："岭南天气卑湿，地气蒸溽，而海南尤甚。夏秋之交，物无不腐坏者。人非金石，其何以能久。然儋耳颇有老人，年百余岁者，往往皆是，八九十岁者不论也。乃知寿夭无定，习而安之，则冰蚕火鼠，皆可以生。"这段话里蕴含了一个道理，都说"一方水土养一方人"，其实更准确的说法是"一方生物养一方人"。吸天地之精华的生物，特别是植物，是与当地环境相生相克的，它自身与自然界达成的平衡，必将给予它食物链上方的动物平衡的能力。在一地生存的人类就必须以该地的物产为主食，这也正是我个人反对一些所谓的美食家轻易地批评某个地方主食怎么做得不好的原因：一个地方传承下来的吃什么、怎么吃，总是有其历史原因的，你批评往往是因为不够了解当地历史文化。

　　其实，除了云南的少数民族地区，会被广泛地拿来吃的花并不多，也就玫瑰、禾雀、茉莉、桂花、槐花、兰花、梨花、荷花等。不过在想象中，牡丹花可能是最令人向往的花之至味。曾听说过一个关于国宴的故事，说有一道什么汤起源于唐朝、改良于解放后，最后上桌时汤上飘着一朵牡丹花，惊艳得让外宾们为之折服膜拜，大涨国威。因为那时候，人们常以为牡丹花是国花。而把牡丹花直接拿来食用，在中国还真有些历史了，有老饕苏东坡两处诗句为证：一是"未忍污泥沙，牛酥煎落蕊"（《雨中看牡丹》）；一是"明日春阴花未老，故应未忍着酥煎"（《雨中明庆赏牡丹》）。看来苏东坡对于用牛酥（应是牛奶提取的油脂）煎牡丹念念不忘，更有意思的是他吃牡丹的心态："未忍污泥沙"真是极好的借口，怕"花落成泥碾作尘"，干脆先下手为强，吃了！后面一句更绝，牡丹花正好，没有"怕被糟蹋浪费"的理由，只好强忍味蕾的冲动、不去下锅，但还是流露出心有不甘，倒像是心被"酥煎"一般，苏大学士乃真性情也！

　　在生活中，常怀一颗吃货的心何尝不是幸福的！我在社交媒体上发个花花草草的照片，被问得最多的就是"能吃吗"？这也在一定程度上逼迫我去学习植物学，特别是中草药的知识，真怕万一随口一说，让哪个二愣子真把他的毛病治好了给我送"妙手回春"之类的牌匾，让人当"非法行医"抓个证据确凿。有时发个照片不免要补充些相关的植物学知识与朋友交流，同好者也常常互通有无、友好讨论着，偏有二愣子留言："花是植物的生殖器吗？"这世上好花不常有，而二愣子常有！

细
致
调
味

蔗糖古韵·之一

立冬日，潮汕有吃甘蔗的习俗。据说，这一天吃了甘蔗，可以强身健体，可以保护牙齿，潮汕有谚语说："立冬食蔗无病痛""立冬食蔗蛮齿痛"。

自明清以来，潮汕农村盛行土糖寮制糖的生产方式，所生产有乌糖（红糖）、白糖，远销中国北方及东南亚一带，可说是驰名海内外了。

本地的土糖寮，是农村甘蔗的临时性加工作坊，也是临时性组合的经济实体。每年秋收后，是甘蔗的榨季。土糖寮因陋就简，一般就直接建在田里。20世纪70年代在潮阳的农村我还能看到建在操场空地上的糖寮。

汕头大学文学院中文系陈景熙老师曾找到国外的有关资料，在《中国与日本的条约港口》一书中生动地描述了当年汕头地区制糖的情况："（汕头）每个乡村都有好多糖坊，建造粗陋而有效。甘蔗是放在两个直立的石碾之间压榨的，石辗上凿有槽口，装上硬木，用牛力推动一碾，齿槽上的硬木就带动另一碾同时转动。人站在一个地坑内传送甘蔗，坑内铺上稻草，使人腿部舒适温暖。甘蔗要压榨两次，榨出来的蔗汁就流积到埋在碾旁的一个桶里去。推动石碾的那根横杠上并排着四头牛，最大的在最外边，最小的在最里边，按大小排成队形，听命出动。熬糖房紧靠着榨蔗的地方，榨过的蔗皮就用作熬糖的燃料。由于机械粗陋，蔗汁榨不干净，（蔗）中的糖质必然损失很大，废蔗里还是可以榨出许多糖来。"[1]

石糖绞

　　清初的榨糖业可谓甜蜜的事业，它孕育了一批潮汕的富商。如揭西县的郭来在清初就有"潮汕糖业大王""广东糖业大王"之称，他的"湖赤"（棉湖赤糖）远销上海江浙，后还远销东南亚一带。他的住宅"郭氏大楼"素有"潮汕民居古建筑之最""潮汕乔家大院"的美誉，如今还是省级文物保护单位。整座建筑共99间房，为潮汕地区典型的"驷马拖车、百鸟朝凤"格局。

　　随着英国殖民者在周边国家和地区大量种植甘蔗并不断提高榨糖工艺，中国的制糖业逐渐从领先变成落后。到了19世纪末20世纪初，由于外糖的倾销，潮汕的蔗糖业走向没落。其中与潮汕固守较落后的生产方式有关。光绪二十八年《通商各关华洋贸易总册》中《汕头

[1]　该书原计划于1867年出版。

口华洋贸易情况论略》篇指出：（汕头）"榨糖泥于古法，制糖绝少新章""榨蔗熬糖固守古制，一似祖宗成法，衣钵相传。最可恶者，示以改良，勿为墨守，若辈不惟如风过耳，犹谓率由旧章已为完善……"[1]不过，制糖业的没落并未让民间的榨糖技艺失传，到改革开放前民间依然有自己榨糖的！

民间直接拿来吃的甘蔗是竹蔗和乌腊蔗。其中以乌腊蔗最受欢迎，这种蔗松软而含糖量高，小孩也能啃得动。关于甘蔗印象最深的一项活动叫"朴蔗"，用的正是乌腊蔗。潮汕话中"朴"字的发音和普通话"朴刀"的"朴"基本一致，让我觉得潮汕话中的"朴"可能是古音。虽然普通话中"朴"极少作动词使用，但从"朴刀"延伸出来，作为刀的动作又何尝不可？"朴"正是"劈"的意思。朴蔗，参加的人拿一根甘蔗，站在板凳上，一只手扶着甘蔗，一只手用刀面按住甘蔗顶端，按稳之后，扶蔗的手便放开，然后刀口迅速从上至下朝蔗秆中心劈去。如果动作不够快或动作太大，甘蔗很快倒下，朴蔗者往往会劈个空。那些刀法准的，会齐刷刷地把甘蔗劈为两半。另一种朴蔗方式则是由一方任意指定整根蔗中一个地方为斩的位置，朴蔗的人把甘蔗竖在面前，约定开始后，朴蔗者身子要旋转360度，对准指定位置砍去，能准确砍到指定位置并且把甘蔗砍断就是胜者。有的人反应较慢，还没有转过身来，甘蔗已经倒在地上。这样的活动总能惹得大家开怀大笑。

朴蔗原是农民劳作之余的娱乐，但也传到城里。记得20世纪末，每到甘蔗上市季节，市区的乌桥岛周边很多卖蔗的摊点前都有这样的活动。不过，市区的朴蔗活动多少带有博彩性质，有了输赢有了下

---

[1] 上海通商海关造册处.通商各关华洋贸易总册[M].上海：上海通商海关总税务司署，1902.

注，劳作之余的娱乐也就变了味。

朴蔗很讲究技巧，要想劈得深、劈得长就必须动作幅度大，有力道；但甘蔗随时倒下，时间紧迫，又要求动作幅度要小，要迅速。朴蔗者要眼明手快，在动作力度、速度、幅度和甘蔗角度中找到最佳的结合点。人生智慧可以总结出千万条，但最重要的一条是"凡事皆有度"。度是事物保持其性质的限度，任何度的两端都有界限，超出其外事物的性质就会发生变化。本微不足道的"朴蔗"也蕴藏了人生的大道理，让我啰嗦了这么多！

甘蔗

蔗糖古韵·之二

潮汕地区的制糖业最早可追溯到唐末，1935年出版的《潮梅现象·潮梅物产》有记载："迨唐末时,潮人渐知植蔗制糖之法,自是以后,遂有蔗糖之产。"[1]而到了明清时期,潮汕地区已经成为广东重要的甘蔗种植和制糖业中心。潮汕地区的潮阳、揭阳、潮州、饶平、澄海、惠来、普宁等地都是甘蔗的产地。乾隆年间潮阳县令李文藻作《劝农诗》:"岁岁相因是蔗田,灵山脚下赤寮边。到冬装向苏州卖,定有冰糖一百船。"从中可窥见当时制糖业发展之盛况。

由于在潮汕的历史经济发展和农业生产中有着重要的地位,甘蔗也在潮汕民俗活动中充当着一定的角色。过去,潮汕的不少祭拜活动会用到甘蔗,用甘蔗祭拜月娘就是期望日子会越过越甜;过年给婆家送礼也有甘蔗,寓意生活甜美;每年的正月十六,潮安区磷溪镇的溪口村会举行从清朝年间流传至今的"穿蔗巷"活动,村民在甘蔗末端挂上灯笼游街,场面十分壮观。有些传统习俗还随着潮汕人过番流传到海外,马来西亚的潮人在正月初九"天公生"这一天,会在门口挂甘蔗,喻节节高升。

经过历代经验的积累,甘蔗的生长特别耗费土地肥力,会让土地变得贫瘠,所以在航海殖民时代的15世纪开始,欧洲人在南美洲和加勒比海地区才会采取种植园的形式。目的就是不断地寻找拓展新的土地,通过轮耕的方式来种植甘蔗,收获宝贵的砂糖。潮汕地区种植甘蔗也形成一整套的栽培技术,而且也很早就发现了种植甘蔗对土地肥力的影响,于是通常采用三年轮耕制度——甘蔗连种两年以后,第三年改种花生、甘薯或者大麦,第四年再种甘蔗。

汕头大学文学院潮汕文化研究中心冷东老师在《潮汕地区的制糖业》的论文中详细地介绍了潮汕的制糖法:"在榨糖的加工技术方

---

[1] 谢雪影.潮梅现象[M].汕头:汕头时事通讯社,1935.

面，潮汕地区从甘蔗收获的十一月期间开始，到次年的四月为加工季节。加工过程分为榨汁、煮糖和过滤三大部分。通常是用牛带动石磨反复碾压甘蔗，流出的蔗汁盛于陶瓮中以备烧煮。在煮糖的技术方面，最早烧煮蔗汁时仅用一个铁釜，民国时已经用三个。揭阳的榨糖业则使用一种孔明灶，可以同时烧煮铁釜六个之多。由于利用相同的火力烧煮更多的糖汁，可以节省燃料，同时各铁釜之间间接加热，可以避免糖汁烧焦。

"潮人制造蔗糖主要有两种，一为红糖，一为白糖。制法，取蔗榨汁，滤净入釜煮之。釜共三个，每个约容汁六七斗。先将蔗汁放入第一釜，加石灰一碗，片刻移入别桶澄清，加石灰两碗拌匀，再入第二釜煮沸，历数十分钟，污物上浮，用漏勺捞去，竹竿细搅，加石灰入别桶澄清，再入第三釜重煮，复加石灰搅拌如前，候汁稍浓厚，加以花生油一二滴，以润其色泽，如是三四次，冷却结晶，即成红糖……红糖需要四五天，而白糖则需要25~30天左右。"[1]糖曾经是汕头最大宗的出口商品，最终由于海外糖业的快速发展而没落，实在令人扼腕叹息！

[1] 冷东，潮汕地区制糖业 [J]. 中国农史，1999，18（4）：76~77.

红糖

白糖

　　在土法的制糖中，甘蔗榨汁之后剩下的甘蔗渣是不会浪费的，主要是作为燃料。让人不禁有"煮豆燃豆萁，相煎何太急"的联想。

　　甘蔗渣衍生出的最有名的附属特产是"熏鸭"，也有300多年历史了。鸭子经卤汁腌制后，先用火炭熏干，再加蔗渣熏。熏鸭也成为潮阳当地风俗民俗活动中不可缺少的一种物品。当地人遇上婚嫁等喜事都会用熏鸭作为礼品赠送给亲友，一些在外地的乡亲也喜欢把熏鸭当作手信带回去，甚至还有很多香港人慕名前来购买。

另外，潮汕人还会用榨糖余下的甘蔗渣和生产过程中捞出的糖渣酿酒，因为糖渣和着泡沫，所以这种酒民间称为"粕子酒"[1]。甘蔗渣酿的酒，现在很多人都淡忘了，甚至根本就没有听说过，因为现在酿酒都是用稻米、小麦、高粱等粮食了。但在以前物资匮乏的年代，能喝上蔗渣酒也是一件非常惬意的事情。由于经济困难，我爷爷长年喝的就是这种酒。据父亲回忆，爷爷当年下酒的酒料基本上只能是番薯，生活的艰辛由此可见一斑。我曾多次在乡间寻找"粕子酒"，一直未能找到。我想不仅是因为种甘蔗的少了，恐怕味道也难以与粮食酒比肩，否则依着成本，有市场、有利润的事谁不抢着干？

最早用生产蔗糖的残渣酿酒的，应该是世界蔗糖产地中心的加勒比海地区。其中以古巴最为出名，酿出的酒叫朗姆酒。朗姆酒的出现对世界的经济、政治产生了深远的影响，它可以称得上是世界上第一种真正成为国际商品的酒精饮料，甚至成为殖民时期美洲、非洲地区的硬通货，也是一段时期内欧洲列强海军和加勒比海盗的主要饮品。美国大文豪海明威在传记中写道："朗姆酒能刺激我的肉体和灵魂"，英国诗人威廉·詹姆斯则说："朗姆酒是男人用来博取女人芳心的最大法宝，它可以使女人从冷若冰霜变得柔情似水"。朗姆酒与潮汕地区的粕子酒在生产工艺上应该没有大的区别，唯一不同的是朗姆酒会将甘蔗蜜糖制得的烧酒装进白色的橡木桶，经过一段时间的陈化，使其与木桶之间产生味道的交汇，从而酝酿出一种花香、果香般的独特口味。而潮汕的粕子酒则缺乏橡木桶和时间的沉淀，想必辛辣

---

[1] 潮汕话中的"粕"音"吥"，意思为泡沫。

而乏味吧。

古巴朗姆酒是奢侈的享受，而潮汕的甘蔗渣酒留给我们的却是苦涩的回忆！

花生、糖与茶配

潮汕的零食出奇地多，而且基本上都是甜食，这与北方地区有明显的差异。

北方的零食多以油炸和肉制品为主，而且基本上为咸味；而潮汕的零食几乎清一色的甜食，朥饼、南糖、米润、糕仔、豆方、黑糕、麻薄酥，等等。原因想来很简单，北方地区的零食可以当下酒菜，而潮汕的零食则是茶配。

在潮汕这个把"壶小乾坤大，茶薄人情厚"奉为圭臬的地区，且不必去理会工夫茶是兴于"宋朝"还是"明末清初"的争议。工夫茶的确至少在明末清初就已经成为潮汕人生活的一项内容，甚至于变成待人接物的生活礼仪，但更要注意的是工夫茶的喝法，如果没有一定基础肠胃里的积淀，醉茶是分分钟可能出现的可怕结果。为了避免这种盛情之下"好心办坏事"的尴尬局面出现，茶配应运而生。恰好潮汕曾经是中国重要的"糖市"（历史上，汕头和厦门、台南被称为中国三大糖市）。《潮阳县志》记载："邑植蔗始于唐代"，且至明隆庆时，"邑有蔗绞一百一十处"。蔗绞又称糖寮，到了明清时期潮汕制糖业十分发达，大量北运甚至出口。有了糖就好办了，各种作为茶配的零食有了百花齐放的条件，于是开始了争奇斗艳的历程。

花生又叫落花生、长生果，潮汕人称之为"地豆"，花生米就叫"地豆仁"。花生的营养价值极高、滋味香浓醇厚而且种植范围广，深受国人喜爱，潮汕人也不例外，从花生如何吃就可以看出"酒料"和"茶配"的分野。花生煮炒炸如果下的是盐就是酒料，潮汕俗话就有"地豆酒，好朋友"之说，二两米酒一碟花生，仰望天空数星星，这曾经是多么令人向往的惬意生活；花生如果与糖结合，则变成极好的茶配。"寒夜客来茶当酒，竹炉汤沸火初红"，又是另一番境界了。

花生是潮汕地区历史上重要的油料作物和经济作物，潮汕地区素有种植花生的习惯，而且在大量的民俗活动中，花生还被赋予了许多文化内涵，变成不可或缺的食物。这从潮汕后来成立的"汕头农科所"等农业科研机构不断在花生的品种培育和创新上取得成就，也可以感受得到。

这里先介绍一种把白糖和花生米较简单地结合在一起的茶配，它叫"束砂"，为潮南区仙城镇的特产。当地曾流传这样一首诗："仙城束砂香又甜，清爽可口惹人尝。束砂一碟茶一泡，潮汕风味胜山珍。"

仙城的得名与一位历史人物有关，他是元末红巾军陈友谅的军师，兵败后化名何野云流落到了潮汕，为人营造祖坟，建筑乡里，成为名噪一时的地师。他是通晓天文、地理、数术、建筑的道家，后人称为"虱母仙"，他在当时叫"三门城"的一方风水宝地建了一个乡里，就是今天的"仙城"。

据了解，仙城束砂的制作始于清朝同治年间，由仙城人赵嘉合开创，到清光绪年间，仙城束砂已闻名遐迩，开始远销到东南亚。目前，仙城束砂的字号有十多家，大部分集中在当地人称为"束砂街"

的街道上，而且几乎所有的经营者都姓赵，据说都是赵嘉合的后人，大家凑在一块儿做生意，互相扶持又互有竞争。

束砂的制作并不复杂，第一件事就是炒好花生米。这在过去用柴火大铁锅的年代还真是件技术活，小时候在农村，亲戚开间小铺子，我帮忙烧火，就是因为性急柴火加多了，结果把花生炒糊了。火势的控制与花生的多少有着直接的关系，有时稍一不留神就来不及了！以前为了控制火候，制作束砂的花生还要用沙子来炒，炒好后再用竹筛将花生仁筛出来，像今天街边的糖炒栗子。不过，通过技术改造，现在一般店家都已经改为机器炒花生了，相对好控制。接着就是煮糖，依然要靠人工操作，按照一定的白糖和水的比例来制作糖浆，边煮边搅动防止粘锅。再接着就把刚刚炒好的花生米倒进糖浆中，为什么花生要刚炒好温热的？束砂酥脆的秘诀就在这里了，刚炒好的花生不会吸入水分而返潮！而且花生米要趁糖浆还是滚烫的时候一股脑儿倒下去，糖浆与花生米才会粘在一块儿。接下来用专门的工具使每一粒花生米都均匀地粘上糖浆，这道工序叫作"播束砂"。"播束砂"是技术活，要"播"上三遍：前两遍上糖，第三遍将已经包上糖浆的束砂进行打滑。如此之后，每一粒花生米都裹上了一层厚薄基本一致的白色糖衣，束砂也就制成了。为了在祭祀和喜庆活动使用，有些束砂还会用红曲染成艳丽的桃红色。

花生，在潮汕时年八节的祭祀及婚姻嫁娶中不可或缺，过去潮汕人办红白事，都会自己买进白糖和花生，然后再委托专门的制作师傅制成甜点，称为"做糖"。其中最常见的就有用花生米、糖、麦芽糖等原料做成的"豆桃"或"豆方"及"束砂"。潮汕人结婚的时候，要准备豆方招待客人并作为礼物带走，还要主动分送亲戚邻里，称"食知""食甜"。婚庆用花生的道理想必全国皆然，花生与大枣、桂圆、莲子同是吉利的象征，合在一起就是"早生贵子"的意思。

豆条和米方

潮汕人还有做"糖塔""地豆猪头""糖狮"用以拜神、拜祖宗的习俗。"糖塔"由花生米和糖混合然后塑成塔形，一般都是七层，源于佛教浮屠的传说，所谓"救人一命胜造七级浮屠"就是这个意思。"糖塔"有的地方还在尺寸上展开竞赛，重的可达上百斤；"地豆猪头"则是用花生与糖塑造成猪头的模样；有些地方有"赛糖狮"的活动，"糖狮子"也都是用花生与糖做成。

潮汕有一句俗语称"阿嬷爱食猪脚熬豆仁"。"猪脚熬豆仁"是一道传统的潮菜，但平时吃不着，只有在老人生日或婚宴上才会上这道菜。与前面的俗语相配套的还有另一句俗语"老人吃猪脚——试下试"，说的是"猪脚熬豆仁"这道菜要把猪脚炖得烂熟，让牙口不好的老人也能吃。而最出人意料的是，这道菜的调味料放的是糖而不是盐——昭示着生活的甜蜜。我是吃不惯甜猪蹄的，或许这份腻甜是需要岁月来消解的!

此茶非彼茶

潮汕工夫茶具有超强的文化传播力,茶也成为潮汕的一个文化符号。

所以,当菜品中出现"沙茶"字样时,常常被问起这是什么茶?其实沙茶与茶真没什么关系。

"沙茶"是音译的外来词,原是印度尼西亚的一种风味食品,印尼文为"SATE",原意是"烤肉串"。在新加坡,SATE是位居十大美食排行榜之首的美食。SATE源于印尼爪哇,吃的时候会蘸一种味道辛辣的特制调料。印尼新马华人用华语表达时,管SATE叫"沙嗲",而酱料则叫作"沙嗲酱"。20世纪初,移居印尼、马来亚的华人先辈们,把这种小吃从侨居国引进闽南、潮汕等地。传入潮汕地区后,只取其辛辣的特点调成一种调味品,因"嗲"的发音与"茶"的潮汕话发音相近,所以在潮汕就被称为"沙茶酱"。沙茶酱色泽金黄,辛辣香浓,呈糊酱状,是潮州菜常用的调味品之一。潮汕许多肉类的制作都会使用沙茶酱,特别是吃火锅时,沙茶是永远都少不了的必备蘸料。

最有意思的是,上回不知什么话题引出了沙茶酱荤素的争论:

"沙茶当然是素的,都是植物香料熬制的。"

"香料中的辣椒、大蒜这些都是荤的!"

"这些不算呢?"

"之所以叫茶，就是因为都是植物原料！"

听得我哈哈大笑："你们这些家伙就知道吃，却不知吃的是什么。沙茶当然是荤的！"

一般情况下，沙茶酱的制作会用花生仁、白芝麻、大蒜、生葱、芥末、香菜子、辣椒等原料，同时还会用到大地鱼干（潮汕话叫"翅脯"）、虾米和猪油。为什么我对沙茶的荤素问题会如此敏感？小时候物资紧缺，难得吃上肉，而那时的沙茶酱里会带有炸过油留下的猪油渣，所以新买回来的沙茶酱，我会把它翻个遍，就为了寻找里边的油渣，让寡得冒烟的口舌满足一下荤腥的欲望！

目前市场上的沙茶酱主要有汕头沙茶酱、福建沙茶酱和进口沙茶酱三大类。福建沙茶酱海鲜味浓郁，适合用以烹制爆炒、溜蒸等海鲜菜品。汕头沙茶酱的香味较福建沙茶酱更为浓郁，可做炒、焗、焖、蒸等烹调方法的很多菜品。而进口沙茶酱其实就是正宗的沙嗲酱，比较著名的有印度尼西亚沙嗲酱和马来西亚沙嗲酱。它色泽为橘黄色，质地细腻，如膏脂，相当辛辣香咸，与沙茶酱有明显的差别。所以，港式粤菜中常见菜品"沙嗲牛柳"和"沙茶牛柳"是有区别的，就是因为分别使用沙嗲酱和沙茶酱。烹制沙嗲牛柳时，必须先用洋葱末、红椒末和菠萝末煸炒起香，再放沙嗲酱，而且必须放适量三花淡奶及少许蚝油，以增其奶香味；而烹制沙茶牛肉时，只要用蒜泥煸香再加入汕头沙茶酱即可。两者成品色泽和观感也有区别：前者淡橘红色，卤汁较细腻；后者淡褐色，卤汁中颗粒物较多，两者的风味也各有千秋。

汕头著名的牛肉火锅的蘸料也以沙茶为主，只有极少数的老食客会选用普宁豆酱。如今汕头市面上的牛肉火锅多采用牛骨汤锅底或清汤锅底，殊不知最早的牛肉火锅却是沙茶锅底，要用小炭炉小心煨着火，稍不留神就糊了底，用电热炉火锅做不成，现在火锅店都不会做了。

沙茶酱

豆酱

不少外地人会把"沙茶炒牛肉"作为潮菜的经典，我自己更喜欢

"沙茶牛肉炒芥蓝"，再来一份鱼丸紫菜汤、一碗白米饭，知足了！

腌鱼成露

　　读过一位潮籍著名美食家写自己到越南探访鱼露生产厂家的文章，以为鱼露是越南发明的。我惊讶于他竟然不知鱼露就是他故乡的特产！

　　鱼露作为一种调味品，俗名"膇汤"，是潮汕地区常见的调味酱汁。它与菜脯、咸菜一起被称为"潮汕三宝"。鱼露除咸味外，还带有鱼类的鲜味，不习惯的人也会认为是"膇味"，所以才有"膇汤"之名。有朋友做调味品生意，专门生产高品质的鱼露，注册品牌为"初汤"，取汕头话之读音，求别具一格之风格。

　　潮汕滨海，长期以来，不少人靠耕海为生，在渔获丰盛的时候，如何在天气炎热的情况下保存海鲜就成为一个难题，除了晒干外，用盐腌制是常见的办法，而鱼露就是腌制鱼虾的衍生品。腌制鱼虾产生的汁液在那个物资相对匮乏的年代不会被轻易放弃，或许可以继续代替食盐来使用，虽然会添些鱼腥味，但作为渔民显然是能够承受的。而后随着时间的推移，在不断的实践中，渐渐变化成一种刻意追求的产品，鱼的固体形态通过腌制最后变成液体的"露"而存在，并延续其鲜美或者腥膇的味道。

　　据有关资料，早在宋末，饶平柘林湾渔民把加工咸鱼时排出的咸鱼汁经贮藏、煮制，成为一种美味的调味品，而这正是制作鱼露的萌芽。明清时期，饶平制作鱼露的方法开始向潮汕各地推广。而后，这一工艺也随着海岸线和潮汕人的足迹传播出去。

汕头开埠后，潮汕各地不少老字号鱼露厂纷纷搬往汕头。汕头的李成兴鱼露厂出产的"翡翠牌"鱼露这个时候已行销海内外。除在本地，1927年在香港设立另一家叫李成兴的鱼露工厂，成为香港最早并且延续至今的鱼露厂商，而泰国历史最久、规模最大的唐双合鱼露有限公司也是潮汕人创办的。如今，东南亚各国饮食中对鱼露的依赖远远超过潮汕本土了。

汕头鱼露厂是潮汕的老字号，由创建于1912年的成兴、源丰、千丰等多家鱼露厂于1956年进行了公私合营组建成的。公司位于汕头市光华路55号，小时候就去参观过，不过对于小时不喜欢吃鱼的我，当时惊讶于它的制作方式，更受不了它的味道！目前，它的生产规模及销售量特别是出口量是全国同行业最大的。

鱼露的制作方法一般经过五道工序：第一，盐腌。一般在渔场就地加部分盐，趁鲜腌渍。第二，发酵。通常以自然发酵为主，将盐腌后的鱼虾加盐腌渍两三年，其间进行多次翻拌，使鱼逐渐在酶的作用下分解出咸汁。第三，成熟。分解完毕后，移入大缸中进行露晒。第四，抽滤。从晒缸中抽出，即得原油。第五，配制。像调配酒一样，取不同年份清液，按比例进行混合调配。

鱼露的用途很广，炒煎烹煮都用得上，直接做蘸料也可以。潮汕人过去喜欢用鱼露代替盐和味精，但近年来，家庭使用鱼露的有所减少，因为传说它危及健康，却无人详细说明吃多少量会影响健康？没有度量的指责都是瞎扯淡，喝白开水还致命呢！不信您喝刚烧开的或者是一次喝上一浴缸试试。

鱼露的腌制

给北京的客人介绍"蚝烙"。他问："蘸的什么？"答："鱼露加胡椒粉。""好诗意的名字！好特别的味道！""鱼露如何使用？""味腥用酱油，味寡用鱼露。"

客人走时非要从汕头带了好几瓶鱼露回京。后来我到北京，他告诉我："鱼露真好使，大家都说我做的菜味道特别，我就不告诉他们怎么做。鱼露是我的秘方！"他的基本原则是——做海鲜用酱油，其他皆用鱼露点缀。

这哥们真懂得活学活用！就中国菜来说，其实用鱼露的真不多，正因为少所以有条件成为"秘方"。其实，潮菜位列中国菜系前茅，被称为"最好的中国料理"与鱼露的使用有密切关系，潮菜大师会告诉您：鱼露是潮菜的灵魂！

如今使用鱼露最多的是越南菜，其次是泰国菜。越南任何菜似乎都少不了鱼露；而泰国餐厅的"调味三宝"则是鱼露、碎辣椒和柠檬汁。越南的鱼露以鲜美著称，但优质鱼露是不出口外销的，因此有"吃了鱼露才算到过越南"之说。越南鱼露酿造方法是以瓦缸酿造再加曝晒为主，把大量鲜鱼塞进瓦缸，加入盐、醋、酒、糖、酱油后，把缸埋在盐堆中曝晒一个月后，鱼肉发酵溶解，与各种调味料水乳交融。越南的鱼露分两种，一种是原味鱼露，鲜美中带有天然的鱼香味，味道虽咸，但不发苦，煮汤、炒菜用最佳；另外一种则经过了调配，放入了柠檬汁和辣椒，可做凉拌或蘸酱。越南的餐厅会自己调鱼露，所以鱼露的口味也变得繁多起来，各家餐厅的鱼露可能都会是不同的味道，也会有各自的特点。但是，无论是越南还是泰国，当你在品尝美食时是否会联想到当年潮汕人背井离乡、远涉南洋的过番史呢？

改革开放以前，汕头的不少人家还会自己做鱼露，方法与现在越南的餐厅相似。一般会买些杂鱼，或将剔去大片鱼肉的残留骨骸，甚至剥皮鱼的鱼皮用盐腌制后入瓮封存，经年待其发酵腐化后再煮开去渣，便是自酿鱼露。不过如今都懒得去做这么麻烦的事了！不知是人懒了，还是物资太过丰富？

儿时家乡味

村里人在潮南峡山开了家酒楼，用的是乡里的名字，让人觉得亲切。潮汕的乡里一般都是同姓的宗亲，因为年龄相仿，多以平辈呼之。令我感到亲切的不仅仅是同宗同族的人缘，还有家乡的菜品——咸纠黄麻叶和咸纠空心菜。

　　"咸纠"是一种特殊的制作方式。其实就是"煮"的一种方式，但与一般的煮有不同。首先，"咸纠"意味着要下重盐；其次，要煮到水分基本蒸发完，煮的东西（黄麻叶或空心菜）纠结在一起。这个词在潮汕话里，"纠"与"究"通用，我用"纠"以示"集合，缠绕"之意，正是这一制作方式完成以后，蔬菜的存在状态；再者，以前在乡里，咸纠是一定要用咸菜汁，而不是盐。

　　过去潮汕人家家户户都会自己腌制咸菜。大约是农历十月份晚稻收割完后，就轮种本地特色的包菜（也称大芥菜或大菜），春节前就可以收获。而芥菜心正是腌制潮汕咸菜的原料。将摘除了绿叶的芥菜心洗净、晾干、略晒后，撒上粗盐整齐码在陶质大缸里，然后加盖封存。腌制好的咸菜是过去物资缺乏年代潮汕人家一年主要的"物配"，它不仅仅是现在定义的用于配糜的杂咸，事实上它和潮汕的菜脯一起可能是搭配各种粮食的"主菜"。

　　咸菜固然用途广泛，腌咸菜的汤汁也不能浪费，现有用来煮肉、煮鱼、煮田螺的，过去它更多的是与蔬菜类发生关系。在我的记忆里，用咸菜汁来煮的都叫"咸纠"，利用咸菜汁的咸和酸。研究表明，芥菜在腌制过程经过发酵，产生了多种氨基酸和酒石酸，咸菜的汤由此也产生了独特的风味。

　　咸纠的蔬菜印象较深的包括黄麻叶、芋把（芋头叶梗）、空心菜、番薯叶等。一定程度上都是"废物"利用，不见得是什么高大上的食物。其中对于黄麻叶的记忆最为深刻，当年潮汕地区广泛种植黄麻，作为一种经济作物，它主要的作用是剥取麻皮，用来编绳索、织麻布、制麻袋等。黄麻不是一开始就可以摘取麻叶的，在黄麻生产期间摘叶会影响它的生长，须等到黄麻长到头开始老化了才能摘叶。那时的黄麻叶与现在市场上专门种植用于食用的完全是两回事。前者是麻树的"剩余价值"，稀疏的叶子坚韧苦涩，有的老叶甚至难以嚼烂，残留满嘴黏稠的汁液和纤维物质，但有回甘；而今的麻叶是近几年才从台湾引进的品种，长不高，专用于取叶食用，甘甜脆嫩，但失之味淡。

咸纠麻叶

如今的菜市场上偶尔能见到咸纠好的麻叶出售，但都是用的粗盐，咸得要命。买回家必须用清水洗过，再用蒜头热油炒过才能吃。

离开农村以后，由于城市的条件所限，早已没有腌制大缸咸菜的条件，所以咸纠的食物很多年未曾遇到了。但是味觉的记忆往往是深入骨髓的，一旦重新遇到就会迅速将存储的信息链接出来。我一直怀疑，由于味觉的信息量有限，可能大脑中用于储存味道记忆的内存远未被装满，所以搜寻起来十分便利；不像影像的记忆，由于眼睛每天有目的和无目的地把大量的信息存储进大脑，使其存储影像的内存严重不足，难免造成混乱而致一些重要的信息丢失。

儿时家乡的这些特殊的食物当年肯定不是什么美食，但经过了岁月的沉淀和发酵，从记忆中被唤醒后却让人舌底生津，油然而生出美好的味道来。

少年不识味

一般说到菜脯，很多年轻人立刻联想到的可能是肠粉、烤生蚝这类食物上的菜脯粒，当然也包括菜脯蛋。不少外地人会发现，潮汕肠粉与广式肠粉最大的差别，就是潮汕肠粉多了些炒香的菜脯粒；而同样是烧烤，潮汕的炭烧生蚝也配上菜脯粒，与蒜香相得益彰、相映成趣。

海鲜、河鲜与菜脯片同煮也是潮菜的一大特色。潮汕人认为无鳞鱼一般腥味较重，如鲶鱼、塘鲺、鳗鱼、血鳗、赤翎等，焗鱼时通常都会用上菜脯片，既提鲜又可除腥味。有时烧制后，菜脯片比鱼更受欢迎。

菜脯腌制有用木桶腌与挖地窖腌两种方式。制作方法都一样，晒了撒盐，翌日继续晒，再撒盐，如此反复六七次，制作完毕，密封收藏。但潮南井都镇另有腌制方法：先把萝卜片用盐水浸泡，再放到日下曝晒；如此反复五六天后，用清水洗干净，以石头按压，挤出萝卜片上的水分；再将萝卜片晒至八成干，用八角末、酒、红糖拌和后略加搓揉，入瓮密封，近一个月便可食用。这样做的菜脯避免太咸，且味道更为丰富些。

其实，潮汕菜脯有新老之分。新菜脯色泽金黄，肉质爽脆；而储藏十年以上的老菜脯色泽乌黑发亮，肉质柔绵顺滑，似乎沉淀了岁月芳华，含蓄内敛却拥有持久的魅力——那不是青春的锋芒毕露，而是阅历修养锻造出来的温文尔雅。可以说，老菜脯是菜脯中的极品。

潮汕的百姓家庭一般都会藏有一坛老菜脯，轻易不食用，显得金贵。老人家都说老菜脯可以消食去积、健脾化滞，只有消化不好，拉肚子吃不下饭时才会动用老菜脯。所以，确切地说，潮汕以前家里储藏的老菜脯更像是一剂治疗肠胃病的备用药。

小时候喜欢新菜脯的味道，反感老菜脯，正所谓"少年不识味，唤作黑药膏"，对其油金发亮的颜色很是怀疑。小孩子对药物很敏感，闹个肚子硬说没事，就是对老菜脯敬而远之。但很多事情与年龄有关系，岁月的积累会让人的感官发生变化，比如年轻的时候喜欢热闹，到了中年突然就会安静下来；年轻的时候喜欢顾城、海子、北岛的诗，中年了则喜欢古诗词，喜欢沈从文和惠特曼；以前喜欢"黑夜给了我黑色的眼睛，我却用它来寻找光明"之类令人眼前一亮的句子，如今更喜欢"哪里有土，哪里有水，哪里就长着草""山中何事？松花酿酒，春水煎茶"这样简朴而真诚的语言；年轻的时候喜欢牛奶煎蛋作早餐，四十岁后则喜欢白粥菜脯。随着年龄的增长，如今我对老菜脯是情有独钟。

岁月沉淀的内在美是需要通过岁月的积累才能读懂的，无论是人还是物！

菜脯放久了，状如固墨。从当初的脆鲜变得松软绵长。老菜脯储藏久了，缸里还会出油，这就是菜脯油了。有了油的老菜脯更难得，味道也更纯正，用于煮汤绝对是上品。潮汕的老人常会以"老菜脯"自嘲，指其思想固化、难以接受新鲜事物，但同时也意味着坚韧不拔、不怕风吹草动。这个词似带有贬义，但细细体会，亦有"历经风雨，饱含阅历；不为外界所惑，亦不怕外界所扰"的意味。自嘲的内在，其实更多的是自我肯定。

老菜脯

经过岁月的沉淀，总有更耐品味的内涵。老菜脯的味道也因为时间而愈发丰富，煮汤做菜皆一流，其中最出名的菜式是"老菜脯蒸肉饼"。上桌时，其飘逸的香味透着霸气，瞬间占据了食客的嗅觉，令那些味道含蓄的菜品黯然失色；而且吃过后，甘香的味道会在唇齿间驻留。所以，一般这道菜用于压轴，不能上得太早。记得有一回外出游玩，一家人过了中午才回到家，冰箱里没什么东西了，于是用老菜脯加了肉末煎蛋，算是"老菜脯蒸肉饼"变形。就着一锅白粥，吃得一家人叫好，旅途奔波对胃口的影响在老菜脯面前被轻松消解掉了。老菜脯不仅能开胃，还能帮助缓和肠胃不适，对小孩子夜半啼哭也有治疗效果。

品尝老菜脯像品味人生，年轻的时候难知其味，当懂得其中滋味时，青春已一去不返，难免让人唏嘘！

老少"咸"宜

家里有几个透明的塑料罐，一年到头没闲着，那是母亲腌咸菜用的。

虽然市场上的咸菜很便宜，自己动手费时费力，而且家里的空间早已显得局促，但母亲一如既往坚持自己腌制咸菜，几十年如一日。

潮汕咸菜是潮汕人居家生活的重要内容，以前家家户户都是自己腌制，谁家里没有咸菜瑶（音"宝"）？放置于阴凉的角落里，随时取用。腌制咸菜用的是潮汕特产大芥菜。腌制方法其实也简单，大芥菜去掉外面的粗叶，放在太阳下略晒，然后放入陶瑶，每整齐排放一层芥菜，撒上一层盐，最后上面用大石压紧，使大芥菜浸在盐水中。密封约一个月后，菜叶变得金黄，便可食用。而咸菜放置于密封的陶罐内，存放几年亦不会变质。现在的家庭腌制规模要小得多，用的是小罐，母亲每次都会将芥菜叶切小了再直接撒上南姜末来腌制，色彩上不如大瑶的，但味道上不输。

潮汕咸菜生吃爽脆，熟吃可与各种鱼类、肉类配搭，皆酸咸可口诱人食欲，可谓老少咸宜。我的小外甥就因自小喜欢吃咸菜，而得外号"咸菜佬"。而许多回乡的老华侨往往也非常想念那"一口咸菜"。

潮汕咸菜是腌菜的一种。腌菜的制作，在我国有悠久的历史，周朝就已有之。据《周礼·天官冢宰》载："醢人掌四豆之实。朝事之豆，其实韭菹、醓醢、昌本、麋臡，菁菹、鹿臡、茆菹、麋臡。馈食之豆，其实葵菹、蠃醢、脾析、蠯醢、蜃、蚳醢、豚拍、鱼醢。加豆之实，芹菹、兔醢、深蒲、醓醢、箈菹、雁醢、笋菹、鱼醢。”其中“豆”指礼器，这里列举的是祭祀时进献的各种酱过的食物，“醢”（音“海”）是指通过发酵制作的肉酱类，而“菹”（音“租”）是指酸菜、腌菜类。中国各地都有腌蔬菜的习俗，普遍认同的说法是，因为古代没有冰箱，更没有蔬菜大棚，于是用盐保鲜，便有了腌菜，人们冬天也能吃到青菜了。我国各地的腌菜做法各有不同，所用材料也是就地取材、五花八门。北京的水疙瘩、天津的津冬菜、保定的春不老、江浙的腌雪里蕻、云南的韭菜花、贵州的冰糖酸、四川的榨菜、客家的梅菜、湘西的酸菜、吉林的朝鲜辣菜，等等。其实说不完，各地各有特色并总觉得自己的腌菜最好，于是，曾有好事者弄什么中国“八大腌菜”“四大腌菜”评比之类的东西，结果都难以服众、不了了之。

不过，腌菜总归非上等食材，过去多为穷苦人家度日的无奈选择。潮汕话中的“白糜咸菜”指的就是穷困潦倒的生活状态。古时还有一个词“黄齑”也指腌菜，宋朝诗人朱敦儒的《朝中措》词：“自种畦中白菜，腌成瓮里黄齑。” 可是到了明清时期，这个词更多的时候被用于借指艰苦的生活。明朝高明《琵琶记·蔡公逼试》：“可不乾费了十载青灯，枉捱过半世黄齑？”清朝蒋士铨《空谷香·散疫》：“辱抹煞逢掖威仪，咳，支支却怎生捱过了半世黄齑。”只能吃腌菜了，就说明日子过得极其艰苦。

当然，时代变了，吃腌菜也可以变为一种时尚。现在不少年轻人就以吃韩国泡菜为时尚。这也得佩服韩国影视剧的影响力，曾看到过一部韩剧名字就叫《萝卜泡菜》，韩剧中各种生活场景和爱情故事中总不少泡菜的身影。但韩国泡菜与我国普遍制作的咸菜还是有一些区别的。腌菜因制作方法不同，叫法也不同。一般来说，咸菜是指用盐腌制的，泡菜则加入更多的佐料并经过发酵的，酱菜则是用酱或者酱油腌制的。

而俗称的"潮汕咸菜"其实也有两种。一种是没发酵的，就是平时所说的"咸菜"；另一种是经过发酵的，类似泡菜的做法，叫"酸咸菜"。

潮汕咸菜用的是潮汕本地特产的卷心芥菜作为主要原料。因为芥菜长得快、长得大，潮汕人亦称为"大菜"。芥菜原产北方，但移植到南方之后，因土壤和气候关系，发生了很大的变异，个大且肥美多水。

咸菜虽然好吃，但因可能含有亚硝酸盐致癌物令许多人望而却步。其实，这里边有个食用时间的问题。据权威部门测定，咸菜在开始腌制的2天内亚硝酸盐的含量并不高，只是在第3到8天时亚硝酸盐的含量达到最高峰，第9天以后开始下降，20天后基本消失，食用不存在安全问题。潮汕俗话又云："咸菜无虫，天下无人。"小时候看到启封的咸菜瑚里会长虫，觉得甚是可怕。现在想起来，就像主妇们上市场买菜专挑那些有虫咬痕迹的蔬菜一样，觉得没有化学药物的作用，长虫的反而是"放心菜"了。

另外，据科学实验，茶叶中的茶多酚能够阻断亚硝酸盐向亚硝胺的形成，从而解除导致癌症危险。潮汕的工夫茶名闻天下，与这里腌制食品的发达恰恰成了食物平衡的绝配。

记忆"油"新

以前家庭所用的酱油为散装零买，顾客买酱油要自带瓶子或碗碟去装。买酱油，许多地方叫"打酱油"，潮汕话则说"沽豉油"，这活大多差遣小孩去。不过，跟人说："我的孩子都可以打酱油了。"则表示孩子长大了、不小了！

豉油即酱油，这种叫法大概源于豆豉，都是大豆发酵出来的。江浙一带叫"秋油"，也许跟制作的季节有关。潮汕话说"沽"是古语，现在已不大有人用了。其意思，一是买卖，古人说"沽酒"，就是买酒。《水浒传》里的绿林好汉喜欢喝酒，小说中曾多次出现"沽酒来吃"的文字；成语"待价而沽"的意思是等待好的价格才卖掉。二是"捞取"，比如"沽名钓誉"。潮汕话"沽豉油"中的"沽"两个意思都有，让孩子到杂货铺去"沽豉油"是"买"的意思，而摊主从陶瓮里用长柄竹筒"沽"出酱油来，则是"捞取"的意思。

酱油（豉油）是潮汕传统的重要调味品之一，它以大豆和小麦为原料，蒸熟后加酒饼发酵，再经日晒、夜露转化酿成。早在清道光年间，揭阳人杨祥坤在榕城开设以"杨财合"为商号的酱油作坊。清咸丰年间，"老陈周盛"酱油作坊在惠来县惠城镇开张。潮汕酱油历史上以揭阳的酱油最出名。民间流传着这样一句顺口溜："揭阳有三合——欲买好鞋吴成合，欲买好炉老万合，欲买好豉油杨财合。"

杨财合老铺的主人杨祥坤是揭阳酱油的创始者，原籍揭阳北洋乡，他于清道光十年（1830）于揭阳榕城韩祠南侧开设酱油作坊，以"杨财合"为店号，取财源广进、合顾客口味之意。杨祥坤开作坊占有地利：店前有敞阔的场地可晒酱油，店后有小河的优质水可用于浆洗作业。他做酱油遵循两点：一是选用新鲜大豆为原料；二是充分采用阳光天然发酵以增酱香。因此，该老铺所产酱油鲜甜浓香，久藏不腐，风味独特。新中国成立后，以杨财合等酱油作坊为主体，实行公私合营，组建了揭阳酱油厂。

潮汕的孩子，小时候必吃过"白糜淋豉油"，那种特有的香味记忆犹新。小孩断了奶，开始吃辅食时，潮汕人的首选是白粥，但白粥味淡，孩子不接受，于是淋上酱油，一般孩子都喜欢。

不过，如今的酱油不仅有"酿造"和"配制"之分，还有"供佐餐用"或"供烹调用"之别，不少消费者不太清楚。其实，两者的卫生指标是不同的，所含菌落指数也不同。供佐餐用的可直接拿来当蘸料或凉拌食品，它的卫生指标较高；如果是供烹调用的则最好不要直接食用，它的卫生标准低些。

酱油的鲜味和营养价值取决于酱油中氨基酸态氮含量的高低，一般来说氨基酸态氮越高，酱油的等级就越高，也就是说品质越好。

潮汕传统的酱油生产采取老式制曲，没有加曲种，利用空气中天然野生霉菌发酵。一般要发酵4个月至半年，在这个过程中，要定时翻搅，保证充分发酵。酱醪成熟后，装入布袋榨出酱油，原汁酱油为生抽，呈红褐色；生抽再加入焦糖炼制，就成老抽，颜色较深。日晒酿造的酱油，发酵时间越长，生成的各种营养成分就越多，风味越佳。上海浦东著名的"钱万隆"酱油是首个列入"国家级非物质文化遗产酿造工艺"名录的酱油品牌，其生产周期要两年之久：春准备，夏造酱，秋翻晒，冬成酱；酱成后存放一年为陈酱，后再压榨出油，头年春天投料，次年冬天收获。

不过，现在酱油厂普遍采取的是快速酿造方法。与传统工艺不同，快速酿造的原料是黄豆和麸皮，且必须先碾碎再蒸熟。而制曲过程也不一样，是在冷却的熟料中加适量水，再加入曲种拌匀，装入曲盒，经保温发酵几十个小时，酱即告成熟，呈黑红色，有油性和酱香味，可沥油。过程不过一周时间。

新的工艺在生产线上使效率大大提高，却无一例外地使传统的味道慢慢丢失，但在市场面前，时间就是效率时间就是效益，传统的生产工艺往往经不起惨烈的市场竞争，会被无情地被淘汰出局。

传统工艺生产的散装酱油的味道记忆仍在，可酱油已是"新"油！对于许多传统的食物，在它们身上慢慢的变化中，人们通过比对才会发现——原来，时间是有味道的！

水果意趣

不染云霞偏染雾

小时候住在高墙电网中的一个国家秘密单位里头，单位地处一片田园中央，只有田间小路与外界联系，真的是"朔游从之，宛在水中坻"，若不是上学不便，倒有几分桃花源般的独立自在。

单位的院子里种植了许多不同种类的果树，不过独独没有桃树，其中以一棵超过四层楼高的莲雾树龄最长，也不必进行什么管理，每年都硕果累累。

果实成熟的季节，总是把小孩子们馋得流口水。但由于成熟季节莲雾的毛毛虫特别多，而且各种颜色大大小小十分吓人，孩子们是不敢爬树上去采摘的。他们常用木棍来砸，往往有所收获。

单位值早班的大人有经验，每天只需上班时到树下走一圈，便能捡回一大盘成熟后自然脱落的果实。

这棵莲雾现在想起来是一个难得的好品种，青色的果实，个大而香甜。我曾在树下抬头接果子时被一颗莲雾砸到鼻子，鼻血汹涌不止，可见果实之分量！20世纪80年代初，这里改建拆迁，那棵莲雾树不知是何命运？一直到近几年才见到市场上有莲雾卖，遗憾的是，市场上的莲雾不是红色的就是褐色的白色的，再没见过当年的品种。

年轻时欣赏台湾诗人余光中，他曾写过一则名为《莲雾》的诗："非水上之莲或空中之雾，低头穿过矮矮的丛树，却拂下一身的落花，纤细的白芯纷飞如雨，花名虽然飘逸而浪漫，树身却是易孕而多子，满园甜津津的负荷，把不胜的枝柯压得弯弯，仙人的野餐探手可撷，不用杯盘也不用烟火……"莲雾树的曼妙多姿和果实的甜美诱人跃然纸上。

莲雾，莲瓣上的雾露。首先名字就充满诗意，南朝乐府《子夜歌》中有句："雾露隐芙蓉，见莲不分明。"所以，莲雾总会得到诗人们特别的青睐。而从味道而言，按时髦的说法，如果说榴梿、林檎是"重口味"的话，那莲雾绝对属于"小清新"！

莲雾

莲雾是台湾人的叫法，在大陆原本可能不多见，所以有称为"洋蒲桃"的，也有叫"无花果"的，都与另外的果树混淆了。它是17世纪由荷兰人引进台湾，在台湾是常见的水果，民间有"吃莲雾清肺火"的说法，台湾人把它视为消暑解渴的佳果，同时也可做菜。台湾著名的传统名小吃"四海同心"，就是用莲雾制成。方法是在莲雾的中心挖个洞，塞进肉馅，再用猛火蒸10多分钟即可。

有学者提到，在台湾莲雾还有一个别名叫"南无"，并推测那是因为台湾做佛事活动，喜欢用莲雾作供果。而1875年福建巡抚王凯泰巡台时，也写下了一首竹枝词："南无知否是菩提，一例称名佛在西。不染云霞偏染雾，慈航欲渡世人迷。"不过，个人觉得那可能是一种误会，所谓的"南无"其实是"莲雾"的台湾话发音而已，台湾话与潮汕话同属闽南语系，发音相似，"莲雾"的闽南话在外人听来与"南无"相近。

而在潮汕，莲雾的种植有一些历史了。在澄海隆都，因为一个传统，莲雾树还被称为"华侨树"。

在澄海区隆都镇仙地头村，有两株老莲雾树。过去，清明时节，如果这两棵莲雾树的树干上被系上艳丽的彩带，当地人就知道有海外侨胞又回乡祭祖了。

这两株莲雾树位于一座叫"明德家塾"的宅院里。树高近20米，树龄近百岁了。20世纪20年代，许氏有兄弟俩在暹罗开办"许福成"批局，成为当时闻名潮汕的批局。兄弟俩1930年前后在仙地头村南面兴建豪宅"明德家塾"，并专门从暹罗运来莲雾等异国树种。果树种下后，华侨每年清明或冬至回乡探亲，都会带来彩色的绸带，系于树干上，称作"加冠"。

现在市面上最常见也最受欢迎的是一种叫"黑金刚"或者"黑珍珠"的莲雾。它比一般的莲雾更甜、更脆，品种来自台湾。

它的由来也有故事：据说有人把莲雾种在离海岸不远的地方，有一次刮台风的时候，海水淹到莲雾树。按道理果树遭遇咸水一定会死的，但这些莲雾树不但没有死，那一年结下的莲雾反而更甜更脆。于是，主人就尝试着把莲雾移植到更可以感受到海水和海风的地方，结果莲雾就有了这个新品种。

　　这个故事与汕头天港木仔的故事异曲同工。都是由于海水和特殊的土壤改变了品种。生存环境的改变使事物发生了量变甚至质变，对于人的成长何尝不是这样？

蝉鸣荔熟五月间

　　说到荔枝，谁都会首先想到唐明皇为博杨贵妃一笑快马送荔枝的故事："一骑红尘妃子笑，无人知是荔枝来。"（杜牧《过华清宫》）蝉鸣时节的大夏天，累得人仰马翻，花那么大的力气只为吃上一种水果，这事自然是不好意思让人知道的。不过终究纸包不住火，还是让天下都知道了，由此扬名天下的荔枝是四川的荔枝。因为当年杨贵妃吃的荔枝是从四川运到长安的。

　　荔枝是中国特产，古时也写作"离支"，目前世界各地对于荔枝的称谓都是中文的音译。荔枝还有一个别名叫"侧生"，这名字来得好笑，因为著名的《蜀都赋》里有这样的两句话："旁挺龙目，侧生荔枝"，所以得名。杜甫就曾写过"侧生野岸及江浦，不熟丹宫满玉壶"。

　　当年我国荔枝的产地主要是福建、广东和四川。其实最好的品种还是出自广东，自然，苏东坡的"日啖荔枝三百颗，不辞长作岭南人"是最好的广告词。福建的传统品种是"乌叶"，但其质量比不上广东的"桂味"和"糯米糍"，当然更不用说"增城挂绿"了。

　　增城挂绿是荔枝中的珍稀品种。明末清初屈大均《荔枝诗》咏到："端阳是处子离离，火齐如山入市时。一树增城名挂绿，冰融雪沃少人知。"清诗人李凤修则说："南州荔枝无处无，增城挂绿贵如珠。兼金欲购不易得，五月尚未登盘盂。"足见其珍贵程度，被称为"荔枝之王"。

潮汕地区适合荔枝的生长，汕头的雷岭荔枝还出口美国。每年潮汕荔枝上市，荔枝市场价格立即下降，这对于消费者来说是好事，但对于果农来说却是无奈。因地理位置原因，海南的荔枝上市最早，福建的荔枝包尾，都能卖个好价钱，如何延长荔枝上市的时间是潮汕果农的大问题。

潮汕的荔枝在品种上没有优势，但就种植历史而言，潮汕是中国种植历史最为悠久的地方之一，有2000多年的历史。其中惠来县被评为"中国荔枝之乡"，2008年，国家质检总局批准对惠来荔枝实施地理标志产品保护。据了解，惠来至今依然有不少上千年的荔枝树，而增城挂绿有文献正式记载至今只有400多年的历史。

潮汕没有"挂绿"，但别的品种十分齐全，而且产量可观。潮汕歌谣云："乌叶金钟糯米糍，淮枝桂味妃子笑，状元红荔最值钱。"短短几句就说到了7个品种，其中尤以状元红为佳。"蝉鸣荔熟五月间，漫山遍野绿间红"（潮州歌谣《潮州百果歌》），在荔枝林中，这绿色和红色交相辉映总让人心潮澎湃。

荔枝不仅难保鲜，而且对气候的要求也高。据史书记载，当年汉武帝为吃到新鲜的荔枝还曾建造一座"扶荔宫"，"荔枝自交趾（今越南北部一带）移植百株于庭，无一生者，连年犹移植不息。后数年，偶一株稍茂，终无华实，帝亦珍惜之，一旦萎死，守吏坐诛者数十人"（《三辅黄图》）。爱吃荔枝的人发狂，由此，荔枝也害了不少人！

现在，人们可以随心所欲地吃到荔枝了，不仅是鲜荔枝，那些荔枝酒和荔枝蜜也很受人欢迎。潮州歌谣云："荔枝浸酒甜丝丝，补血补气又健脾，更有此处荔枝蜜，常服益寿又延年。"

荔枝

　　几年前雷岭荔枝成熟时，汕头美食学会的几位朋友相约到雷岭尝鲜，别人相约黄昏后，他们偏约朝阳前，要赶在太阳出来前，直接从树上摘了吃，我笑他们是去喂蚊子，也抽不出时间，便没同行，后来也未曾问起他们的收获。不过近日在查资料时却无意看到这种吃法还颇有些来历。明朝徐渤在《荔枝谱》中写道："当盛夏时，乘晓入林中，带露摘下，浸以冷泉，则壳脆肉寒，色香味俱不变。嚼之，消如降雪，甘若醍醐，沁人心脾。"这段文字看得让人心动而神往，下回有机会尝试的话，我想要带上冰块去，一定不会让人失望。

　　想想历史，权力富贵犹如浮云。再看看今天，当我们痛快地大啖荔枝时，只不过把它当作一种普通的水果罢了。

味比荔枝真是奴

写了几篇潮汕特色水果的文章，有朋友让写写龙眼，他说，龙眼一直是潮汕孩子的最爱。我回家后问孩子：最喜欢的水果是什么？果然是"龙眼"！

龙眼是潮汕地区常见的一种果树，山头原野，村前屋后，水塘边村道旁，或一片或一两株甚是常见。

龙眼的栽培历史可追溯到2000多年前的汉代，《后汉书·南匈奴列传》记载："汉乃遣单于使，令谒者将送……橙桔、龙眼、荔枝。"

潮汕地区龙眼栽培历史悠久，宋代潮州《三阳志》记载有"秋则龙眼"，已把龙眼作为秋季主要水果。笔者找到一份1996年的《汕头科技》，上面有一篇文章讲述了解放后潮汕地区龙眼种植发展的概况："至1949年，潮汕地区的龙眼栽培分布很广，几乎所有的村旁、屋前屋后均有种植，但成片栽培极少，繁殖方法为用种子播种实生繁殖，品种杂乱繁多。20世纪五六十年代，龙眼栽培面积有所扩大。繁殖方法除实生苗外，开始采用圈枝、靠接方法，并推广潮州'草铺种'，在潮安枋洋乡和饶平暗井农场出现小面积成片栽培。70年代，原汕头市柑橘研究所在潮安选出'凤梨朵''马岗埔''洪厝埔'等良种单株并进行推广。80年代，我市开展果树资源调查工作。揭阳'古山二号'、潮阳'青山接种'、普宁'赐合种'、澄海'西浦大粒'、饶平'泰兴种'等优良单株经鉴评肯定，并得到推广。从外地引进的'大乌园''双扦木''石硖''福眼'等良种表现良好，还从泰国引进品种试种，且大力推广嫁接育苗，使良种普及率和种植面积有较快上升。"

好一片欣欣向荣的态势！记得小时候亲戚家承包了不少龙眼树，小孩使坏，爬上树咬破壳挤出果肉来吃掉，果壳依然挂在树梢，偷吃完全看不出来，树下看果实依然高挂。此偷吃秘籍也！

龙眼

龙眼的鲜果和加工品向来被视为珍贵滋补品，早在明代《本草纲目》中，李时珍就曾写道："龙眼味甘，开胃健脾，补虚益智"，"食品以荔枝为贵，而资益则龙眼为良。"龙眼花含蜜丰富，与荔枝蜜同被视为蜜中上品。龙眼树的木材质地坚实，纹理细致优美，是工艺品、家具、船舶、建筑的优良生产材料。

龙眼，在民间也称为"桂圆"。在闽南地区，民间流传一个关于桂圆来历的故事。很早以前，在福建一带，有恶龙出没为害人间。武艺高强的少年桂圆决心为民除害。他准备用酒泡过的猪羊肉，使恶龙享用后醉倒。桂圆用钢刀先后刺中恶龙的两个眼睛，经过一阵搏斗，恶龙流血过多死去。桂圆也在搏斗中负伤过重牺牲。后来，在这个地方长出了一种果品，剥开果壳，像极了被桂圆挑出来的龙眼，于是人们把它称为"龙眼"，为了纪念这位英勇的少年，也叫"桂圆"。

龙眼在潮汕民俗活动中被广泛使用。潮汕有些地区，在新娘出嫁时得备些龙眼干，寓意"富贵圆满"及"早生贵子"。另外，女方回聘时必送上稻谷、绿豆、酵母饼、龙眼干、薯粉丸五种物品，俗称"五样种子"，预祝"五子登科"；有意思的是，在惠来，出殡时孝子腰间系一个"子孙袋"，内也装有五色种子，绿豆、稻谷表示五谷丰登，龙眼干喻功德圆满，酵母饼表家世发达、有财有运。潮州枫溪、饶平会用石榴花、仙草、龙眼叶、榕叶等为初生婴儿或小孩洗澡，寄托健康成长。普宁多数地方，产妇产后，要用艾叶、龙眼叶及老姜煮水为产妇擦身。

在潮汕，其实龙眼和桂圆是有区别的，鲜果叫龙眼，干果唤桂圆。桂圆不仅药用，而且常用于甜汤，既有滋补功效，又是甜味剂。

说龙眼好的，我看到最过分的当数南宋泉州郡守王十朋，他写诗赞颂龙眼："绝品轻红扫地无，纷纷万木以龙呼，实如益智本非药，味比荔支真是奴。"不过，对比荔枝和龙眼，潮汕人显然对龙眼的评价是远远高于荔枝的！而据医书记载，龙眼性温味甘，益心脾，补气血，具有良好的滋养补益作用。不过，小时候，老人们总叮嘱，龙眼吃多了上火。所以，每每吃了龙眼，回家老人必打上一大碗井水或盐水，必须一饮而尽以抑火。年轻人火气盛，生命力旺。年龄大了，油将枯火将熄，看来得多吃点龙眼，能蓄香火能续命。善哉！善哉！

大吉大利潮州柑

每到过年，潮汕的家庭和单位都会选购柑橘作为摆设。这个时候，无论是水果市场还是花卉市场，都是柑橘最热销的时节。

历史上，潮州柑非常出名，曾被誉为潮汕第一佳果。据说，潮州柑已有1300多年的历史，而潮州柑的出名始于400多年前的明朝万历年间，时任潮州知府的郭子章在《潮中杂记》中说过这样的话："潮之果以柑为第一品，味甘而气香，肉肥而少核，皮厚而味美，此足甲天下。"而清嘉庆《澄海县志》记载："柑亦橘类，邑有雪柑、蕉柑、乳柑、珠柑、蜜桶柑凡五种，郭青螺品论潮果以柑为第一。"青螺就是郭子章的号。

潮汕民谚《农事十二月歌》唱道："正月落早种[1]，二月种地豆（花生），三月禾苗长，四月茄花开。五月桃子熟，六月掘番葛（地瓜），七月摘龙眼，八月剥麻皮，九月鱼菜齐，十月新米炊，十一月柑皮红，十二月梅花开。"

有一段时期，潮州柑几乎濒于绝种，原因是抗战时，南洋交通中断，侨汇不继，潮州又逢灾荒，柑农无以为活，柑树被人砍去当柴火烧，柑林尽毁。一直到解放后，生产才全面恢复，潮汕地区大力推广种植潮州柑，各地柑园遍布。"一年好景君须记，最是橙黄橘绿时"

[1]. 一种禾稻作物，原产于江西。——编者注

是宋朝诗人苏东坡对柑橘景色的赞誉。的确，冬季的柑园放眼望去，金黄色的柑果如繁星点点，悬挂在绿叶丛中。到处都是柑园的潮汕平原，另是一番诗情画意的景象，那也是潮汕柑橘产量的历史高峰期。

潮州柑

小时候在潮阳跟亲戚守过柑园，总是捡成熟后掉在地上的柑吃，由于甜美，总是吃到饱，所以老人总是叮嘱，不能多吃，会伤脾胃。在潮汕有"早蔗晚柑，半夜地豆"之说，意思是早上吃甘蔗、晚上吃柑、半夜吃花生为宜。而且普遍认为甘蔗吃多了强身健体，而柑吃过量则过寒伤身。

当年潮州柑不仅在东南亚扬名，甚至远至美国、欧洲，其罐头制品遍销全世界。

其实对于柑农来说，潮州柑全身是宝，可综合利用。除鲜食和加工果汁外，果皮可以制蜜饯、陈皮。潮州的陈皮也曾是特产，中医认为有理气健胃、祛痰镇咳、通经的功效，可用于高血压、咳嗽、胸肋疼痛等症。果肉可制成罐头，皮、花、叶均可提取芳香油，柑花还是优质的蜜源。所以，当年汕头罐头厂因潮州柑罐头出口而名极一时，潮安区则以制作"九制陈皮"成为蜜饯之乡，闻名全国。

然而，由于品种退化严重，加上黄龙病侵袭，外来品种的竞争，又有一段时间，潮州柑几乎全军覆没。

近几年，潮汕的柑农秉承传统的勤劳作风，又开始专业种植，产量有所上升，然而市场前景并不乐观。现在柑农种植的品种基本上是蕉柑，且在品质上与过去有明显差距。

原来潮汕所产柑主要有碰桶、蕉柑、雪柑三种。碰桶柑最佳，果硕大，皮松脆而浮凸，不紧粘其瓣，故最易除皮。瓣肥汁多而少核，味甜如蜜，因此有人给它"蜜柑"美誉。蕉柑形略小，皮较厚硬，与瓣贴实。这种柑稍逊，蜜饯的"柑饼"多用其制成。雪柑有点近似新会橙，汁多，但味清淡微酸，适宜切开吮汁，种得少。因此潮汕对该品种的评价并不高，如光绪《海阳县志》就说："橙，潮人谓之雪柑，但味多酸，不及广州新会出者之甘美。"

现在的市场上，外来水果多种多样，既有美国、澳洲、泰国的，也有我国台湾的，既有舶来售卖的，也有引进种植的，选择多了，风味也各不相同。当人们在啃着富士苹果、美国提子、泰国榴梿、吕宋芒果、台湾莲雾的时候，潮州柑也就没那么大的吸引力了。

过去，潮汕人出门拜年，都会带上一袋潮州柑，每走一户亲戚，就要送上大橘，大橘就是"大吉"，意味着新年大吉大利。送多少无所谓，但一定要是双数，然后说一些祝福的话。宾主互相拜年后，客人临走时，亲戚则回送大橘。一天下来，早上带几个潮州柑出门，回来还是几个！一般都在回程时才让馋嘴的孩子吃掉，所以，潮汕人开玩笑说：有四个柑就可以过年了！这样的拜年简朴而实在，真正体现了"礼轻情意重"！

古今"林檎"各不同

小时候是连环画特别发达的年代，许多著名画家都会参与连环画的创作。一方面是服务社会，以教育青少年为己任；另一方面则需要扎实的基本功。连环画看似小玩意，其实却是大创作。现在的不少所谓大画家可没那本事，在商业发达的时代，操作和炒作比基本功重要。于是，当年名家参与创作的许多连环画这几年在市场上价格飙升。

也就是在那个疯狂地追逐连环画的年代，我在一本讲述越战英雄的连环画中看到了一种产于越南的水果，长得像手雷，甚为神秘，印象深刻！

直到20多年前才见到真实的水果，得知它叫"林檎"，产自澄海古港樟林。

而直到前些年才知道"林檎"只是潮汕人的叫法，它的原名应该叫"番荔枝"。像"番薯""番茄""番瓜""番石榴"等其他作物一样，"番"字代表了其外来物种的身份。因外表恰似佛头，故又有"佛头果""释迦果"之称。但总觉得这名字起得有问题，称"佛头""释迦"却把它当水果吃，实在是罪过！就像自称虔诚的人吃素却要吃什么素鸡素鸭，实在是六根不净，倒不如吃荤而行善的人来得诚实！

其实，我国古时就有名叫"林檎"的水果。李时珍就说："林檎，即柰之小而圆者。其味酢者，即楸子也。其类有金林檎、红林檎、水林檎、蜜林檎、黑林檎，皆以色味立名。"其中黑色的像紫奈，有到冬季才结果的。

"林檎"亦作"林禽"，因味道甘美，能招很多飞禽来林中栖落，所以叫"林禽"。又名花红、沙果。落叶小乔木，叶卵形或椭圆形，花为淡红色，果实卵形或近球形，黄绿色带微红，是常见的水果。

林檎

说到底，古代说的"林檎"就是苹果的一种！我国古代没有"苹果"一词。而我国西北部地区也是苹果的重要发源地，栽培历史已达2000多年，世界园艺学上称其为"中国苹果"，属于苹果家族中的一支。古时，苹果称为"柰""林檎""来檎""联珠果""超凡子""天然子""频婆""苹婆""严波"等。

这很容易让人联想到眼下烂大街的流行歌曲《小苹果》："你是我的小呀小苹果儿/怎么爱你都不嫌多/红红的小脸儿温暖我的心窝/点亮我生命的火 火火火火/你是我的小呀小苹果儿/就像天边最美的云朵/春天又来到了花开满山坡/种下希望就会收获。""小苹果"不仅是一个让人浮想联翩的意象，它也可以是一个定情的信物！这在不少小说里都能见到。

但此"林檎"非彼"林檎"！今日潮汕人称的"林檎"可不是苹果，当然目前北方个别地区仍有将小苹果称为"林檎"的。

潮汕的林檎种植约在清嘉庆年间，仅200多年历史。那时澄海樟林是重要的通商口岸，有许多人迫于生计坐红头船到东南亚谋生，于是有了很多旅外的华侨，他们往往会将国外优秀的水果品种引进到家乡来种植。林檎树种正是由华侨从泰国引进的，后逐步扩大种植。樟林地处韩江三角洲，生产的林檎果大肉厚，肉质白色如膏似脂，味甜清醇，这种原产于热带美洲的水果移植澄海后果品质量甚至有了提高，樟林林檎1986年曾获得"广东省优稀水果优质品种奖"。有资料显示，广东有超过2万亩林檎，其中汕头澄海种植面积超过一半，仅东里镇就种有5000亩左右。

我国种植林檎最早的地区是台湾岛，已有400多年栽培历史，而且种植面积也最大，仅台东县就有林檎种植近7万亩。台湾的林檎是由荷兰人引进的，有圆形和椭圆形两种（潮汕的为圆形），外表也有绿色和红色两种（潮汕的为绿色）。释迦果在台湾也深受喜爱，每年都要举行释迦节，选出的冠军释迦售价折算人民币上万元一颗。

明朝遗老沈光文后半生流落台湾岛，曾写下一首《释迦果》诗："称名颇似足夸人，不是中原大谷珍。端为上林栽未得，只应海岛作安身。"沈光文年轻时在明王朝入仕，后来流落台湾，一直为恢复大明王朝而东奔西走，在孤岛上仍保留着明朝的衣冠。《释迦果》后两句说是皇帝林园土质肥沃却种不成释迦果，只能委身海岛了。那不仅是在写水果，更是在写他自己的无奈。这让释迦果多了一些气节上的内涵！

番荔枝还有不少"神奇"之处：在菲律宾，有一种叫作"番荔枝蝙蝠"的小家伙，专吃番荔枝，然后把种子拉得到处都是，所以几乎每个海岛上都长满了番荔枝，于是过剩的番荔枝会被用于酿酒；在印度，番荔枝的果肉常被人们当作护发素来用，而且人们还会把番荔枝的种子磨成粉，撒在头上除虱子；而更神奇的是，有一种叫作"统帅青凤蝶"的珍稀品种，它娇贵的幼虫往往只愿意寄生在番荔枝的植株中。

林檎也不是容易保存的水果，不熟时味淡微涩，熟透了又容易受挤压烂掉。我倒是有一种不错的吃法，把熟透的林檎直接放到冰箱里急冻，食用时掰开用勺子吃，天然无添加的冰激凌！虽然外表会变黑，不甚美观，但我们不讲求外表，关键要看内涵嘛！

罐头之王数菠萝

菠萝许多人都吃过，可北方人普遍不知菠萝是怎么长的！在不少人的印象中，菠萝像许多热带亚热带水果一样是长树上的！

为什么会出现这种情况呢？菠萝经得起长途运输，所以，北方也可见新鲜的菠萝；再者，没见过新鲜的也吃过，菠萝"罐头之王"的美称可不是白给的，哪里的超市没有菠萝罐头！但菠萝的种植地域有限，基本上在南北回归线之间，能看到栽在地里的菠萝的机会可不多。

菠萝，台湾地区称"凤梨"，新马一带称为"黄梨"。是一种原产南美洲巴西、巴拉圭的亚马孙河流域一带的热带水果，16世纪中期由葡萄牙的传教士带到澳门，然后引进到广东各地，后在广西、福建、台湾等地栽种。

潮汕地区的惠来、潮州的登塘都有较大面积的种植。《潮汕特产歌》唱道："葵潭出名大菠萝，苏南出名好卤鹅，海山出名大虾脯，溪口出名甜阳桃。"葵潭镇位于惠来县，这里山地资源丰富，适宜的土壤，充足的阳光、水分，是菠萝种植的理想地域。每年七八月是菠萝收获高峰期，总能见到一车车满载着菠萝的货车驶向惠城、流沙、汕头及福建、海南、浙江等省内外水果批发市场。全镇菠萝种植面积2.7万亩，年产量近7万吨，产值1.2亿元，这里的主要品种是"圆墩菠萝"。但近年来，潮汕总体的种植面积有所下降。

其实，潮汕人一般不叫"菠萝"，而称为"番梨"。许多人写作"凤梨"，其实不对！潮汕话里习惯用"番"表示外来的物种，如番薯、番瓜、番豆、番葱、番茄、番客、番批，等等。与潮汕相似的还有海南，清咸丰年刊的《文昌县志》记载："菠萝俗名番蒌子，色金黄，周身有缝纹，如龟折，剥皮食之味甘香，无核……"

在新加坡、马来西亚一带人们习惯称菠萝为"黄梨"，而不大说"凤梨"。由于受台湾闽南语的影响，现在许多书面语中常以"凤梨"代替菠萝。许多罐头产品都标注为"凤梨"。"凤梨"一词在1978年初版《现代汉语词典》就已经收录。台湾的《国语日报辞典》只收录"凤梨"一词，并说明这种水果又叫"波罗"。而早年出版的辞书《汉语词典》（商务印书馆，1937年）倒还收录了"黄梨"的词条。

菠萝除了当水果鲜食外，还被制作成菠萝蜜饯、菠萝糖、菠萝果浆、菠萝饮料，亦可酿制菠萝酒、菠萝醋、菠萝色拉和柠檬酸、酒精、乳酸等，同时也被加工成罐头。汕头罐头厂曾经是当地一家大型国有企业，有4000多名职工，产品达到近200种，其水果罐头，特别是菠萝罐头出口全世界40多个国家，而且质量较之国外产品尤佳，成为汕头乃至全国重要的出口商品。

在海南，人们已经说不清是该把菠萝当成水果还是菜。在海南的菜馆，菠萝炒牛肉、菠萝炒饭、菠萝炒大肠等菜肴是再普通不过的家常菜，还没熟透的带着点酸味的菠萝放在锅里一炒，天然的酸甜滋味让人食欲大开。

这是因为菠萝中含有医药上的贵重原料——菠萝酶。它能消化蛋白质，是天然的嫩肉粉，所以，菠萝很适合与肉类一起烹调，无论炖炒。也可以在肉类烹制前用菠萝汁腌制，同样能起嫩肉解腻的作用。

菠萝好吃，但如果食之不当或过量也会惹麻烦。菠萝果肉中所含的"菠萝酶"会导致"菠萝中毒"，潮汕称为"中番梨痧"。会出现如腹痛、腹泻、呕吐、头痛、头昏、皮肤潮红发痒、四肢及口舌发麻等症状，过敏比较严重的还出现呼吸困难、休克等反应。所以，一般吃菠萝用盐水泡过，盐能够有效破坏"菠萝酶"的内部结构，使其失去使人过敏的能力。

而在潮汕，人们吃菠萝会蘸酱油，一方面能分解部分有机酸，去掉酸味，让菠萝吃起来更甜；另一方面就是防止过敏。这种吃法常常令外地人感到奇怪，比如，有些人吃杨梅、荔枝等也要泡酱油。当然，潮州菜也大量使用酱油调味、做蘸料，曾有外地人戏称："潮汕人是最喜欢酱油的族群！"

其实，就吃菠萝而言，还有更牛的！海南三亚吃菠萝会蘸辣椒面和盐；广西桂林吃菠萝会用白醋和干辣椒腌着吃！

潮汕民间还有讲究，办丧事时尤其忌讳吃"番梨"。"番梨"的潮汕话读音"翻来"，意为"再来一次"，甚为不吉。

据说潮汕原来还有一种特别方法酿造的"番梨酒"。人们在番梨收获的前几天上山，挑选几个半生半熟的番梨，用刀子轻轻切开顶端一片，往里钻几个小洞，把酒饼塞进洞里，再把切出来的顶盖盖好，等到上山收获时，揭开盖子，便有四溢的酒香扑鼻而来。原来，番梨经过发酵，除了外面的皮，里面的肉早已化作酒，成了一小缸番梨酒。这当然是别具风味，只可惜我没亲眼见过，也没机会品尝一番！

果中巨无霸

小时候有条件，母亲喜欢栽花种果。

小院子里每个季节都有收获，也让孩子们参与劳动，不至于"四体不勤，五谷不分"。

不过，其中有一棵树，每年让我们兴奋，却也每年让我们失望，它叫波罗蜜。

母亲种下波罗蜜的两年后，树枝上就长出了果实，而且生长的速度很快，但随后就开始脱落，最大的一个也不过长到大人撑开的巴掌般大。随后每年如是，直到院子改建成楼房。

我一直认为是气候条件的原因，波罗蜜不适合在潮汕种植。直到后来看到澄海出产的波罗蜜，竟有些吃惊。

明代《永乐大典·潮州府中》引《三阳志》载："若夫果实之生，不能以数计。其可品者，若杨梅，若枇杷，以春熟。若荔枝，若莲房，以夏熟。秋则龙目（眼），冬则黄甘，曰波罗蜜。昔无而今有者，曰葡萄，曰木瓜。"清嘉庆版《澄海县志》记载："果之属有波罗蜜，即《法华经》所说的优钵昙树。开花并不常见，所以佛家以优钵昙花为难得。实大如斗，皮厚、有刺、壮大垒结如佛头。肉有干苞和湿苞之分，味甜。"故而这种热带常见水果，在潮汕平原已早有种植，苍翠茂盛，硕果累累。据说，潮汕最古老的一棵波罗蜜树位于澄海区溪南镇仙门村，相传由明代万历二年（1574）进士唐伯元亲手栽植，距今已有五百余载，仍枝叶茂密，且开花结果。

波罗蜜，又名木菠萝、树菠萝。隋唐时从印度传入中国，称为"频那挲"（梵文音），宋代改称波罗蜜，沿用至今。属桑科桂木属常绿乔木。波罗蜜的花生长在树干或粗枝上，为"茎花植物"。原产于热带亚洲的印度，在热带潮湿地区广泛栽培。现在盛产于中国、印度、中南半岛、南洋群岛、孟加拉国和巴西等地。

波罗蜜

由于外表长得奇特，没见过的北方人往往以为神奇。有个故事：国家刚解放的时候，有位南方乡民北上探亲，那时物资奇缺，乡民实在无物可带，便带上自家产的波罗蜜作手信。火车半道遇到检查。当解放军战士看到草席袋中的两个波罗蜜，立即联想到了抗日战争年代游击队中的土地雷，立即报告敌情，并紧急疏散乘客，闹了个大乌龙。这也难怪，国家刚解放，各路潜伏特务多，暗杀、爆炸事件时常发生。加之波罗蜜外形确似土制地雷，解放军战士首次见到不免产生误会。

凡是有些独特的事物总会神奇地与历史人物交织在一起。传说中，波罗蜜名字的来源还与唐高僧鉴真大师有关。唐代天宝年间，鉴真大师随日本遣唐僧荣睿、普照等人第五次东渡日本失败，漂流到海南岛。鉴真决定从陆路取道雷州半岛北还。鉴真等人历经磨难后四处化缘，但所获不多，难能果腹，烈日当空，鉴真等人只能在一棵大树下打坐。忽然听到"啪"一声巨响，从树上掉下一个硕大的树果。形如陀头，果实裂开，芳香无比。鉴真用手指拈来一试，甜蜜无比，鉴真两掌合十，口念佛陀。荣睿、普照乐不可支，取来吃用，中饱饥肠。荣睿、普照请教高师此果何名，鉴真沉思片刻，说道："此果出自南洋佛国，就称它为波罗蜜吧！"而后，鉴真等人继续北上，到达端州，荣睿圆寂于龙兴寺，鉴真和普照第六次东渡日本，终于成功。后人都说是鉴真吃了波罗蜜做了祈祷才得偿所愿。因为"波罗密"是梵语，意思是"到彼岸"。

在潮汕的"华侨树"中，波罗蜜占的比例可能是最高的，我想这可能与波罗蜜的生存适应能力有关系，它易活且树龄特别长。许多潮汕人认识波罗蜜也与华侨有密切关系，当年初见多是由海外华侨回乡时带来的，它与榴梿都是华侨回乡的象征性手信，因此，直到现在还有不少潮汕人会把波罗蜜和榴梿混淆。波罗蜜春季开花，果实成熟于夏秋季节，因果实大若冬瓜，亦被园艺家称誉为"果中巨头"，重者可达50多公斤。南宋范成大《桂海虞衡志》载："波罗蜜大如冬瓜，削其皮食之，味极甘。"波罗蜜的浓香可谓一绝，吃完后不仅口齿留芳，手上香味更是洗之不尽，余香久久不退，为此，波罗蜜又有一个好听的名字——"齿留香"。在未有口香糖之前，波罗蜜可是不错的"口香糖"，年轻人约会前会吃上几片以清除口腔异味。

另外，波罗蜜中的果核亦可食用，煮熟了味同栗子，炒食风味佳。而且，不少医书还认为波罗蜜果仁有通乳的功效。《陆川本草》载："治气弱，通乳。"《广西中草药》记载它能"治产后乳少或乳汁不通。每次可用波罗蜜种仁120～150克（剥去种皮），猪瘦肉90克，煲汤调味服食。波罗蜜种仁煲猪瘦肉，有补中益气，通乳的功效。"

在雷州半岛地区的徐闻县，人们经常会用波罗蜜和蜂蜜浸泡成波罗蜜酒，这种金黄的甜酒被人称为"徐闻液"；除此之外，当地人还用米汤泡上波罗蜜树叶配成偏方来治肚痛等疾病。关于波罗蜜的药效，明代李时珍的《本草纲目》中也有记载："波罗蜜性甘香……能止渴解烦，醒脾益气。"

流连而忘返

在一个超市里，两个女人争执起来，竟然是为了最后的一个榴梿！

我想如果不是真的钟爱不至于如此！

榴梿的奇怪在于它身上产生的那种强烈的反差，总让我想起臭豆腐的那句广告词："闻着臭，吃着香"，真的是"不求默默无闻，但求臭名远扬"！

但凡味道特殊奇异的食物，总是会出现极大的反差，有人趋之若鹜喜欢得要命，有的人却避之唯恐不及！榴梿气味浓烈，爱之者赞其香，厌之者怨其臭！

著名作家郁达夫在《南洋游记》中写道："榴梿有如臭乳酪与洋葱混合的臭气，又有类似松节油的香味，真是又臭又香又好吃。"[1]由于潮汕有大量的华侨在东南亚，所以，潮汕也是我国较早接触和认识榴梿的地区，海外的华侨回乡经常会携带榴梿和榴梿做的食物，于是，榴梿也成为"番客"返乡的代表性物品之一。20世纪中叶，有一部说潮汕话的电影叫《海外寻夫》其中有一首潮汕话的摇篮曲就唱道："月光光，少年郎，骑白马，过彩塘。彩塘娘子会打扮，打扮儿夫去过番。去时草鞋共雨伞，来时行李叠如山。金戒指，玉手环，榴梿糕，辣椒酱。还有一匹大白象，孩子见了嘻嘻笑。"

榴梿原产印尼，如今在东南亚和我国的海南省都有种植，已经是一种十分常见的水果。汕头就有不少追随者，大型超市的榴梿总是整个整个地被搬回家。有一位同事能一次吃掉三块榴梿肉，令我侧目。我总怀疑榴梿是否含有某种让人吃了会上瘾的物质，这位同事每每买了榴梿就露出一副饿了三天的饿鬼模样，出了超市立即躲进车里狼吞虎咽，让人徒生怜悯之情！另外让我困惑的是，喜欢榴梿的女人比男人多得多，女人们似乎对于味道有更强的忍受能力，也更富有挑战新奇的尝试能力。也难怪，被骂"臭男人"的，往往却更能得到女人的欢迎！

[1] 郁达夫.郁达夫南游记[M].香港：世界书局，1956.

榴梿

　　榴梿的得名，据说是从成语"流（留）连忘返"谐音而来的。在南洋有这样一个传说：明朝三保太监郑和率六十余艘舰船近三万人下西洋。日子一长，将士们自然就想念父母妻儿，思念家乡，军中就有了"不如归去"的呼声。郑和也为此而焦急。忽一日，发现一棵大树结着许多奇特的果实，即令人采摘下来，将士们分而食之，是未曾尝过的美味。过了一些日子，将士们就喜欢上这种果实，并且成了癖好。因为这种异国果实的鲜美，竟使远离故土的人们乐不思蜀了。于是，郑和就把这种美味水果定名为"流连"，后来写为"榴梿"。

　　在东南亚还有传说：郑和下西洋，考察访问了三十余个国家和岛屿，把中华民族的先进文明带到了一些当时的荒蛮之地，建立和发展了中国和南洋各国之间源远流长的友谊。而榴梿，相传就是郑和留下来的种子，是象征着友谊的水果。当地人们出于对郑和的热爱和崇敬，有的城市至今仍然以郑和小字"三保（宝）"命名，如"三宝垄""三宝颜"，等等。

　　其实，"榴梿"是马来语的音译，它在马来语中的本义应该是

"刺果"。是由外形而得名的，它的外皮上长有许多又粗又硬的锥形刺。

榴梿的名字虽与郑和没什么关系，但关于郑和航行记录保留下来的一本书《瀛涯胜览》却是公认的最早将榴梿介绍给中国的史籍。当时，明朝的航海家把"榴梿"音译为"赌尔焉"："有一等臭果，番名赌尔焉，如中国水鸡头样，长八九寸，皮生尖刺，熟则五六瓣裂开，若臭牛肉之臭，内有栗子大酥白肉十四五块，甚甜美好吃，其中有子可炒吃，其味如栗。"[1]

在汕头的不少水果店，都用"树上熟"的字眼宣传自己的榴梿质量好。其实，榴梿在东南亚各地都不是采摘的，而是等它从树上自然脱落。为避免榴梿掉下来摔坏或滚落到石缝中，人们会早早地用绳子绑住榴梿果，所以脱落时就会悬在半空中，等人来采收。记得20世纪七八十年代有一首新加坡电视剧的主题歌很流行，歌中唱道："为什么榴梿树下总不见榴梿往下落？为什么天上星没有风也自坠？只因那有情的人儿在那榴梿树下坐……"情人在榴梿树下约会，要榴梿真的掉下来那不得砸个头破血流！

榴梿有热带"水果之王"之誉，在东南亚国家被视为很好的滋补品。而在我们两广地区也流传着"一个榴梿三只鸡"的说法，就是因为榴梿有滋阴强壮、疏风清热的作用，非常适合虚寒体弱的人食用。虽说是外来水果，但潮汕人也把榴梿做成本地小吃，如榴梿酥、榴梿面包、榴梿角、榴梿蛋挞、榴梿煎饼、榴梿比萨、榴梿雪糕等。

泰国近年来大力发展榴梿种植，成为世界榴梿最主要的产区。泰国流行"典纱笼，买榴梿，榴梿红，衣箱空"和"当了老婆吃榴梿"

---

[1] 马欢.明钞本《瀛涯胜览》校注[M].万明，校注.北京：海洋出版社，2005.

的谚语，足以说明泰国人喜爱榴梿的程度。泰国榴梿远销世界各地，潮汕地区的榴梿也基本上来自泰国。

榴梿虽好，却一次不可多吃，会上火。但自然界就是如此神奇，总是相生相克来维持平衡！与榴梿对应的是山竹。如果吃多了榴梿，吃几只山竹就能去火，这种能降伏"水果之王"的山竹于是成了"水果王后"！

马来西亚的朋友介绍，无论什么品种的榴梿，其实都是五个果囊。挑榴梿首先要从下面看五个果囊是否饱满，饱满鼓胀的意味着果肉多；其次是拎起来摇晃，感受到果肉微微震动的比强烈震动的好，他们认为榴梿从树上脱落的十小时内吃味道最好，时间长了味道自然就逊色了，果肉晃动较大的就意味着时间长了，果肉开始收缩了；再者就是用鼻子嗅，要挑果香浓郁的。马来人一般吃榴梿要在晚上9点之后，也就是闷热的气温过后。吃完了还要用果壳装水喝，据说这样的水也能去火，与潮汕人吃完龙眼荔枝后要喝井水是一个道理吧！

与鸟争食

潮汕人的普通话里有句笑言："先吃先糟糕，后吃鸟来补。"它原来的意思是："先吃山楂糕，后吃鸟梨脯。"本是热情待客的介绍，没想到变成一则经典笑话。

其中，"鸟梨"是何物令许多外乡人颇为疑惑！在一些资料上看到，汕尾称鸟梨为"汕尾所独有"；揭阳称"揭阳特有稀有水果"；潮州也称："潮州还有一种鸟梨，是别处所没有的。"

在著名的《潮汕特产歌》里就唱道："邹堂出名青皮梨，石狗坑出鸟梨畔。"而在《普宁百果歌》中则说："鸟梨甜梨出云落，巨峰葡萄甜又鲜。"石狗坑位于揭阳普宁市的云落镇，从这两个歌谣里可以看出，历史上，潮汕地区最有名的鸟梨产地应该是普宁云落了。而鸟梨其实不是潮汕哪个市所独有的，也不是广东独有，不是华南独有，甚至早不是中国独有的！

外地人常把"鸟梨"与"山楂"混淆，而鸟梨与山楂的确都属蔷薇科植物。在台湾地区，不少资料认为鸟梨是"台湾原生种之梨树"，而且常被当作糖葫芦之用，难怪容易与山楂混为一谈。

一说到中国梨子，响当当的还是"山东梨"。记得母亲年轻时在汕头超声仪器厂当工程师，超声的探伤仪器卖到全国各地，母亲负责维修工作。那时货运很不发达，运人比运货还方便些，所以全国各地的探伤仪器出了问题就得派人去维修。因此母亲经常要出差到各地修仪器，没有飞机坐，全是火车、汽车倒来倒去，一次出差一般都要十天半月。母亲常出差我就得承担许多家务活，所以总盼着她早点回家，而且每次回来会带点各地的特产，别提那是多么幸福的时刻！记得有一回，母亲就从山东带回了一箱山东梨和苹果，我是不曾理会带这几十斤水果一路的艰难的，那箱水果在院子里引发了轰动效应。每家每户都分到了几枚，我吃到了从未品尝过的最为美味的山东梨，甚至有些舍不得吃，那种想吃又怕吃完了没得吃的感受至今记忆犹新！

潮汕一带也产梨，其中较好的品种是青皮梨，清脆，甜中微酸涩。于是潮汕人喜欢用它泡酸梅汁或浸盐水后食用，以除去酸涩之味。而鸟梨则被当成野果，因为它往往不是专门种植，而是山里野生的。记得小时候夏季回乡下，鸟梨成熟了，曾与伙伴们拎个小篮子上山，随便就能摘上满满一篮，并不知道那些梨树是属于谁的。总觉得小时候山里的东西特多，每次到山上玩手里从不落空，总能带点东西回来。还记得有一回遇上超两米长的大蟒蛇，吓得躲在树上半天不敢下来。

鸟梨也就乒乓球大小，皮厚肉实而味道酸涩。小孩儿玩性大，那时摘下果子后明知生吃难吃，还会咬掉皮后啃肉，常常酸涩得张不开嘴。但这种梨却为小鸟所喜欢，也许就是这个原因，故称为"鸟梨"。鸟梨成熟时总能引来各种小鸟争相啄食，鸟往往比人更有经验，鸟啄食过的鸟梨就是最熟的！小孩儿采摘鸟梨也会挑选最大的，甚至有鸟啄痕的，说实话，采摘鸟梨无异于与鸟争食；不过小鸟也常常与人争食，啄食人专门种植的农作物，这也算扯平了！

鸟梨经水煮后就能化平庸为神奇。摘下的鸟梨一般拎回家后，奶奶就会帮我用水清洗一番。我注意到，奶奶在清洗的时候有意搅动竹篮，让鸟梨相互摩擦，以搓掉粗糙的表层，然后再放进锅中用水煮。煮的过程中，酸甜温热的味道从锅中弥漫开来，渗透到每一个角落。对人食欲的撩拨最有效的就是嗅觉！守在灶台前陶醉地吸气，和那份

甘草鸟梨

溢满心胸的期盼是一种难以言表的幸福!

煮过后的鸟梨如有条件再腌（或"播"，即通过抖动的方式使食物的表层均匀地沾上）糖精甘草水，就成了深藏在孩童记忆中的美食，软绵多汁，酸甜可口。由于野生鸟梨树不少被砍掉改种别的经济作物，如今反而显得稀少，于是物以稀为贵，目前市场上的甘草鸟梨价格可观，大点的1斤可卖到五六十元，据说最贵的卖到1斤一百二十元，这可是砍树的人所万万没有想到的。还有一些小贩用糖煮成浆黏结在鸟梨上，做成"结糖鸟梨"，这种做法像极北方的"冰糖葫芦"。

鸟梨在潮汕也有叫"糖梨"的。其实，它的学名叫豆梨，原产我国华东、华南各地至越南，有若干变种。常野生于温暖潮湿的山坡、沼地、杂木林中，根、叶有药用价值，可润肺止咳、清热解毒，治疗急性眼结膜炎；果实可健胃，止痢。鸟梨花与其他品种的梨花并无二致，一样耀眼洁白，也会给人"忽如一夜春风来，千树万树梨花开"（岑参）的感觉，或让人联想到"梨花淡白柳深青，柳絮飞时花满城"（苏东坡）。

据了解，在江苏省，鸟梨树如今还被作为景观林种和盆景出口创汇。看来，被许多潮汕人误认为是潮汕独有品种的鸟梨树，在开发利用上反而落后了!

汕头中山公园韩江边有一株梨树开花，近几年成了"网红"。其实梨树早已存在，只是过去被管理处围起来作自留地，经改造开放后才让人眼前一亮，它就是一株鸟梨树。

山野小果

说起"乌多尼",如今在城市里长大的孩子基本上不知是什么,但过去与山林打交道的人知道,那是一种常见的野果子,可能还伴随着一些关于美食的深刻记忆。

由于是野果子,平时市场上没有,所以好久没见到了。记忆总是在时间的冲刷和磨砺中渐渐地淡化,但深埋的记忆不会轻易地消失,有时会因为一些蛛丝马迹,像考古一样被挖掘出来。关于"乌多尼"的记忆就是这样,只因见到一缸农家自酿的酒。

乌多尼其实并非潮汕特有,这是我在珠三角出差时无意中发现的。先前只有"多尼"的土名,所以有些错觉,直到在珠三角乡村的农家饭店发现一种"山稔酒"后,我才确定,它就是广东其他地区称的"稔子""山稔"或"岗稔"。

其名用哪个字也说法不一。常见用"捻"字,其实本字应用"棯",本义就有"野果"的意思。但《现代汉语词典》等字词典都没有收录"棯"字词条,而由"稔"字代替,二者古、今汉语的读音相同,字义也相同。它有"忍、深、念"三个读音。《惠州方言》(词典)收录"稔"字时注:"读[nīm],释义:一种多年生小灌木。根、茎质坚实。叶面光滑,叶底青灰色。夏初开桃花状粉红色花。果实夏末秋初成熟,紫黑色,叫稔仔。"

惠州方言的读音与潮汕话相同,这显然不是巧合,因为惠州历史上就有大量的潮汕人。而随着本人的调查发现，闽南、海南不仅同样有山棯，而且读音与潮汕基本一致。这让我按当年移民迁徙的路线猜测，最早的读音可能来自闽南！

乌多尼

"多尼"属桃金娘科，为常绿灌木，产于我国福建、广东、广西、海南、台湾等地。历史上早有记载，唐刘恂《岭表录异》："倒捻子，窠丛不大，叶如苦李花，似蜀葵，小而深紫……其子外紫内赤，无核，食之甜软，甚暖腹，兼益肌肉。"宋苏轼《海漆录》卷五云："吾谪居海南，以五月出陆至藤州，自藤至儋，野花夹道，如芍药而小，红鲜可爱，朴薮丛生，土人云：'倒捻子花也。'至儋则已结子如马乳，烂紫可食，殊甘美，中有细核，并嚼之，瑟瑟有声。"

　　山棯称"多尼"或许并不文雅。在闽南话中，乳的发音为"尼"，因山棯的果实状如乳头，才有了"山乳"的别名，又因果实累累而称"多尼"，再因成熟的果实为黑色而称"乌多尼"。

　　过去，潮汕地区采了多尼都作为野果生吃。小时候吃这种野果像玩一个游戏，用两根手指一挤，成熟的多尼果肉即喷涌而出，剩下的果皮恢复原状，还可以拍响。近年来由于多尼日渐少见，且受外来的影响，多用于泡酒。多尼有一定的药用功能，据《南宁市药物志》载：可"养血，止血，涩肠，固精"；《纲目拾遗》则认为："养血，明目"；《广东中药》记载："治夜多小便，耳鸣遗精"。

　　最近一次巧遇乌多尼是七月在饶平的山区，还可见到粉红色的花朵和青色的果实，远处望去，极似北方的红杜鹃。只可惜再不复漫山红遍的壮观景色！近年来，潮汕地区山林的原始植被已被严重破坏，过去漫山遍野的多尼如今难以见到，代之以高耸的桉树速生林，令人惋惜。

　　花期过后，多尼开始结果。果实一开始是青色的，很小的一个，随后慢慢地变大、成熟。民间有"七月半，尼子红一半；八月半，尼子乌大半；九月重阳，尼子上蜂糖"的说法，意思是在农历七月十五多尼已经红了一半，到了八月十五就大部分都黑了，而到了九月重阳才是最甜的时候，可以和蜜糖相比了。在粤西地区的民间也有顺口溜：“六月六稔仔逐粒熟，七月七稔仔熟到甩。”是说六月已经开始有稔仔果成熟了，到七月初七前后稔仔就熟透了。这些时间都指的是农历，但从时间上看有一定的差异。

闽南地区还有一首“多尼”的歌谣：“尼尼尼，上山蔓（采）多尼，黑的蔓去吃，红的蔓去卖。卖有镭（钱），镭地块（哪里）去？镭娶亩（老婆），亩地块去？亩生囝（孩子）……”和潮汕一样，闽南地区也有歌仔，都是真实生活的生动写照，不少也充满童真童趣，很容易勾起人们对乡村朴素生活的记忆，那里不仅有“小芳”，还有远去的一些民风民俗和纯净的生存环境。

桃之夭夭

近些年，汕头每年都会举办桃花节。“桃三杏四”，阳春三月，正是观赏桃花的好时光。风和日丽，这时的潺潺流水被称为“桃花汛”。

桃花应该算是最具争议的花，有人赞美，也有不少人贬斥。

赞美者说它是花中丽人，一花带来百花开。在春寒料峭的枝头展露风姿，争奇斗艳，是春天和美丽的先驱。

贬斥者则会说：“凡桃俗李争芬芳，只有老梅心自常。”（明·王冕《题墨梅图》）。人们常把桃花与轻佻、浮浪、特别卖弄风骚的女人相提并论，不屑地称桃花为“夭桃”，有的干脆直呼“妖桃”。桃花遭遇非议只因颜色过于艳丽，艳丽得刺眼，便认为其有招摇勾引之嫌，也就是“招蜂引蝶”，与坏女人联系在一起。连杜甫也有"轻薄桃花逐水流"的诗句。

桃花

《诗经·国风》里有一篇《桃夭》："桃之夭夭，灼灼其华。之子于归，宜其室家。桃之夭夭，有蕡其实。之子于归，宜其家室。桃之夭夭，其叶蓁蓁。之子于归，宜其家人。"这是一首贺新婚歌，也即送新嫁娘歌，诗人看见春天柔嫩的柳枝和鲜艳的桃花，联想到新娘的年轻貌美。可见桃花自古与女人结缘。

而最有意思的是"逃之夭夭"这个成语，原来竟然脱胎于"桃之夭夭"。我一直不理解一个形容桃花茂盛艳丽的词汇，怎么后来能变成"表示逃跑得无影无踪"。

不过随着时代的变迁，观念也在发生深刻的变化。过去，若是算命先生说一个小姐"面带桃花"或有"桃花劫"，小姐必感羞愧且惊恐，也会遭遇不屑和鄙视的目光，会惶惶不可终日；而如今，同样的情况，小姐必是满心欢喜、洋洋得意，并会收获羡慕嫉妒的眼神！

桃花的美还是常常让人赞叹的。像"满树和娇烂漫红，万枝丹彩灼春融"（吴融）、"千叶桃花胜百花，孤荣春晚驻年华"（杨凭）、"桃花春色暖先开，明媚谁人不看来"（周朴）这些诗句都常被人提及。桃子一般可分为专供欣赏用的花桃和食用的果桃。桃子的原产地是中国，我国桃子品种极为丰富。据统计全世界约1000多个品种，我国就有800个品种，用于生产栽培的有30个左右。世界各地的桃都是从中国传去的，印度梵文中"桃"的意思就是"中国水果"，而桃子也是通过印度、波斯传到西方的。桃子的种植除了主动的移植外，还有一种是自然的传播。和许多自然界中核果的传播途径一样，坚实的桃核有强大的生命力，它能漂渡重洋。南美洲原来没有桃子，而后来巴拉那河流域却长出了成片茂密的桃林，靠的就是桃核的远渡。

除鲜食外，桃果还可加工成桃脯、桃汁、桃干和桃罐头等。桃树很多部分还具有药用价值，其根、叶、花、仁可以入药，具有止咳、活血、通便等功能，唐代药物学家孙思邈称它为"肺之果"，还说"肺病宜食之"。桃子富含胶质物，这类物质到大肠中能吸收大量的水分，达到预防便秘的效果。《大明本草》中说，将桃晒成干，经常服用，能起到美容养颜的作用。

与北方对"桃之夭夭"的质疑不一样，桃子在潮汕一直被视为吉祥之果。桃果象征长寿，常用作祭拜水果。潮汕本土种植的一种叫"白蟠桃"的品种，果肉硬而脆甜，各地都有种植，潮汕民谚还有"六月桃，有钱买无"的说法，有点自卖自夸的意思，其实潮汕的桃子种植产量不高，品种也远不如水蜜桃等名种。且由于季节所限，作为"吉祥之果"的桃子不是任何时候都有，于是，潮汕人发明了"桃粿"，以代替实物作祭拜之用。潮汕妇女一般都能掌握这一制作手艺，由于整个过程必须从春捣米粉开始，所以做粿又称为"春粿"。

潮汕民间习俗，凡时年八节，几乎家家户户都要做红桃粿、白桃粿，用它祭拜祖宗和神灵。

小时候最困惑的一个成语是"二桃杀三士"，也写作"二桃三士"。老师说完成语后不做解释，于是同学们展开了丰富的联想来探讨怎么用两个桃子来杀三个人。当时潮汕吃到的都是硬实的白蟠桃，由于经验积累，同学们只能往"硬""结实"的方向思考事件发生的可能性，记得最集中的结论是"噎死一个，用弹弓射两个桃核再杀两个"。回想起来不禁哑然失笑。这则成语出自《晏子春秋》，故事是这样的：齐国有三位著名的勇士，个个武艺高强，立下了赫赫战功。晏子利用三人弱点，给两个桃子奖励他们，他们开始骄傲争功，后又为自己的行为感到羞耻，三位有君子风度的勇士都自刎而死！用生命去洗刷耻辱，体现了一种高贵的精神境界，倒是宰相晏子的权术和所谓的"谋略"让人寒心。

桃子惹些风月倒添些趣味，打打杀杀的血腥残暴就煞了风景！

木仔、芭乐、番石榴

也许是年龄渐长，怀旧的情绪日长。

人就是这样，锐气没了，不思进取了就开始老往后看了！

给老人买水果，医生交代，糖尿病人可吃柚子、阳桃和木仔。所以，那天在市场边果农挑的担子上看到有本地的土种木仔，竟然抑制不住激动。

木仔原产热带美洲，属桃金娘科，是常绿小乔木或灌木，也叫

"番石榴"，台湾人称"芭乐"。之所以会看到土种木仔而心动，是因为现在潮汕地区广泛种植和在市场上销售的基本上是台湾地区引进的品种。味道总觉得不地道，不如本地的好！

台湾芭乐肉质非常爽脆，肉汁丰富，味道甜美。有评价说其风味接近于梨和台湾大青枣之间。这正是要害所在，不知从什么时候起，我们熟悉的不少水果品种都变得硕大而漂亮，的确外表诱人，可味道却不再地道，比如芒果就不再是芒果味，大香蕉却是梨子味。一些改进嫁接的水果像是许多种水果全搅在了一起，你中有我我中有你，倒失去了原有的独特味道。就像大批各色人等的女人全跑到韩国整容，出来的大致一个模样，都是标准的"网红脸"，全没了地方特色。倒是齐整，但反而没了视觉美感。

番石榴

其实台湾的珍珠番石榴也有起落。早年硕大、浑圆的泰国番石榴曾旋风式地击垮台湾本土番石榴，也在台湾掀起了番石榴革命；许多新品种如雨后春笋般冒出，试图挑战泰国番石榴的地位。著名的"珍珠番石榴"品种就是这个时候出现的。关于珍珠番石榴的身世有许多说法，但一般认为是台湾南部的种苗商人和当地农民研发出来的。滋味甜美、咬感脆爽的珍珠番石榴集合多方的优点，不论甜度、脆度、果肉的厚度和细腻程度都相当高，凭借这个品种，台湾芭乐打赢了品种保卫战。我喜欢有故事的食物，它会让食物多了些味道！

台湾的番石榴品种最早的种下80天即可结果，最迟的种下10个月也能采收，而且一年四季均在生长结果，是目前世界上最早产也是最丰产的果树之一。台湾芭乐几乎没有什么病虫害，只要气候条件适宜，随种随活，生长极快。

潮汕地区目前最有名的木仔品牌当数"天港木仔"。其实也是引进的台湾品种，试种的时候我刚好在当地街道工作，有幸品尝到第一批成熟的果实。当时觉得样子不怎样，外表十分粗糙，而果实大得惊人，超过2斤。口感酸甜爽脆，的确一流，就是不像传统的木仔，倒像是一种新的水果。不过，十来年过去了，现在的品种也严重退化！

本地土种的木仔有红瓤和白瓤两种，个小，小孩子们总是从不熟吃到烂熟，从青涩一直吃到软香，土种木仔是要吃熟透的，温润香甜，吃过后手留余香，总舍不得洗手，那种极具穿透力的味道至今犹在！而木仔树的树丫用来做弹弓是最好的，光光滑滑且有弹性有木香，是小时候令伙伴们羡慕的奢侈品！

外来品种的改良是农业科技的进步，但也带来不少问题，比如，食果蝇的猖獗就困扰着水果种植。木仔如果没有早早地包上保护袋，是不可能有收成的。上回在家乡，看到一棵土种木仔树上结了不少果实，没想到摘下来全是烂的，果子里长满虫子。所以在市场上看到有土种木仔才会那么激动。我想，这不仅是对味道的思念，还是对过去生态的一种怀念！

奇处是微酸

我们常说"适口为珍"，指的是个人的口味是有区别的，"萝卜青菜各有所爱"。一种食物有人视为珍宝，有人可能见之反胃，并无绝对标准。所以，所谓的"美食家"往往不过是喜欢吃、吃得多而已，不是味道的权威。

人总有偏好，只有绝大多数人喜爱那才是硬道理！

就潮汕水果而言，我觉得杨梅是最被普遍认可的水果，很少听说有不喜欢杨梅的潮汕人，特别是女性！

不少潮汕人甚至以杨梅为荣，误以为杨梅是潮汕的特有产品。杨梅不易保鲜，更经不起颠簸，过去很难做到异地销售，吃到的都是当地的品种，所以会给人错觉，以为只有本地才产杨梅。近些年，潮汕引进了不少新品种，大家才知道，原来江浙一带才是杨梅的主产区，但这并不妨碍大家对杨梅的追捧。记得当年在北京读书，暑假回到汕头，奶奶总是惋惜感叹杨梅冬（潮汕话"冬"为"季节"之意）已过！令我对杨梅也增添了几分渴望和向往！吃不到的东西总是更能勾起味蕾的骚动！

直到后来无意中看到明朝礼部尚书孙升的一首诗，觉得感同身受！孙升为浙江余姚人，明显是个吃货，在京为官时每到夏至就想到家乡的杨梅，于是写下："旧里杨梅绚紫霞，烛湖佳品更堪夸。自从名系金闺籍，每岁尝时不在家。"想想这哥们怀念起杨梅来心中是怎样地躁动和郁闷啊！

清代杨芳灿也曾写下怀旧诗《迈陂塘·杨梅》："夜深一口红霞嚼，凉沁华池香唾。谁饷我？况消渴，年来最忆吾家果。"

杨梅，又名龙晴、朱红，因其形似水杨子、味道似梅子，取名"杨梅"。杨梅原产我国温带、亚热带湿润气候的山区，南方各省皆有种植，主产区其包括湖南、江苏、浙江、福建、广东等。国外的日本、韩国及东南亚也有少量栽培，但品种质量远不如中国。

杨梅的生长和栽培历史悠久，20世纪80年代在浙江河姆渡遗址的挖掘中就发现了野生杨梅核，以此推算，杨梅的生长历史可追溯到7000年以前。至于人工栽培杨梅的历史，最早见于公元前2世纪西汉代文学家司马相如的《上林赋》，其中有"樗枣杨梅"的词句，这是南方杨梅尝试北引到长安种植的最早记载。1972年，在湖南长沙市郊马王堆西汉古墓中，发掘出一个陶罐，内有杨梅果实和种子。经鉴定，与现今栽培的杨梅完全相同。近年发掘的广西壮族自治区贵县罗泊湾西汉古墓中，也有许多保存完好的杨梅核。汉代陆贾在《南越行记》中写道："罗浮山顶有湖，杨梅、山桃绕其际。"据此证明，我国人工栽培杨梅的历史至迟从西汉开始。

浙江杨梅早在宋代就负有盛名。苏东坡在杭州任职时，品尝萧山杨梅后感叹道："闽广荔枝、西凉葡萄，未若吴越杨梅。"所以在吴越一带，历史上就有"杨梅赛荔枝"之说。宋代诗人平可正更是赞誉："五月杨梅已满林，初疑一颗价千金。味方河朔葡萄重，色比泸南荔子深。"而明代诗人徐阶则说："若使太真知此味，荔枝焉得到长安？"这些年，浙江的杨梅也有空运香港地区、新加坡、俄罗斯、法国等，但价格就相当可观，在香港超市，浙江青田的东魁杨梅，1颗能卖到1美元。

当然，价格与品种质量有关系。我国优秀的杨梅品种有20多个，其中汕头的"乌酥杨梅"就名列其中。乌酥杨梅主要产于潮阳区的西胪镇和金灶镇。果实乌金发亮，个大核小，肉厚质松，汁多味甜。当然，也有食客偏好酸甜的，南宋诗人方岳就说："筠笼带雨摘初残，栗栗生寒鹤顶殷。众口但便甜似蜜，宁知奇处是微酸。"（《咏杨梅诗》）

余秋雨在《心中之旅》中曾描写过江浙杨梅成熟时的境况："杨梅收获的季节很短，超过一两天就会泛水、软烂，没法吃了。但它的成熟又来势汹汹，刹那间从漫山遍野一起涌出的果实都要快速处理，殊非易事。在运输极不方便的当时，村民们唯一能做的事情就是放开肚子拼命吃。也送几篓给亲戚，但亲戚都住得不远，当地每座山都盛产杨梅，赠送也就变成了交换……杨梅饱人，家里借此省去几碗饭，家长也认为是好事。只是傍晚回家时一件白布衫往往是果汁斑斑，暗红浅绛，活像是从浴血拼杀的战场上回来。母亲并不责怪，也不收拾，这些天再洗也洗不掉，只待杨梅季节一过，渍迹自然消退，把衣服在河水里轻轻一搓便什么也看不见了。"[1]

杨梅的通常吃法有这几种：1.即食：用淡盐水洗净食用，或拌酸奶、沙拉皆可，潮汕人还习惯蘸酱油。2.冰杨梅酒：一般杨梅酒都用白酒浸泡。3.冰镇杨梅：洗净的杨梅放进保鲜盒，撒些白糖，然后放入冰箱冷冻，随吃随取。4.糖水杨梅：将杨梅加少许盐和冰糖进行熬煮做成杨梅酱，存放冰箱里，随时泡水饮用。5.腌制杨梅：加入盐腌

[1] 余秋雨.心中之旅[M].太原：希望出版社，2004.

制，密封放置阴凉处，潮汕人用它做早餐的杂咸。

杨梅

杨梅极不易保鲜，当天摘下最好当天吃掉，否则在高温下第二天就会发霉！世间美好的东西总是短暂易逝的，如何保鲜、如何珍惜是一个永恒的课题！

青梅如何煮酒

总觉得曹操对于青梅是情有独钟，当年带兵打仗，路上大家渴得要死，他弄出个"望梅止渴"来，立马士气高涨。我对于这个故事十分怀疑，总觉得是曹操在美化自己，人要真到了快渴死的地步，再怎么想那青梅恐怕也难分泌出唾液来了，而且青梅显然也不是解渴的水果。

另外，曹操当年没事找刘备聊天，说什么纵论天下英雄，其实我看无非是酒喝多了说大话。但却是通过这场酒整出一个"青梅煮酒"。

这个"青梅煮酒"实在害人不浅。20世纪90年代中期，汕头一阵风喝起绍兴花雕，都知道黄酒要温了喝，于是就拿来煮，这一煮就想到青梅，可青梅收获于春夏之交，喝温酒的冬天哪来的青梅？于是有人开始往花雕里加话梅。后来这一喝法还急速传播，很快连红酒也一并受波及。到酒楼吃饭，你要没看住，服务员帮你开了红酒就会顺手直接往瓶里加话梅。一时间不知糟蹋了多少美酒！

这股"歪风"经若干年才被肃清。其实，所谓的"青梅煮酒"，青梅是青梅，煮酒是煮酒，两回事！青梅不过是佐酒的酒料罢了。

青梅向来是潮汕地区的特产，约有700多年种植历史。潮汕青梅有大种梅（又称青竹梅、粉梅、桃梅）和黄梅两大品种。其中以普宁市梅林梅最为出名，汕头雷岭、红场亦出产优质青梅。梅林梅出自普宁市南阳山区的北岭脚下，此地许多地名也因"梅"得名。这里原有一条直通惠来县神泉港的内航河，名为"梅林河"，上游地区就叫梅林。此地至今流传着"梅林湖沉船，神泉港水酸"的俗语，可以想见

青竹梅

当年舟楫满载青梅的盛况。

梅林的一些妇女，至今还能吟诵出反映当时情形的许多客家山歌。其中有一首《梅子红脸出山窝》就唱道："梅子红脸出山窝，阿妹脸红遮空箩；满箩梅子兄载走，载梅走出梅林河。梅子脸红出山窝，阿妹脸红站河坡；溪淮堆满遍罗米，米长心长兄情多。"

"青梅槌白糖"也是旧时妇孺向往的乡土美食。民谣《美娘》这样唱道："美娘想食乌豆干，又要想食海底鳗，想食葡萄姜薯汤，想食青梅槌白糖。"咸水梅加两匙白糖，用箸捣烂，就是青梅槌白糖了。也可泡水喝，酸酸甜甜，正是酷暑时期最佳的家庭饮品。潮汕有一句谚语："一粒梅三斗火"，青梅未经腌制不可多吃。

一般潮汕人家都要将青梅腌制，而后才以各种方式食用，这就诞生了"潮汕腌咸梅"。也由此派生出了一系列触动人的味觉神经、让人产生唾液反应的食物。

在腌咸梅的基础上，经过加工便成为梅膏酱或咸水梅。咸水梅又可进一步加工成话梅或黄蜜梅等，都是潮汕著名的凉果，是风味独特的茶食。

梅膏酱是在潮菜中常作为油炸食物和一些带油脂的海鲜的蘸料。咸水梅则是用新鲜青梅加盐水腌渍而成，一般家庭都有自制，也是一种用途广泛的潮菜调味品。比如做生炊乌耳鳗或海蟹、清炖鲫鱼汤时，就可用来去腥提鲜。

青梅的好处甚多。据《本草纲目》记载，青梅花开于冬而熟于夏，得木之全气，味最酸，有下气、安心、止咳、止痛、止烦热、止痢疾、消肿、解毒之功效，可治三十二种疾病。《神农本草》记载："味酸、涩，性平，归肝、脾、肺、大肠经。有生津止渴功效。"《本草拾遗》则记载："祛痰，主疟瘴，止渴调中，除冷热痢，止吐逆。"

日本人对青梅的研究和了解最深入，人均食用量也排全球第一。日本梅研究会经30余年的研究证实，青梅对人体健康具有16个功效：杀菌、碱性食品、改善胃肠道功能、消除疲劳、解除精神压力、提高钙质吸收率、调节血压、抗过敏、强化肝脏功能、改善血液循环、提高免疫细胞功能、防癌、防结石、镇痛、抗氧化和美容作用。

所以在日本，青梅酒特别受欢迎。潮汕也出青梅酒，当年普宁的"半溪梅酒"就十分著名。所以"青梅煮酒"并非只是名士豪杰把盏论英雄的助兴之品，事实上，它还具有保健功能。

曾有传闻，日本人收购潮汕的青梅，制成梅酒后卖了回来，价格翻了百倍，其实也就是贴牌生产，那些青梅根本就没到过日本。我是不花那个冤枉钱的，自己泡制，而且亲手制作的东西喝起来总觉得特别有味道，大家不妨试试！

为味苦甘涩

中央电视台曾播过一个在潮汕采拍的专题片，其中有三更半夜几兄弟带着手电筒和棍棒去果园巡查的一幕，借着夜色忽明忽暗的光线，把片子拍得古怪阴森、神神秘秘。让我大跌眼镜的是，果园种的是橄榄树！

大概对于北方来的摄制组来说，橄榄是神奇的，但对于潮汕人来说，这是一种最平常不过的果子了！

橄榄，又名青果。苏东坡有诗曰："纷纷青子落红盐。"有学者指出："凡果熟必变色，惟橄榄惟熟亦青，故谓之青子。"其实不尽然，橄榄因品种不同，成熟有的是青色，有的是金黄色，还有的呈白色。

橄榄是中国的特产，广泛分布于广东、福建。在贵州、湖南山区依然能找到原始的野橄榄。潮汕的橄榄树都是有些年头的，因为橄榄树的种植期很长。潮汕民间有"桃三李四橄榄七"之说，意思是橄榄需栽培7年才挂果。但新橄榄树开始结果很少，要25年后才会显著增加。所以有人说，橄榄真正体现了"前人种树，后人乘凉"的深意。如今好品种的橄榄卖到1斤上千元的价格，如果没有感恩先辈之心，当然是不肖子孙！

橄榄树每结果丰收，次年一般会减产，休息期为一至两年。故橄榄产量有大小年之分。追溯橄榄的历史，元代即有诗人洪希文赞誉它："橄榄如佳士，外圆内实刚。为味苦甘涩，其气清以芳。侑酒解酒毒，投茶助茶香。得盐即回味，消食尤奇方。"明代《澄海县志》

橄榄

记载的"物产有橄榄，实小而尖者为佳"，其实不准确。光绪《海阳县志》说："其种有青、有黄、有乌，乌宜熟食。青者味涩，唯黄而尖有三棱者佳。"这里提到的三棱橄榄，原产地在潮阳金灶。2005年有一株树龄五百年的橄榄树王，挂果158公斤，拍卖到52.7万元，创下了惊人的交易记录。

三棱橄榄金贵起来也不过是近十来年的事。潮阳谷饶也有三棱品种，记得叔叔家当年分的山林地里就有一棵高大的三棱橄榄，每年产量不高，摘下些橄榄除了自己食用外基本上都是送给邻里亲戚，并不觉得是什么了不起的东西。若是现在，自然是不得了。

由于觉得平常，甚至懒得上树摘果子，只等它自己掉下来。摘橄榄是一项技术活，危险系数大，因为觉得没什么价值，大家不愿随便冒险。摘橄榄一般要人爬上树梢用手采摘，然后放进身后背篮；或先在树下张开一张大网，再爬上树梢，用棍子轻叩，使橄榄脱落。潮汕俗语有"乘风叩橄榄"之说，批评人乘机干坏事，但也印证了橄榄的一种传统采摘方式。

潮汕人与橄榄的情结，还在于自古传下的以橄榄入菜、入药、入茶的各种功用。明代李时珍的《本草纲目》中就记载，橄榄"治咽喉痛，咽汁，能解一切鱼鳖毒"。潮汕医家也用青橄榄入汤入药以食疗，如中医偏方的"青龙白虎汤"就是取用橄榄五粒、白萝卜二百克，煮汤饮服，对防治流行性感冒有疗效。

眼下人们追求健康，推崇"橄榄油"。而外语中也把榨橄榄油的"油橄榄"称为"中国的油橄榄"。其实这是一个似是而非的叫法，"中国的油橄榄"跟中国没有关系，也跟我们说的橄榄没有关系。油橄榄又名齐墩果，与中国的橄榄根本属于不同科的植物。油橄榄为著名亚热带果树和重要经济林木，盛产于地中海气候区。我国引种栽培油橄榄是从20世纪才开始的。直到20世纪50年代被列入国家引种计划，先后由苏联、阿尔巴尼亚引进12个品种苗木1800株和部分种子。1964年，在周恩来总理亲自关怀下，引种油橄榄1万株，进行大规模栽培试验。自1973年起，在初步引种成功的区域，逐步发展生产栽培。

潮汕吃橄榄不像吃别的水果，一般是含在嘴里慢慢咀嚼，让又苦又涩、又甘又芳的汁液徐徐地充溢口腔，其绝妙之处正在于苦、涩与甘、芳的不断转化之间，正所谓"不求结果，只在乎过程"。

潮汕人吃一颗橄榄要较长时间，待客又时常以橄榄招呼，交谈时就只能一边嚼橄榄一边说话，难免有时含糊说不清楚，于是，潮汕人又把口齿不清的人称为"含橄榄"。

据说，早年穿街过巷卖橄榄不像卖别的东西要吆喝着卖，而是吹喇叭。只要喇叭一响，大户人家的小姐太太就会从窗户探出头来询价购买。明末清初著名学者、诗人屈大均在《广东新语》中有一篇《吹角卖物》的文章提到："相传黄巢屯兵其地，军中为市，以角声号召，此其遗风。"没想到，这卖橄榄还卖出了唐代的遗风！

味在酸酣外

由于受熏陶和教育，小时候对于五角星状的东西总是特别感兴趣，其中也包括各种食品。对于阳桃，便是如此。

阳桃的原产地在东南亚，在晋朝时就传入我国。因悬挂枝头而称为"桃"，又因是过洋而来的，故称"洋桃"，后因笔误成为"杨桃"或"阳桃"。阳桃多为五角，所以又名"五敛子"。

　　阳桃切片摆盘极具观赏性，也容易给孩子们带来无限的想象，美国人就干脆把阳桃叫"星星果"，多少表现了美国人民的天真！

　　而国人对阳桃的记载就严肃得多。晋代嵇含著（一说为宋代人采录撰辑）《南方草木状》载："五敛子，大如木瓜。黄色，皮肉脆软，味极酸。上有五棱，如刻出。南人呼棱为敛，故以为名。"西晋郭义恭《广志》载："三㾕（三敛），似翦羽，长三四寸；皮肥细；缃色（浅黄色）。以蜜藏之，味甜酸，可以为酒啖。"李时珍在《本草纲目》也说："五敛子出岭南及闽中，闽人呼为阳桃。其大如拳，其色青黄润绿，形甚诡异，状如田家碌碡，上五有棱如刻起，作剑脊形。皮肉脆软，其味初酸久甘，其核如奈。"

　　而清代广东的文献普遍提及阳桃的出处，《广东新语》二十五卷进行术语解释："羊桃，其种在大洋来。一曰洋桃。树高五六丈，大

阳桃

者数围。花红色，一蒂数子。七八月间熟。色如蜡。一名三敛子，亦曰山敛。敛，棱也。"清代两广总督阮元，曾写诗盛赞花地阳桃："荔枝生岭南，汉唐已名久。味艳性复炎，尤物岂无害。谁知五棱桃，清妙竟为最。诚告知味人，味在酸酣外。"阳桃虽不起眼，却有清热生津、利水解毒、下气和中，利尿通淋之功效。

鲁迅先生1927年居住广州时，也曾写下自己对阳桃的喜爱："广东的花果，在'外江佬'的眼里，自然依然是奇特的。我所最爱吃的是'杨桃'，滑而脆，酸而甜，做成罐头的，完全失却了本味。汕头的一种较大，却是'三廉'，不中吃了。我常常宣传杨桃的功德，吃的人大抵赞同，这是我这一年中最卓著的成绩。"（《在钟楼上》[1]）其中提到的汕头"三廉"，应是"三稔"之误。"三稔桃"是原先潮汕地区很有代表性的阳桃品种，个大而酸。因为阳桃容易成活，当年在山上随处可见。因为极酸，采摘的人不多，时节一到，从山里过，满眼都是金黄色的果实挂在树枝上。

"三稔桃"一般要腌制后才食用，所以鲁迅先生鲜吃自然是"不中吃"的。一般要用盐水腌过后，或晒干，或再腌甘草糖水才好吃。当然，潮汕人也用它来搭配菜肴，比如，潮州的生鱼片就要用酸阳桃配搭。潮汕人煮海鲜鱼汤时有的也会加入酸阳桃辟味，作用等同于西餐的柠檬。而中山很有名的传统小食"三稔包"使用的重要食材也是酸阳桃。无论是洗脚上田的城里人，还是远渡重洋的海外华侨，中山人对于三稔包都情有独钟。

改革开放后，汕头引进了泰国种的甜阳桃，个头硕大、油光锃亮，品相好，卖价高。但前些年出现了滞销的情况，我还曾帮助果农

---

[1] 鲁迅.鲁迅自编文集：三闲集[M].南昌：江西教育出版社，2019.

找销路，让媒体帮助宣传，介绍朋友出钱购买。

见过学生作文比赛的获奖作品，写道："沉甸甸的树梢上挂满了金黄色的阳桃。"其实，阳桃并不都长在树梢上，还有的直接长在树干上——这会让没有见过阳桃树的人大感惊奇。长在哪儿是其次，可惜的是，许多酸阳桃树后来都嫁接成甜阳桃。

如今，市面上的阳桃多标着"进口"字样，其实基本上是本地所种，只是品种早非本地原有，成了清一色的甜阳桃。我的一个朋友是在北京工作的揭阳人，回到汕头上街买阳桃必问："这阳桃甜不甜？"摊主一准说："甜过蜜，不甜不要钱！"朋友每每失望，摊主则每每感觉被戏弄。其实朋友像孕妇一样嗜酸，或许他寻找的只是记忆中的味道。可如今在潮汕，酸阳桃、甜酸阳桃的种植已越来越少，变得金贵了。酸的都嫁接成了甜的，人们却开始想念酸的？不是人们喜新厌旧，而是在苦日子里对甜是一种向往；而在丰衣足食之后，对酸的念想是一种类似反刍的回味。

"味在酸酣外"，酸要酸得尽情，而后超越。此品酸的最高境界，可惜常人无法体会其妙。后来曾遇一朋友，每天把柠檬片含着吃，此同道中人也。

其实，酸味是继辣味之后，富于刺激性的味道。在食理上若说放糖能提味，放酸则能提神。所以，酸辣的越南菜在东南亚颇有影响力。不过酸味不能单独成味，必须在咸味的基础之上才能有效发挥出其调味的作用，才能为人们所接受，所谓"盐咸醋才酸"就是这个道理。所以酸阳桃的腌制，潮汕人完全有食理的依据。

一些本土植物品种的消失总是令人惋惜，但愿我们还能吃到酸阳桃、甜酸阳桃。毕竟生活需要各种味道，没有酸的比对哪来的甜？

干之以当粮

柿子和橄榄一样，是原产地中国的植物品种。在中国栽培已有1000多年的历史，目前中国、日本、韩国和巴西是主要产地。

柿子又名朱果，猴枣。在拉丁文中，柿子直译过来叫"神麦"，是贵为"神食用的麦子"。这也从西方的角度，说明了柿子曾作为粮食之一的经济作物本质。

我国曾大量种植柿子，它可以酿酒造醋，和枣子、板栗等都是粮食作物。南宋《懒真子》有载，"仆仕于关陕，行村落间，常见柿连数里"，可见种植之多。明朝徐光启《农政全书》记载："今三晋泽沁间多柿，细民干之以当粮。"

"干之"自然就是做成柿饼。而柿饼正是潮汕的传统特产之一。据称，潮汕地区大规模加工柿饼是从明末开始的。但北方所说的柿饼与潮汕的柿饼有很大的差异。

相传350多年前，李自成称王西安后，临潼老百姓用火晶柿子拌上面粉，烙成柿子面饼慰劳义军，得到义军将士的交口称赞。后来，为了纪念李自成及义军，每年柿子熟了，临潼百姓家家户户都要烙些柿面饼吃，习俗一直延续至今。近两年，"富平柿饼"在网商平台上的知名度很高，用的是"富平尖柿"，削皮、风干后软糯甜蜜，近来我把它当作茶点。

潮汕的柿饼则是通过将柿子削皮、晾晒，经过长达半月的日晒风吹，慢慢蒸发掉水分，加上一道硫熏的工序，最后揉捏、定型做成柿饼，在潮汕也叫"柿钱"。潮汕柿饼属于干果，可长期保存，老柿饼可药用，止咳、解毒。

潮汕本地出产柿子，为便于储藏发明了柿饼加工的工艺，4斤柿子大约可做成1斤柿饼。由于在市场受欢迎，潮阳东坑、饶平浮山等地的柿饼加工业越做越大，每年不仅加工本地产的柿子，还大量收购福建、广西的柿子进行加工，俨然成为华南柿子的加工基地。

潮汕加工出来的柿饼外层雪白如霜，质地外干内润，肉质厚实，呈金黄色。它具有降血压、解酒、治胃病以及止血润便的功效。许多家庭会储藏为药用。潮汕的柿饼久负盛名，特别受到海外潮汕人密集的国家和地区，如东南亚各国及香港、澳门特区的青睐。

柿子

柿子树适应性强，无论山地、丘陵、平原、河滩都能种植，能够在条件较差、粮食作物生长不良的山区生长。管理容易，收益期长，一般嫁接后三四年开始结果，15年后达盛果期，经济寿命长达百年，有"一年种植，百年收益"之说，是贫瘠山区重要的经济树种，也是自然界维持生态平衡的优良树种。

同时，由于柿树树冠开张，叶大光洁，夏可遮阴纳凉，秋可结果，而且晚秋的红色树叶可与枫叶相媲美，也是一种优良的观赏树木。中国自古以来就有"柿有七绝"之说："一多寿，二多荫，三无鸟巢，四无虫蠹，五霜叶可玩，六佳实可啖，七落叶肥大，可以临书。"

柿子叶的确在历史上曾被当作书写用途。最著名的当数唐代郑虔的故事，他没钱买纸，于是跑到慈恩寺，寺院的柿子树每天落叶无数，郑虔就用柿子叶练习书写，后来还用柿子叶题诗作画进呈皇帝，被唐玄宗亲笔御批："郑虔三绝"。

《本草纲目》中记载"柿乃脾、肺血分之果也。其味甘而气平，性涩而能收，故有健脾涩肠、治嗽止血之功。"同时，柿蒂、柿霜、柿叶均可入药。柿子的营养成分十分丰富，与苹果相比，除了锌、铜的含量，其他成分均高于苹果。外国俗语云："一日一苹果，医生远离我。"但是，要论预防心脏血管硬化，柿子的功效远大于苹果。

不过，柿子虽被当成粮食，却不可空腹食用。空腹吃进大量柿子或与酸性食物同食时，柿子中的柿胶就会与胃酸或酸性食物在胃内凝聚成硬块，医学上叫"胃柿石病"。

燃烧的火焰

2013年有一部很火的电视剧叫《陆贞传奇》，人物原型为北齐女官陆令萱。陆令萱曾任女侍中之职，为北齐后主高纬乳母。高纬登基后册为郡君。陆令萱同时也是高纬第三位皇后穆黄花的义母。

如今的电视剧往往狗血得让人无法安坐，离奇不合逻辑的胡编乱造那是常见的事。剧中，陆贞去寺庙祈福的时候，香案上摆放的火龙果就被观众批得狗血喷头。要知道电视剧叙述的年代是南北朝时期，这部剧可不是令人大跌眼镜的穿越剧！影视需要想象力，但也有常识的约束。再如，拍战国时期的人吃烤红薯（红薯直到明朝后期才引进中国）；拍宋朝的江湖豪杰上酒楼点酒配花生（花生也是明朝才传入中国）；清朝的圣旨用清一色的金黄色绸缎（其实四品以下为白色、四品以上为彩条）；抗战时期开着21世纪生产的汽车左冲右突……所以，影视剧是不能当历史读的，有误。

据有关资料介绍，大陆种植的火龙果是从台湾地区引进的，而台湾种植火龙果也不过二十几年的历史！大陆大面积引进种植火龙果大概在十几年间，可以说目前市面上常见的水果中，火龙果引进大陆种植的时间最短。

因为跟台湾地区的地缘关系，20世纪90年代开始，潮汕陆续引进了大量台湾的优良水果品种，其中也包括火龙果。因此，潮汕也成为大陆最早种植火龙果的地区之一。

我第一次看到成片的火龙果是在桑浦山下，位于揭东县炮台镇"风门古径"自然风景旅游区附近，是一处占地面积近千亩的生态农庄。其中约600亩为火龙果种植基地。成熟时节，一片绿色枝蔓中点缀着一个个火红的果实，蔚为壮观。在闲聊中还了解到，这个农庄还在揭西、陆丰等地另外种植2000多亩火龙果，产品畅销全国各地。

我喜欢火龙果首先是因为它的外观实在壮观，像极熊熊燃烧的火焰；其次才是它的口感，它的果肉味道并不浓烈，但那种清淡的滋味正合我意！火龙果为仙人掌科的三角柱属植物，因地而异，还有另外两个名字：青龙果、红龙果，原产于巴西、墨西哥等中美洲热带沙漠地区。目前有白肉、红肉、黄肉三个品种，其中以红肉火龙果最佳。在市场上白肉常见，黄肉未曾见到，红肉则价格是白肉的两倍有余。

一般认为火龙果的外表肉质鳞片很像传说中的蛟龙龙鳞，其颜色又鲜红似火，因此得名"火龙果"。但我觉得，火龙果得名与它的植物形状也分不开，那长长蔓延的绿色枝蔓更像传说中龙的身躯。它的植物有一个非常豪气的名字——"量天尺"。

在墨西哥，广泛流传着阿兹特克人（墨西哥人数最多的一支印第安人，也称墨西哥人或特诺奇人）的一则传说。传说中，一位贫苦的妇女在热辣难忍的沙漠中迷路，奄奄一息，幻觉中听到一个声音告诉她食用身旁的植物，于是她摸到盘枝错落、蔓延伸展的量天尺。她在量天尺上看到闪烁着红光的火龙果，于是便采摘食用，果然迅速地恢复了体力，而且身体充满了力量，最终顶着近午火辣辣毒日，顺利地走出了沙漠。

在火龙果的原产地，火龙果一直与宗教文化有着很深的历史渊源，在美洲玛雅人、印加人的金字塔附近，包括在亚洲的越南人寺庙旁边，都有火龙果的栽植。每逢祭祀及重大宗教活动，他们都会把火龙果作为圣果，供奉在祭坛上。更为奇特的是，无论在美洲还是亚洲，火龙果都与中华特有的龙形象联系在一起。古代印加人总是把火龙果与形似中国龙的图腾放在一起祭祀，这种图腾和火龙果在印加语里都是龙的意思。有专家认为，这应该与元朝强盛时期版图扩张时中华文化的同步传播扩散有直接关系。文化的传播往往是借助经济、军事的手段更为直接有效！

在原产地，量天尺被人们奉为神仙草，火龙果亦被称为"神仙

火龙果

果""仙蜜果",无论其枝条、花朵、果实还是根系,都成为当地人不可缺少的独具药食功能的特别作物。火龙果的营养十分丰富,是一种低热量、高纤维的水果,火龙果中的白蛋白是具黏性、胶质性的物质,对重金属中毒有解毒的功效,对胃壁还有保护作用。火龙果花青素含量极高，具有抗衰老的作用。潮菜近些年总在探索创新之路，特别是吸纳东南亚菜系的一些做法，其中对水果的运用特别敏感。火龙果常被作为"沙律"及高档海鲜凉菜的配搭，应算不错的选择。

　　自然界真的很奇怪，外表光鲜美丽的往往是有毒的，越有迷惑性的东西越是可怕；而外表粗犷、威严的植物却往往藏有好东西，有真材实料，比如火龙果。其实人类社会何尝不是这样？粗犷、威严也是一种自我保护，火龙果的果实几乎没有病害虫侵袭，所以，它可以成为难得的无污染绿色食品！

让神仙下凡

　　芒果是一种大家都熟悉的水果。在汕头的种植非常普遍，不仅单位住宅区喜欢种芒果，马路街道两旁许多的景观树也选择芒果树。

　　作为绿化常用的树种，大家习惯称之为"绿化芒"。芒果树的管养很省事，且结果总是很可观，这使得绿化芒也变成美味的诱惑。这些年常见新闻报道，市民因为采摘绿化芒而发生安全事故，这让城市管理部门头疼。以前的农艺专家研究的课题是如何让农作物高产多产，而今却要研究如何让果树节育绝育了！

　　从绿化芒到水果摊上形形色色的芒果，大家知道，芒果分不同种类。不过，不说不知道，一说吓一跳，您知道芒果有多少品种吗？已知的有1595个品种，多么庞大的一个家族！

　　芒果又名檬果、漭果、闷果、蜜望、望果、庵波罗果等。因果肉细腻、风味独特而深受人们喜爱，东南亚国家也有把它誉为"热带果王"的。潮汕原来的土种芒果种子大、纤维多而果肉少，成熟时果皮颜色基本不变，但味道浓郁。而如今市场上售卖的外来品种则成熟时果皮变成橘黄色或红色，果肉多汁不带纤维，味道香甜。

芒果的原产地是印度。印度民间流传这样一个故事：天神下凡来到人世，无意间品尝了一种叫"Aam"的水果，为其美味而着迷，竟然甘愿留在人间不返回天庭。"Aam"就是芒果，芒果的名字正是来源于印度南部的泰米乐语。

野芒果树的果实不能食用，印度人最先发现这种树，并栽培成可吃的芒果，还用它来遮蔽热带的骄阳，距今已有4000多年的历史。据说，有个虔诚的信徒还将自己的芒果园献给佛祖释迦牟尼，好让他在树荫下休息。至今，在印度的寺院里还能见到芒果树的叶、花和果的图案。印度、巴基斯坦和菲律宾等国将芒果定为"国果"，孟加拉国则将芒果树定为"国树"。

而第一个把芒果介绍到印度以外的国家的人，据说就是中国唐朝的高僧玄奘法师。在《大唐西域记》中，就有"庵波罗果，见珍于世"的记载。在印度传统文化中，芒果还代表着吉祥，能给人带来平安。直到今天，印度人迁入新居时，都会在门口上方悬挂芒果树的枝叶，祈求家宅平安、人丁兴旺。《纽约时报》曾经说，印度只有两"季"：季风季和芒果季，前者给印度补充水分，后者滋润印度的灵魂。有意思的是，印度几乎每个邦都有自己钟爱的芒果品种。可以说芒果的味道已经沁入印度人的血液，芒果文化已经深植于印度人的骨髓。早期印度的梵文诗人云游四方吟唱诗歌，他们相信，常吃芒果树上的嫩芽能够让嗓音更加甜美。在印度文学作品中，经常用芒果来形容美女。他们用芒果的甜美多汁描述美女的眼眸，用芒果娇艳红嫩的表皮形容美女的脸颊和肌肤……

　　潮汕人不仅喜欢吃熟透的芒果，还喜欢腌制青芒果。未熟的青芒果酸脆，用盐、糖、甘草等腌过，十分爽口，常被当成零食或饭后水果，女人们最喜欢。

芒果

　　世界上许多国家都有各自喜爱的芒果品种。泰国人也常常自夸自己的芒果是世界上最好的，泰国人喜爱一种叫"婆罗门米亚"的芒果，意思是"卖老婆的婆罗门"。传说有个酷爱芒果的婆罗门竟把老婆卖了买芒果吃，因此得名。印度人把阿方索芒果、佩珊芒果和孟加拉芒果当作珍品。斯里兰卡人喜爱的是鹦鱼芒果和卢比芒果。菲律宾人欣赏的是加拉巴奥芒果，近年来为了做生意，将它改名为马尼拉超级芒果。

中国人对芒果最深刻的记忆应该追溯到50多年前。虽然许多人没见过、更没吃过芒果，可几乎所有的人都知道芒果。1968年，非洲一个国家的外宾赠送毛主席几只芒果，毛主席又把芒果转送给工农兵毛泽东思想宣传队。于是，在特殊的背景下，芒果是不可能被吃掉的，而成为体现最高领导人关怀的"圣果"。各地造反派代表不仅到北京日夜不停地排队去参观瞻仰那几只芒果，而且还在全国各地举办"芒果"巡游活动。女作家陈丹燕曾在一篇文章里记叙了当时的情景："当年，我所在的地方，半夜敲锣打鼓迎接芒果，心里万分激动，把芒果供在毛主席像前，成为神果。经过一春一夏，芒果鲜黄不变，后来才知道那只芒果是用塑料做的模型。"第二年还拍摄了一部叫《芒果之歌》的电影，而同名的歌曲《芒果之歌》短时间里就唱响了全中国："颗颗芒果恩情长，闪着金色的阳光。毛主席呀红太阳，您的光辉照四方。这是巨大的鼓舞，这是无尽的力量。我们纵情欢呼，热情歌唱，热情歌唱毛主席，衷心祝福您老人家万寿无疆！"

这算得上历史上空前的一次芒果知识大普及，效率和效果都是空前的。当下，如果交通法的知识也能依样画葫芦来普及，相信中国可以减少绝大部分的车祸！

芒果虽美味，却不是每个人都消受得了的。芒果的果皮可治湿疹皮炎，但同时，芒果作为漆树科常绿乔木的果实，会让有些人过敏，引发"芒果皮肤炎"。而且曾经患过芒果性皮炎的人不能再吃芒果，否则不仅容易复发皮炎，而且病情会一次比一次严重。

事物总是有它的两面性。在芒果的身上，"治皮炎"和"致皮炎"竟然神奇矛盾地统一在一起，或让人想起"成也萧何，败也萧何"！

伤肾乎？补肾乎？

朋友在老家的山脚下租了一片地，开垦种了些果树，养了群鸡。

现在是城里人总想着往乡下走，而乡下人则总想着往城里去；种地的向往坐办公室的，坐办公室的却盼望着能去种种地；结了婚的羡慕晚婚的，而剩男剩女们早就按捺不住跑到电视上相亲去了。

与一位老兄带了几位外地的朋友来到农舍时已近中午，毒辣的阳光让人口干舌燥。朋友说："别急！山上有野果。"便拎了小篮子和小木梯上山了，没一会儿就满载而归。洗一洗后端上来，由于是山上野生的，自然属于绿色食品，立即遭到哄抢。除了野生酸阳桃外，另一种野果红得发黑，同行的老兄显得特激动："这东西——伤肾！"真是哪壶不开提哪壶！现代男人最关心的人体器官绝对是肾。老兄说完，其他的人就像被定住一般，哄抢的动作全停在半空。老兄觉得奇怪："吃啊！这东西好！补肾的！"大家一头雾水。

其实，朋友从山上采来的是桑葚。潮汕人普通话讲得不好，"桑葚"变成了"伤肾"。而恰好在潮汕人的传统观念中，桑葚是补肾的佳果，结果补肾的变成伤肾的了！的确，现代研究证实，桑葚果实中含有丰富的葡萄糖、蔗糖、胡萝卜素、维生素、苹果酸等营养成分，并含有丰富的活性蛋白，常吃能显著提高人体免疫力，具有延缓衰老、驻容养颜之功效。在新疆还有一种桑葚是乳白色的，已属濒危珍稀树种，果色白中透亮，好像涂有一层蜡质，因此得名"白蜡皮"。果实汁多味甜，含糖量高，但补益作用不如紫红色的。

桑葚

在古代，桑叶又称"神仙叶"，作为中药和菜食被广泛应用。《本草纲目》记载："桑，东方之神木也。"桑有桑叶、桑葚、桑根、白皮、桑枝等。《精编本草纲目》中说："桑葚：单食，止消渴。利五脏关节，通血气。久服不饥，安魂镇神，令人聪明，变白不老。多收曝干为末，蜜丸日服。捣汁饮，解中酒毒。酿酒服，利水消肿。"

潮汕人喜欢用桑葚泡酒，桑葚需先加糖熬制，后再加入高度白酒，浸泡三个月即可饮用。而放上十年八年，酒液几成琼浆，甘甜怡人，乃果酒中的上品。

桑葚树有个特点，一旦长成大树后树干就会开裂，这里有一个传说：西汉末年，王莽篡位，东宫太子刘秀起兵讨伐，却在幽州附近兵败受伤，只身藏在一座废弃砖窑中。由于箭毒发作，刘秀昏迷了七天，夜里醒来后忍着伤痛，爬出了窑门。在一棵长着硕大树冠的树下再也爬不动了，他仰面躺在树下大口大口喘着粗气。此时，正值五月中旬，一阵轻风吹过，那棵树上熟透的果实三三两两地滚落下来，猛然间，一棵落入刘秀口中，香甜的感觉顿时传遍全身，他随手一摸，又摸到了几颗，放入口中——真是人间绝品！过了三十天，刘秀身体渐渐恢复了健康。他手下的大将邓羽也带人找到了这里，刘秀问邓羽："这棵树叫什么名字？"邓羽说："这棵树是桑树，它左边的那棵叫椿树，右边的那棵叫大青杨树，您吃的是桑树上结的果实，叫桑葚儿。"刘秀说："一旦恢复汉室，孤定封此树为王。"十年之后，刘秀果然推翻了王莽，做了皇帝，但封树一事却早已忘记，一日梦中，忽有一老者向刘秀讨封，刘秀醒来之后猛然想起当年之事，随即命太监带了圣旨去封这棵桑树。谁都猜得到，太监往往误事，匆忙中那太监对着椿树宣读了圣旨。被封王的椿树高兴得手舞足蹈，青杨却幸灾乐祸，那曾经救驾的桑树则被气得肚肠破裂。

潮汕随处可见桑树，都说桑树全身都是宝，看来树无完树：气量小了点，但终归瑕不掩瑜！

被误会的木瓜

虽然我住在人口稠密的小区，但有住户耐不住心痒，在小区的绿化带上种了几种果树。除了原有规划种植的绿化芒之外，楼下多了桑蕈、枇杷、黄皮和木瓜。住户们其实都知道，小区里种果树，不指望大有收获，只不过增添一些生活情趣。因为果子成熟的季节，小孩子和小鸟儿的光顾会使绿化带热闹许多。

木瓜，潮汕人叫"奶瓜"。我跟外地的朋友介绍时，他们总是下意识地会心一笑，笑容诡异。其实，他们误会了！潮汕人把木瓜称为"奶瓜"并不是因为它的外形有乳房之似，而主要是因为它的分泌物，木瓜在被刮伤时会流出乳白色的汁液。

改革开放以前，潮汕种植的木瓜都是树丛高大而果实大小不一的那种。一棵木瓜树，在笔直的树干顶端稀疏的几条枝叶下，垒叠着大大小小、高高低低的果实，显得拥挤丰实。记得当年住平房时，门前一片沙地上种的一棵木瓜树上结过一个大家伙，成熟后把它从树上摘下来都费了不少功夫。那棵树有约5米高，由于木瓜树的树干松软，

木瓜树

靠不住梯子，得由几个人扶住竹梯，然后由一人爬上去摘。那个木瓜足足有五六斤重。当晚，在栀子花树下，母亲早早摆开茶桌，唤来左邻右舍，四五家人，七八个小孩，一个金黄色的木瓜成为欢聚的主题，其乐融融！这才是真正的邻里和谐，谁家有好东西都是一起分享，难怪古人说"独乐乐"不如"众乐乐"！

现在，有空地的地方还有人种木瓜，但不少已变成低矮的品种，那是夏威夷种的木瓜，它长不高，果实基本上大小一致，只是个头与传统品种相去甚远。

总是有人将木瓜与乳房联系起来，宣称"木瓜能丰胸"，这其实又是一个误会！我想这大概与传统观念上的"以形补形"有关系。"以形补形"，用通俗的语言来说就是"吃啥补啥"，这是古老的中医食疗学说中流传至今且仍具有相当影响力的观点之一。其核心思想就是用动物的五脏六腑、或肖似脏腑的植物来治疗人体相应器官的疾病。这种理论从现代科学的角度看仍有一定的道理，但是，这并不意味着所有的人只要有了胃痛就要吃猪肚，得了心脏病要吃猪心，发生性功能障碍就要吃什么鞭类，骨折了就得喝骨头汤……具体的病症在每个人身上表现不同，治疗和食疗方法也不尽相同。也就是说，"吃啥补啥"不能机械地理解，更不能滥用，否则可能会有损健康。

木瓜与乳房在古籍中最著名的"瓜葛"当数安禄山用木瓜掷伤过杨贵妃的乳房，不过世人皆知，杨玉环的丰腴体态与这则香艳轶事无关。很多人以为"木瓜丰胸"的说法来自中国传统医学。对于这个问题，首先要澄清的是，中国传统医学里说的木瓜是指"宣木瓜"（蔷薇科木瓜属），而我们现在水果摊上常见的品种是"番木瓜"（番木瓜科番木瓜属）。即使是宣木瓜，无论是传统医学文献，还是现代药典，其功效也都没有提到丰胸。从结构上来说，乳房由乳腺腺体、脂肪组织和结缔组织组成，此外胸大肌由于有支撑作用，也会影响到乳房的外观。其中，乳腺约占乳房体积的1/3，青春期乳房发育就是受到卵巢分泌雌激素的刺激。各种丰胸诀窍其实也都围绕着雌激素，很多保健食品（甚至药品）就是含有雌激素或者可使雌激素增效的物质，风险较大，而木瓜不含这些东西。

据说，美国军队每到一地，随军的水果必有木瓜。木瓜有抑制性欲的作用，同时还是天然的避孕食物，让大兵多吃木瓜自然是寄望美国大兵少些惹是生非。这里得提醒，孕妇是不能吃木瓜的！现代女性往往会因急于求成，而导致结果适得其反：想"以形补形"，当年潮汕本地品种的木瓜也就罢了，现在的夏威夷种，一个个那么袖珍细小，恐怕会越补越小的！

不过，木瓜的确有非常好的药用功能，素有"百益果王"之称。木瓜营养丰富，还有一定舒筋活络的作用，有健脾胃、解毒消肿等功效。另外，木瓜虽不能丰乳，却能催乳。潮汕人常用"木瓜鲫鱼汤"催乳，据说效果明显。而现代的潮菜常用切开的船型木瓜为盛菜之器，算是一种创新，既美观又实用，使菜肴多了些瓜果香同时又显得健康！

光鲜亮丽的联想

对于食物，通常我们都会以"色香味"来作为评价的标准，其中，我觉得"色"不仅指颜色，也包括造型。所以，就"色"而言，草莓算得上是水果中的"绝色佳人"，无论色彩还是形状都极具视觉冲击力，能撩拨人的味觉想象。最初在图片上见过草莓后，我曾一直在味道的幻想中不断地强化着尝一尝的愿望。

不过，期望越高，往往失望越大！第一次吃草莓时是怀着虔诚和急迫心情的，但无论是味道还是心情，都可以用"寡然无味"来形容，此后对草莓几乎失去了兴趣。

但事情往往会出现转机，而且总在偶然的时候。几年前，开始有一批浙江的农民到汕头、潮州等地租地种草莓，都是选在市郊不远的地方，吸引市民自己前往采摘。刚采摘下来的草莓美味得不得了！这才知道，原先吃过的草莓是由于转运等原因，其实已经变了味！

其实，汕头是广东省草莓种植面积最大的城市，除汕头外，珠江三角洲地区近几年才有小规模发展。汕头草莓栽培始于1987年，从北京引进丽红、宝交早生等几个日本系品种，初步试种成功。后来又从西班牙引进新品种。汕头冬春气候条件非常有利于浅休眠草莓生长，它正好利用短周期、低温差的条件，既可抑制茎叶狂长消耗养分，又能促进花芽早分化，结出优质果，达到高产优质的目的。汕头草莓的收获季节很长，可以从每年12月初采摘到翌年4月。

草莓虽然常见，但在它的原产地欧洲被誉为"水果皇后"。它的最早栽种时间可以追溯到古罗马和古希腊时期。大约公元40~60年，古代学者佩林（Pling）在《自然史》中，首次记载草莓是一种水果。大约14世纪，开始在欧洲栽培。16世纪，草莓种植已相当普遍。莎士比亚在《亨利五世》中说："草莓长在荨麻底下，四周越是劣等植物，草莓长得越茂盛。"草莓一直是宫廷贵族的宠儿，平民百姓难以品尝到。18世纪末期的奥匈帝国是世界上最富有的国家，而最能将帝国奢华气息表露无遗的就是当时的奥地利甜点，甜点的标志之一就是用到许多草莓。中国种植草莓大概有100多年历史，清朝末年，草莓随着外国人带入中国，当时称"洋莓果""地莓"，但种植面积一直很小。直到20世纪80年代后，才慢慢在中国大江南北普及开来。目前已经成为中国重要的出口水果，欧盟进口草莓来源的第二大国就是中国。

草莓

"草莓"也是文艺作品中一个常见的意象，它的光鲜亮丽总是给人丰富的联想。瑞典著名导演英格玛·伯格曼1957年拍摄的经典代表作就叫《野草莓》，这部电影是很多教科书中典型的范本。而在20世纪80年代初期，大导演波兰斯基的《苔丝》在中国内地上映。在这部改编自19世纪英国古典名著、饮誉国际影坛的作品中，女主演娜塔莎·金斯基深入人心。她融合了现代美与古典美的面庞被制作成巨大的广告牌，矗立在中国城镇的大小影院，那丰润的红唇和草莓亲密接触的挑逗诱惑镜头曾令多少男儿魂牵梦绕。在外国的许多文艺作品中，草莓总是与红唇烈焰、性感娇媚等交织在一起，被赋予了情色的内涵。它鲜红的色泽、丰润的肉感，以及多汁而娇羞的气质，能激起人们心猿意马的情色联想。甲壳虫乐队1967年发行的唱片叫《永远的草莓园》。歌中唱道："世事都很虚幻，没有太多需要牵挂，唯有永远的草莓园。没有人和我在同一棵树上，他们不是太高就是太低。"歌曲表达了"颓废一代"年轻人的惆怅和孤独，他们在喧闹的都市寻找着自身的出路和价值，渴望得到认同和包容。但"草莓园"的意象同样带有暧昧、温馨、情色的内涵。有诗人称："草莓是象征爱情的水果。鲜嫩欲滴，像女人诱人的红唇；清新的香气，像少女的气息。"

当然，随着时代的发展，"草莓"这一意象的内涵也有可能被颠覆。现在网络上流行用"草莓族"一词形容80后的年轻人。指的是这些年轻人像草莓一样，外表光鲜亮丽，但却承受不了挫折，一碰即烂。投入职场的"草莓族"最大的特点之一，就是没什么定性，只要有更好玩的工作，或更高的薪水，就会见异思迁。

这里提到的"脆弱易烂"正是草莓的弱点。眼下在草莓种植的过程中，农民们往往会大量使用农药，对此我深恶痛绝！因为最后一次带孩子去摘草莓时，发现到处弥漫着强烈的农药味，草莓的叶子上也清晰可见农药残留的痕迹，而且摘下的草莓竟然捱不住20分钟的车程，回到家基本上就全烂掉了，发出腐烂的味道。后来得知，草莓种植时有些种植户还喷洒了膨大剂之类的东西。这实在是一件难以原谅的事情！此后我便不再去摘草莓了。

恰巧看到一本书，是美国人富兰克林·H.金写的《四千年农夫》，其中的一些论述发人深省："在20世纪，一场大规模的货运活动展开，满载着货物和化肥的货船驶往西欧和美国东部地区，使用化肥从来都不是中国、朝鲜、日本保持土壤肥力的方法。因此，欧美国家使用化肥明显是不可持续的……我们一直盼望着和中国、日本的农民见面，一起走过他们的田地。通过观察，学习他们的耕作方法，了解他们的农工器具。这些世界上最古老民族的农民在长期的人口资源压力下逐渐采纳形成的实践经验，构成了这两个国家的农耕体系。这套农耕体系经过长达4000年的演化，在这块土地上仍然能够产出充足的食物，养活如此众多的人口，我们渴望了解这是如何做到的……在观察的过程中，我也为美国该转向哪种农耕体系感到困惑。"[1]

事实上，历史仿佛在开玩笑，如今彼此好像做了个调换。当年令美国人羡慕的耕作方式，如今反而被美国人认为"不可持续"的耕作方式全面代替，而且还变本加厉，由此不可避免地爆发此起彼伏的食品安全问题！而这是否是一种悲哀呢？

树上糖包子

记得无花果为潮汕所家喻户晓，是因为一起食品安全事件。那是20世纪90年代的事，潮州庵埠一家企业生产的无花果果脯因有毒而被

---

[1] 金.四千年农夫[M].程存旺，石嫣，译.北京：东方出版社，2016.

围剿。那种小袋装的无花果果脯特别受小学生的青睐，所以这起恶性事件的影响很大，甚至让不少潮汕人在一段时间里谈"无花果"而色变。

潮汕地区虽有种植无花果但不普遍，以至于许多潮汕人并不认识无花果，甚至会张冠李戴。在一些地方把莲雾叫作"无花果"，而在潮州饶平又将无花果俗称为"香雾"，其实莲雾和无花果是两种不同的水果，因形状有相似之处，以至于让人们混淆了！无花果皮薄无核，肉质松软，与莲雾的清脆是完全不同的，而且无花果水分不多，含糖量极高，这些都与莲雾迥异。

小时候，市区杏花村有一株树龄很长的无花果树，总让馋嘴的孩子们惦记。那棵果树长得邪门，枝丫偏偏往一个大池塘上方长。看着累累的果实，经不住诱惑的孩子有胆子大的还是愣往树上爬，终于有孩子掉到了池塘里，虽然被迅速地救起，但成为反面教材给了大人们反复敲打教育其他孩子的机会。

前不久，小儿喉咙发炎、夜咳不止，有中医给出偏方：无花果干泡水喝！是否真的是喝无花果水治好了不清楚，但是如蜜的甘甜让平时恨透中药剂的小儿并不拒绝。他问那是什么，我趁机将小时候的故事拿来对他进行安全教育。

无花果，别名映日果、奶浆果、文先果、明目果。

据说，无花果是人类最早栽培的果树树种之一，从公元前3000年左右至今已有5000年的栽培历史（也有学者认为已达1万年之久）。目前，地中海沿岸诸国栽培最盛。传说，古罗马时代有一株神圣的无花果树，曾经庇护罗马创立者罗慕路斯王子，躲过了凶残的妖婆和啄木鸟的追赶。这株无花果后来被命名为"守护之神"，无花果也被称为"圣果"，作为祭祀用果品。

　　《圣经》中提到亚当和夏娃在伊甸园偷吃智慧果后终于为他们的赤身裸体感到羞耻。经许多专家和学者考证，《圣经》中所说的智慧果不是苹果，而是无花果。所以也有外国人会以"吃无花果"来表示"知羞耻"。另外，"无花果树叶"则是"遮羞布"的代名词，因为亚当和夏娃是用无花果树叶来遮住下身的。

无花果

　　无花果大约在唐代传入我国，主要分布地区为新疆、山东、江苏、广西等地。其中以新疆种植最多、质量最佳。新疆无花果有"水果皇后"的美名，在塔里木盆地大量栽培，以阿图什种植最多。维吾尔语称无花果为"安居尔"，意为"树上结的糖包子"，由此也可感受到它的含糖量之高！除鲜果入市外，由于不易保存和运输，当地人还多用以晒制果干，运销外地，潮汕各地干果铺的无花果干以来自新疆的为上品。

新疆维吾尔族民间有一个关于无花果来历的传说：古时一个国王的女儿爱上一个年轻的猎人，猎人向国王求亲，国王不愿女儿嫁给一个猎人，就刁难他说，你等到果树不开花就结果时再来求亲吧！可是世界上哪有不开花就结果的呢？这一对青年不顾国王的反对，仍然执着地追求他们的爱情，终于他们真挚的情感感动了上天，天上的神女下令果树不开花直接结果，国王无奈只好应允婚事，猎人和公主终于成亲。于是，人们给果树起了个名字——无花果！

无花果具有很高的营养价值和药用价值。这个很重要，好的食材不仅好吃，还得吃好，潮汕人喜欢煲药膳，无花果是重要的食材之一。《本草纲目》载："无花果甘、平，无毒。主开胃、止泻痢、治五痔、咽喉痛。"许多潮汕人都知道，无花果干果泡水喝可以治小儿咳嗽、喉咙痛。无花果还可以外用，由于果胶充溢便成了时髦的美容护肤佳品。水果带有果胶犹如"家里有矿"，身价倍增，让其作为食物的身份高贵了。日本人最精明，早就在无花果的产品宣传上拿"健康"和"美容"做文章。"健康"针对中年以上的人群，"美容"直达少女之心，这种宣传定位大有"一网打尽"之势。

其实，无花果也是先开花后结果的，只是由于它的花蕊和花萼包在花托里边，从外部看不到开花而已！事实证明，眼睛有时也会被欺骗，眼见未必为实，人往往容易为事物的表面现象所迷惑。如果我给

"无花果"起个名字,我会叫它"花无缺"!哈哈!

幽幽余甘来

说实话,油甘对我来说是一种小时候很喜欢,而现在看到都会为之齿软的水果。

"油甘"学名余甘,别名油甘子、牛甘子、喉甘子、杨甘、回甘子等。古名庵摩勒、庵摩落迦。古名甚为古怪,或许和宗教有些关系。

潮汕地区的油甘树过去属山林野果,可纵情恣意生长,任人采摘。我的家乡潮阳谷饶就是最主要的产区之一。

小时候从汕头市区到谷饶颇费周折,先要从西堤码头坐船到关埠,再搭自行车到"径脚"(一座山岭脚下),再走路越过一座山岭,要走上一个多小时山路。那时总是跟奶奶同行,一路上蹦蹦跳跳倒也不枯燥,有许多山鸟可追逐,更有各种各样的野花野果可采摘。奶奶总是悉心照料,并耐心地告诉我,各种鸟叫声如何分辨,山上的哪些野果是可以吃的、要怎么吃。一路上见最多的就是油甘。由于产量惊人,且当时没什么市场价值,是货真价实的野果子,所以山里的油甘没什么人采,到了秋天,满树的果实蔚为壮观!我总是会折下一枝挂满果实的枝条,挑在肩上,边走边采着吃,兴趣盎然。记得奶奶还为我爬上山坡摘过柿子、鸟梨、阳桃等。奶奶年轻时受过苦,所以特能吃苦,一辈子勤勤恳恳操持家庭养育儿孙,是典型的任劳任怨的潮汕妇女,她直到七十多岁时依然能独自爬过这座山岭。

　　一般小孩儿是不喜欢油甘的，咬一口准吐掉。我却相反，小时候学着大人吃，因为好面子，于是咬碎了含在嘴里，即使满口苦涩也不往外吐。结果不经意就收获了这种水果的奇妙之处，余味的甘甜幽幽入喉，让人从唇舌到心脾都感觉十分舒适，其清洁口腔的效果远胜今天化学合成的口香糖。当年过山林吃油甘大有大肆挥霍的奢侈感，因为山里有的是，所以，一般是咬碎吸了汁就把果肉吐掉，一路走一路吐，拉风得要死！现在怕油甘是因为牙齿不好，特怕那种脆的声音，让牙齿发软！真应了那句话："牙口好胃口就好，吃嘛嘛香！"

油甘

　　潮汕地区最出名的油甘就是产自谷饶的"狮头油甘"。我市果蔬志记载："清朝雍正四年（1726年）该村（谷饶乌窖）村民于寨后山发现野生油甘变异植株，经嫁接繁育形成独特品种——乌窖狮头油甘。"狮头油甘秋分后收获，果皮青白光亮，呈半透明，鲜艳美观，因其果粒大、扁圆如狮头而得名。油甘富含维生素，其果肉维生素C含量是柑橘的30～50倍。油甘具有生津止渴、润肺化痰、清热解毒、消风去积、减少胆固醇和降低血压等疗效。

古籍上关于油甘的记载，唐《本草拾遗》曰："取子压汁和油涂头，生发，去风痒。初涂发脱，后生如漆。"宋《本草衍义》云："可解硫磺、金石、鱼油之毒。"明《本草纲目》曾载："余甘果子，主补益气，久服轻身，延年益寿。"印度的书籍也有关于油甘药用功能的记载，说得跟我国差不多。因为印度有文字记载，倒让我联想到油甘的奇怪的古名，或许此物真的和佛教的传播有关系。

南方的空气闷热潮湿，夏季小孩子容易生痱子，而采一些油甘的叶子，晒干了做枕头，小孩子枕了就不生痱子。我小时候就睡过油甘叶子枕头，松软舒适，还有一种草本的香味，不足之处就是没法定型，油甘叶子特别滑溜，头枕下去，叶子就往边上溜。

油甘来煲汤也是不错的选择，与肉类、骨头、猪肺同煲都可以，汤水一流，个人觉得不逊橄榄！

油甘也可制作成蜜饯，但经过泡制后其甘涩的韵味基本上不见了，所以个人并不喜欢。潮汕人喜欢用水果浸酒，油甘泡成果酒既酸甜又有回甘，值得一试！

原来油甘因为没什么市场价值，只是在乡村里小打小闹。不过，油甘作为一种药食两用水果，已被卫生部列入"既是食品又是药品"的名单，也被联合国卫生组织指定为在全世界推广种植的3种保健植物之一。近年来，市场行情看涨，于是，出现了一些新的品种，比如个头比较大的玻璃油甘。

不过个人觉得新品种味道淡了些，过去的野生油甘虽然入口更为苦涩，但回甘更为浓烈悠长，味觉的刺激更胜一筹。油甘的优劣并非以美为佳，恰恰相反，那些长得丑的，有些角质粗皮的才是最有味道的。

近期发现，小个的野生油甘似乎成了奢侈品，见过美女哆哆嗦嗦从高级的包包中掏出一小袋薄膜袋子来，神秘兮兮地说："这是野生油甘！外面买不着！"不禁哑然失笑，这玩意咱小时候吃腻了！

我想油甘的味道正是"生活的味道"，感觉总是相对而言的，生活苦涩的经历往往孕育了更强烈的幸福感！知足常乐，道理很简单，幸不幸福其实更多的是自身的感悟！

天风夏热宜檬子

记得那是在法国南部，当我走在古色古香的小城中，石板路上飘逸着一股清新的味道。看到家家户户的小院中，都有一棵棵青翠的树上挂满金黄色的果实。有的树枝叶还伸出围墙，果实在街上伸手就可以摘到。走近一看，原来是柠檬！

后来才知道，法国人特喜欢柠檬，而法国的芒通（距尼斯半小时车程）还是柠檬之城，因盛产柠檬而得名。这里每年春天都要举行柠檬节，当地人用柠檬或橘子装扮成马或人像游行，来演绎丰收的喜悦，甚是热闹。

柠檬又称柠果、洋柠檬、益母果等，是芸香科柑橘属的常绿小乔木。欧美人特别喜欢柠檬，无柠檬不成席，但柠檬并非欧洲特产，它来自亚洲，原产马来西亚，后由阿拉伯人带往欧洲，15世纪时才在意大利热那亚开始种植。目前地中海沿岸、东南亚和美洲等地都有分布，法国是世界上食用柠檬最多的国家，美国和意大利也是柠檬的著名产地，中国则南方地区多有栽培。

在我国古代，因其味极酸，肝虚孕妇最喜食，故称益母果或益母子。两广地区中医著述《粤语》记载："宜母子，味极酸，孕妇肝虚嗜之，故曰宜母。元时于广州荔支湾作御果园，栽种里木树，大小八百株，以作渴水……当熟时人家竞买，以多藏而经岁久为尚，汁可代醋。"据说，怀孕妇女可以放置一些柠檬在床边，早上起来嗅一嗅，有消除晨吐的效应。清朝龙柏所著《食物考》也载有："浆饮渴瘳，能辟暑。孕妇宜食，能安胎。"柠檬是柑橘类中最不耐寒的种类之一，适宜于冬季较暖、夏季不酷热、气温较平稳的地方。除鲜食外可制各种饮料和提取柠檬油等。北方有一种"北京柠檬"，果顶部无乳头状突起，酸味不强，有芳香，仅盆栽供观赏。

青柠

　　潮州菜里有不少用到柠檬的菜品，比如"柠檬鸭""柠檬鹅掌""柠檬虾""柠檬炖螺头猪肺汤""柠檬乌鱼头"等。不过做菜的柠檬并非新鲜柠檬，而是腌制过的"咸柠檬"，潮汕人称为"南檬"。它是用潮汕本地的土柠檬做的，本地柠檬呈圆球形，青色，味酸苦，用盐水浸泡两三个月就成"咸柠檬"。《粤语》中也有记载："以盐腌，岁久色黑，可治伤寒痰火。"可见，潮汕人制柠檬是有历史依据的。

15世纪开始，欧洲的冒险家们为了追求香料和黄金，纷纷乘帆船横渡海洋去争夺殖民地。可是，在航行途中，海员们常常被一种瘟神似的坏血病侵袭，丧失生命。仅1593年，英国死于坏血病的海员有1万多人，西班牙、葡萄牙等国的水手则有五分之四命丧其手。对坏血病的治疗研究，最早始于英国医生林德。18世纪中叶，他试用新鲜蔬菜、水果和药物等，对患坏血病的水手进行医疗试验。有一次，他把英国海船上患坏血病的水手分成几组，采用不同的方法，如不同食品、药物和理疗方法等进行治疗。结果很意外，服药的病员毫无起色，相反，食用柠檬的那一组却像服了"仙丹"般很快病愈，恢复了健康。后来，英国海军又采用这种方法，规定水兵出海期间，每天要饮用定量的柠檬叶子水。只过了两年，英国海军中的坏血病就绝迹了。由此英国人常用"柠檬人"这个有趣的雅号，来称呼水兵和水手。

20世纪初，人们推测坏血病是一种维生素缺乏症。到了20世纪30年代，人们终于从肾上腺皮质、包心菜、柠檬汁中分离出"己糖醛酸"，弄清了它的化学结构，并确定它是抗坏血酸（即维生素C）的要素，因此人们称柠檬为"神秘的药果"。

这里还想补充说一下两个词，都以"柠檬"命名，并对于经济生活影响广泛。它们名称来源于美国经济学家乔治·阿克罗夫1970年发表的论文《柠檬市场：质化的不确定性和市场机制》。他凭借该论文取得了2001年的诺贝尔经济学奖，并与其他两位经济学家一起奠定了

"非对称信息学"的基础。一个是"柠檬市场"，也称次品市场，指在信息不对称的市场中，卖方对于产品质量拥有比买方更多的信息。对于买方来说，由于不知道商品的真正价值，只能通过市场均价来判定质量；对于卖方来说，在同等市场均价下，提供好商品的自然更吃亏。于是好商品便会逐步退出市场，最后就只剩下坏商品。另一个是"柠檬法"，一种美国的消费者保护法。起初，是将出厂后有瑕疵问题的汽车称为"柠檬车"或"柠檬"，"柠檬法"用于保障消费者购买到瑕疵车时的相关权益问题。但如今，柠檬法的适用范围已经扩展到许多其他种类的商品上，如电器与电脑产品等，成为伪劣商品赔偿法的代称。

柠檬虽不起眼，但却影响着经济社会生活！我国关于消费者权益的立法也借鉴了美国的"柠檬法"。但对于我个人来说，常喝柠檬水是为了预防尿酸高，因为柠檬水是碱性的！这是一个奇怪的现象，水果中但凡酸的却都是"碱性食物"！元朝吴莱所作《岭南宜濛子解渴水歌》中说："广州园官进渴水，天风夏熟宜濛子。"柠檬水是夏天极好的饮料。

而最让我感兴趣的是一种叫"澳洲手指青柠"的柠檬。它产自澳洲沿海亚热带地区，果皮颜色以青绿为主，也有黄、红、紫、黑、褐等多种颜色。它不仅形状奇特，长得像一根手指，而且果肉像聚成一堆的鲔鱼卵，据说口感也很像鱼子酱，味道则是柑橘的甜味，因而也有"鱼子青柠"的美誉，如今成为西餐的高级佐料，看它的照片，令人嘴馋！

消脂健胃壮美人

初夏，小区里的两棵黄皮树开始长出了青色的小果实，只有筷子头那么大，没想到隔了20天，在连续的几场大雨后，竟然变得充盈饱满，已有拇指大小了！或许是缺少阳光的缘故吧，果实依然是墨绿色的，于是心底开始盼望着天气早些转晴！

与一般的水果相比，黄皮也是一种具有奇异味道的水果。广西壮乡有"果香奇特赛榴梿，消脂健胃壮美人"的说法。

黄皮，又名黄批、黄罐子、黄弹、黄段、油梅及油皮等。为热带和亚热带常绿果树，原产我国南部，广东、广西、台湾、福建、海南都有种植。它的树在每年的三四月间开花，七八月果实成熟，呈黄褐色，椭球形，表面披着细细的绒毛，白色的果肉内藏着翠绿的种子，剥皮即食，方便美味。

黄皮在我国已有1500年以上栽培历史。《岭南杂记》（17世纪）记载黄皮"果大如龙眼，又名黄弹，皮黄白有微毛，囊白如猪脑，夏末结果"。潮汕也是黄皮的主要种植地区之一，据潮汕植物学家吴修仁编著的《潮汕植物志要》载："黄皮树为常绿乔木，其浆果近球形，皮有些油，披小毛，果可食，性味入肝、脾、胃经，尤有促进消化之效用，果核治疝气，树叶治流行性感冒和疟疾。"[1]

---

[1] 吴修仁.潮汕植物志要[M].汕头：广东省汕头市生物学会，1993.

黄皮

　　黄皮是潮汕人熟悉的夏季水果之一，人们不但喜欢它生津止渴、消食健胃的夏季滋味，还喜欢煮黄皮叶来防治感冒。黄皮的果皮和果核可入药，有利尿消肿、行气止痛等功效。

　　黄皮不但生津、止渴，民间更有"饿吃荔枝，饱吃黄皮"的说法。清代李调元《南越笔记·广东诸果》中写道："黄皮果，状如金弹，六月熟。其浆酸甘似葡萄，可消食顺气，除暑热，与荔支并进。荔支饜饫，以黄皮解之。"（"荔支"为"荔枝"，"饜饫"意思为"饱足"）这样的配搭有点像榴梿与山竹的组合！据统计，我国黄皮品种有20多个，按味道粗分通常有甜黄皮和酸黄皮。还有一种苦味很重的叫苦黄皮，虽然味苦难食，但药用功效最好。我个人特别喜欢黄皮的味道，也喜欢在饭前饭后吃黄皮：饭前犹如开胃小菜，能刺激食欲；饭后则能消脂助消化。

　　黄皮除了生吃，还可以入菜，最好是和肉类相搭配。而我个人更倾向于拿来熬汤。比如，把橄榄猪肺汤的橄榄换成黄皮，味道也别具特色。还可以拿来熬鸡汤、排骨汤等，甘酸爽口，最适宜在盛夏品味。当然,做汤的宜选择酸黄皮或未成熟的甜黄皮,为的是其酸味。要将其籽去掉,汤煲好后才下黄皮,再煮几分钟即可。

除了入菜,黄皮最常见的就是被用来腌制加工果脯、蜜饯,潮汕的黄皮豉就是其中的代表作。据说,黄皮豉至今已有800年的制作历史。明代起就与潮汕其他珍贵蜜饯、凉果一起作为地方官员遴选的"潮式贡品"献给朝廷。黄皮豉是潮汕乡民将黄皮去核,盐渍,晒坯,蒸熟;再掺入白糖、甘草末、香料,反复蒸晒而成,最后密封装罐,可较长久地保存。

在潮汕还流传着这样的传说:古时候有一皇家公主患了怪病,肚腹胀气不退,进食积滞不畅,太医给她服了很多贵重药物均未见效,金枝玉叶般的身体日见衰败凋零。眼见自己的掌上明珠遭病痛折磨,皇帝忧心如焚,便下旨:有良药治好公主之病者予以重赏。一潮汕小伙子上前揭榜,带上黄皮豉进京应旨。他让公主食用了一段时间的黄皮豉后,公主的身体竟奇迹般地康复。皇帝龙颜大悦,问小伙子何所求?小伙子说他什么都不要,只想返回潮汕老家。而公主已觉得自己再也离不开小伙子和黄皮豉,便请求皇上恩准她随小伙子一起到潮汕,皇帝只好应允。于是接纳小伙子为驸马,并派他俩一起回到潮汕广植黄皮树,广制黄皮豉,广济天下。

对于黄皮的腌制加工,其实并非潮汕地区独有。在广西壮乡,壮族人会将黄皮洗净沥干,一个个摘掉果蒂后放进大盆里,按5公斤鲜果放3两盐的比例泡两天,然后把黄皮的果核挤掉,按5公斤鲜果放1.5公斤冰糖的比例放入有盖子的玻璃容器里。如果想吃带辣味的腌果,还可加入指天椒一起腌泡,大概腌一个月就可以食用,是当地人夏天做菜必不可少的配料之一。广西南宁市特产黄皮酱也有上百年的历史,也是通过将黄皮去核、放盐腌制数月后再加以白糖、豆酱、辣椒、蒜米、甜酒、芝麻酱等配料，制成一种口味独特、酸辣且甜的酱料，既可以拌粉、面直接食用，也可以作为蒸、炒各种肉类和鱼类的佐料。

窗前谁种芭蕉树

年轻的时候会憧憬未来，编织理想。大学一位同学说，他的理想就是能躺在果树下睡，睡醒了摘果子吃，吃完了继续睡。当时我就建议他去非洲，因为不少非洲国家以香蕉为粮食，吃住真的就围绕着香蕉树。

记得前些年还看到报道，一个多国专家组成的考察小组专门跑到非洲去调查"香蕉是如何从亚洲越过印度洋传至非洲的"。科学家证实，西非的喀麦隆地区在2500多年前就曾种植过香蕉，这表明香蕉种植在非洲至少有2500年。目前，非洲的卢旺达和布隆迪是著名的香蕉之乡。在那"千丘之国"的山岭上，香蕉林连绵不断，郁郁葱葱，农家茅舍都掩映在香蕉林中。布隆迪人酷爱种植香蕉，因为香蕉是他们的主食之一，还是酿制香蕉酒的原料。香蕉酒是布隆迪人的传统饮料，也是"国酒"。

香蕉是世界上最古老的栽培果树之一，4000多年前希腊已有文字记载。学界一般认为人类种植香蕉始于6000多年前，而起源地在亚洲，包括中国。早在战国时期的《庄子》（公元前369年后）和屈原（公元前343~277年）的《九歌》中已载有香蕉树作纺织用。据古籍记载，汉武帝建扶荔宫，以植所得奇花异木，就种有甘蕉。广东是香蕉主产区。晋嵇含著《南方草木状》中载芭蕉有三种：羊角蕉最佳、果最小，次为牛乳蕉，大而劣为正方形蕉。由此可见，当时已对品种有所划分。

潮汕人爱吃香蕉也出产香蕉。过去以潮州潮安区的溪口香蕉最为出名，而今潮阳金灶镇为最大产区。潮汕香蕉四季常有，尤以秋冬季质量最佳。潮汕香蕉的品种也不少，常见不少人在讨论"香蕉与芭蕉"的区别，其实香蕉就是芭蕉科芭蕉属的植物，由于品种各异而在名称上有些区别，比如常见的有弓蕉、芭蕉、粉蕉、米蕉、皇帝蕉等。因为易种且不必费心管理，一些山地边角地也常常被种上香蕉。于是市场上就出现一种卖相差、看似发育不良、种植于贫瘠山地的香蕉，大家称之为"山蕉"，市场价格特别低，一般不到进口的、卖相好的泰国蕉的五分之一。但其香味最为浓烈，口感胜过徒有其表的进口香蕉，所以最受那些负责上市场的家庭主妇的青睐！

香蕉可以说是热带、亚热带水果中的"屌丝"，价格便宜却香甜可口，是百姓水果盘中的常客。我们常见一些"耗时"的体育竞赛，如网球赛等，运动员会在中途以香蕉来补充体力。原因是，香蕉的糖分可迅速转化为葡萄糖，立刻被人体吸收，是一种快速的能量来源。而且香蕉属于高钾食品，钾离子可强化肌力及肌耐力，因此特别受运动员的喜爱。另外，香蕉含丰富的可溶性纤维，也就是果胶，可帮助消化，调整肠胃机能，同时对失眠或情绪紧张者也有疗效。传说佛祖释迦牟尼在溪谷的绿荫下诵经时，肚饿难忍，便采香蕉以充饥。吃过香蕉之后，顿觉心明眼亮、神清气爽，智慧倍增，终于得道成佛。时至今日，佛门弟子仍称香蕉为"智慧之果"。

除了果实可食用之外，香蕉对于岭南人来说，还有其他一些重要的作用和意义。

香蕉树身含有细长坚韧的纤维，可制取蕉麻，织成各类蕉布。轻盈菲薄的优质品可做高级夏装、帽子、纱巾、手袋、床帐、窗帘等，粗糙的则可做船舶、工矿和林场等所用的缆绳，再次的还可用于造纸，这种纸可算高端产品。

在潮汕，香蕉叶是极佳的食物包装用品。潮汕人熟于制作各种粿品，香蕉叶被广泛用作于粿品的铺垫，既可充当盛器又可增添香蕉的清香。在物资缺乏的年代，常用报纸、书页来盛装熟食，但其效果远不如香蕉叶。潮汕人用香蕉叶来包裹熟肉、卤品、鱼饭等，显示其善于就地取材的智慧！

而香蕉树的另外一个好处就是给岭南人精神上的慰藉，赋予人们抒发情绪的意象，即使那是一种愁绪也能产生美感。李商隐有"芭蕉不展丁香结，同向春风各自愁"（《代赠二首》）；白居易有"风雨暗萧萧，鸡鸣暮复朝。碎声笼苦竹，冷翠落芭蕉"（《连雨》）；杜牧有"一夜不眠孤客耳，主人窗外有芭蕉"（《雨》）；李煜有"秋风多，雨如和，帘外芭蕉三两窠，夜长人奈何"（《长相思》）；李清照有"窗前谁种芭蕉树？阴满中庭，阴满中庭，叶叶心心、舒卷有馀情。伤心枕上三更雨，点滴霖霪；点滴霖霪，愁损北人、不惯起来听！"（《添字采桑子》）

其中，李清照的"愁损北人、不惯起来听！"十分口语化，也透露出不同人的不同感受。对于长期与香蕉树为伴的岭南人来说，"雨打芭蕉"非但不会扰人，往往给人安详宁静的感受，还可能是美妙的音符！广东音乐代表性曲目就有一曲《雨打芭蕉》，乐曲通过描写初夏时节雨打芭蕉淅沥之声，表现出人们的欣喜之情，极富南国情趣，体现了广东音乐清新、流畅、活泼的风格。

枝头不怕风摇落

吃潮菜在国内各地都是一种时髦，这里的"潮"可不是网络语言的"潮"，有时潮菜倒是固守传统的代表。所以，在精细方面不敢有丝毫的差池，上菜时都会问客人要杯什么水。除了茶水外，经常有熟地、老药桔、老香黄、莲藕、溪黄草、菊花、枇杷花水等等，外地人常开玩笑说"喝中药"。

其中，枇杷花水是我喜欢的一种。上回在外地的一家潮菜馆看到，他们把各种佐餐的饮品做成菜牌供食客选择，感觉别具特色，只是其中把"枇杷花"写成"琵琶花"。询问服务员，非说此"琵琶花"是中药，非彼"枇杷花"，让我哑然失笑。

先说两个典故。明代浮白斋主人《雅谑》中记载：有村里人送枇杷，上面贴了"琵琶"两字，引得众人大笑，于是有人戏言道："琵琶不是这枇杷，只为当年识字差。"另一人取笑道："若使琵琶能结果，满城箫管尽开花！"无独有偶，明朝大画家沈石田也遇到同样的事情，留下了类似的故事。有人送他枇杷，附信也将"枇杷"写作"琵琶"，于是沈大画家回信道："承惠'琵琶'，开奁视之，听之无声，食之无味。乃知司马挥泪于江干[1]，明妃[2]写怨于塞上，皆为一啖之需耳！嗣后觅之，当于杨柳晓风、梧桐夜雨之际也。"

---

[1] 指写《琵琶行》的白居易。
[2] 指出塞和亲的王昭君。

这两个故事的由来都是因为将"枇杷"写成了"琵琶"。而枇杷与琵琶是否有关系呢？现在普遍的说法是，枇杷原产中国东南部，因果子形状似琵琶乐器而名。

其实，在唐宋时期，"琵琶"和"枇杷"是可以通用的。琵琶本来有两种，中国本土的直项琵琶就是今天的"阮"；而曲项琵琶大约在南北朝由西域经丝绸之路传入中国，即现所称的"琵琶"，后来与妓女结下不解之缘。唐代著名诗人王建有一首写著名乐伎、女诗人薛涛的诗："万里桥边女校书，琵琶花里闭门居。"这里的"琵琶"显然是指"枇杷"，而后来人们将妓女们的居所称为"枇杷门巷"，指的却是"琵琶"，所以才有宋朝《枇杷赋》里的感叹："名同音器，质贞松竹！"大有打抱不平之意。所谓"质贞松竹"我想大概是指枇杷枝条稀疏，叶大厚密，长得十分粗壮，而且花期是在寒冬，不似其他果树文弱，所以古人竟有称枇杷树为"粗客"者。当然枇杷还有另外一个名字叫"卢橘"。苏轼是美食家，他在诗文中多次提到："客来茶罢空无有，卢橘杨梅尚带酸"（《赠惠山僧惠表》）、"魏花非老伴，卢橘是乡人"（《与刘景文同往赏枇杷》）、"罗浮山下四时春，卢橘杨梅次第新"（《惠州一绝》）。当然，李时珍曾经指出："注《文选》者，以枇杷为卢橘，误矣。"西汉司马相如的《上林赋》写道："卢橘夏熟，黄甘橙楱，枇杷橪柿，亭奈厚朴。"可见，卢橘是卢橘，枇杷是枇杷。但后人可能因为信息闭塞的原因，有不少将"枇杷"称为"卢橘"的，或许是将错就错吧！

枇杷在我国种植区域较广，华南地区普遍有栽种。潮汕以潮州的文祠镇、归湖镇和饶平县中、北部的山区镇为主要产区。枇杷与樱桃、杨梅并称"初夏三姐妹"，品种有200多种。按果形分，有圆果种和长果种之别，一般圆果种含核较多，长果种核少或独核者居多。按果实色泽分，又分为红肉种和白肉种：红肉种枇杷因果皮金黄而被称为"金丸"，如宋代陆游所写的"难学权门堆火齐，且从公子拾金丸"；白肉种枇杷肉质玉色，古人称之为"蜡丸"，如宋代郭正祥所写的"颗颗枇杷味尚酸，北人曾作荔枝看。未知何物真堪比，正恐飞书寄蜡丸"。白沙枇杷皮薄肉白，汁多无渣、较甜；红沙枇杷果肉橙黄，甜中带酸。因气候和水土的关系，潮汕地区种植的枇杷多为红沙枇杷。

在潮汕地区，清明前后枇杷便陆续上市。前些日子，看到网上有文祠镇鸭背村村民发的一则帖子称："家里枇杷丰收啦！有人要买么？得自己摘。"一看价钱，比市场上的高好多，但跟帖询问者不少。现在的果农会做生意，把旅游与农业生产结合起来，让游客体验摘果子的乐趣，自己倒少了雇人采摘和运输的成本，价钱还卖得更高，实在是不错的主意！

枇杷

枇杷成熟季节，枇杷果园风景迷人。在厚实墨绿的叶子簇拥下，一团团金黄色的枇杷点缀其间，在明媚的阳光下，清风拂过，闪着金光，十分诱人。明朝有诗人曰："数颗黄金弹，枝头骇鸟飞"，充满想象力！而事实上还是陆游说得实在："枝头不怕风摇落，地上惟忧鸟啄残。"在潮州则流传这样一段顺口溜："一树枇杷一树金，年年丰收畅人心。脱贫致富人勤奋，山山种满金果林。"

枇杷除了鲜吃，还可以加工，潮州的枇杷膏就是让人嘴馋的特色食品。用枇杷和蜂蜜慢火熬四五个小时就变成枇杷膏，也有加入杏仁、川贝的，但不添加任何工业原料，绝对环保健康。潮汕人喜欢用它泡水当饮料喝，而我更喜欢用勺子直接舀着吃，让黏稠而酸甜的枇杷清香充溢整个口腔，再慢慢化开。就像口腔里的一场烟火表演，先听到爆破声，再欣赏不同造型的烟花次第绽放！

入齿便作冰雪声

一到夏天，西瓜就有点忙。

西瓜一上市，富有创意的网友们就纷纷在微博上晒出各种稀奇古怪的西瓜雕刻。原来除了吃之外，西瓜还能这么有趣！

在捷克，每年都会举办西瓜雕刻艺术节，世界各地最优秀的瓜雕艺术家齐聚一堂，比赛雕刻西瓜的技艺，内容涵盖各个领域，刀工可见一斑。主办方希望通过这样的赛事，给广大艺术家们一个切磋和发挥灵感的空间，毕竟日常生活中很少以瓜来创作。不过，这些艺术品往往第二天就会以各种形式被"消灭"掉了。

我的西瓜记忆在北京。夏天一到，西瓜常被当饭吃。学校用的是地下水，夏天还是透心凉，用个脸盆把西瓜泡水里就成冰镇西瓜，把西瓜对切，用勺子吃绝对爽透。前阵子有个热门微博，说夏天买个大冬瓜抱着睡能降温！我私下偷笑，这有什么新奇的，30年前我寝室的室友早干过类似的事！一天早上醒来，他大叫睡得痛快。掀开他的床帘一看，不知他半夜从哪里搬来了十几个西瓜，整整排满了床沿！当然了，后来我们吃得更高兴。

北京最有名的是大兴西瓜，便宜又好吃。据史料记载，早在辽太平年间，大兴区就有栽培西瓜的历史。明万历年间，大兴西瓜成为皇宫贡品。大兴还有国内外唯一的一座西瓜博物馆。博物馆以现代化高科技的声光电手段及图文形式介绍了西瓜的起源、传播、育种和栽培管理技术，以及开发利用和西瓜文化的发展，充分展现了西瓜在中国和世界发展的整体脉络。

西瓜原产自非洲西南部的卡拉哈里沙漠。南朝齐、梁时期医学家陶弘景在《本草经集注》中记载："永嘉有寒瓜甚大，可藏至春者，即此也。盖五代之先，瓜种已入浙东，但无西瓜之名，未遍中国耳。"李时珍引用其言，认为"寒瓜"就是指西瓜。南宋绍兴年间，洪皓[1]《松漠纪闻续》里始有"西瓜"之名，洪皓提到"西瓜形如扁蒲而圆，色极青翠，经岁则变黄"。《事物纪原》一书中说："中国初无西瓜，洪忠宣（洪皓）使金，贬递阴山，得食之。"认为是洪皓归宋带回了西瓜种子，种植于中原地区和杭州、饶州、英州等地。其实西瓜的引进应该更早。

据明代科学家徐光启《农政全书》记载："西瓜，种出西域，故之名。"因是汉代时从西域引入，故称"西瓜"，又名夏瓜、寒瓜，

---

[1] 洪皓，南宋任礼部尚书出使金国，被扣留在荒漠15年，坚贞不屈，后全节而归，被誉为"苏武第二"。

乃瓜中之王。另外,旧北京称先上市的西瓜为"水瓜",这倒是英文"Watermelon"的直译。

潮汕也有西瓜出品。1958年,泰国正大集团的创始人谢易初先生在澄海农场就培植成功了冬熟大西瓜。当年,澄海特派人给中央送去了1500公斤大西瓜。中侨委把这批西瓜全部转送周恩来总理招待客人。后来,毛主席办公室还为此给汕头地委发感谢电文。自此,每当寒冬腊月,潮汕人也能披着棉衣品尝到西瓜。潮汕西瓜曾有两个品牌,一个是"澄海白沙西瓜",另一个是"东湖西瓜"。汕头市的达濠区东湖村栽种西瓜已有近百年历史,该地面海靠山,沙地土壤加上日照时间长,能种出好西瓜。过去,东湖村家家户户种西瓜,摘瓜时由瓜行派人验瓜,盖上"东湖西瓜"印记,然后装运出口到东南亚各地。瓜农摘瓜时很讲究,必须剪留瓜须和数片瓜叶,以便顾客挑选。

瓜雕

西瓜的好处不必多说。与潮汕有着不解之缘的南宋民族英雄文天祥曾写过一首《西瓜吟》："拔出金佩刀，斫破碧玉瓶。千点红樱桃，一团黄水晶，下咽顿除烟火气，入齿便作冰雪声。"清代爱国诗人、抗日保台志士、教育家丘逢甲曾在汕头开办"岭东同文学堂"，开启了民办教育的先例。他也有一首《咏西瓜》："蕴雪含冰沁齿凉，两团绿玉许分尝。"

潮汕人对于西瓜也是情有独钟的。潮汕话的"西"念"筛"，唯独"西瓜"的"西"读音与普通话同音。这充分说明，西瓜是从北方传入潮汕的，所以依然保持北方官话的读音。

潮汕人对于食物一贯保持着物尽其用的信条，过去西瓜皮是不会丢弃的，会用来与绿豆同煮作夏天消暑的甜汤，也会晾晒腌制成杂咸小菜。